Web
前端技术
丛书

响应式
网页程序设计

HTML5、CSS3、
JavaScript、jQuery、
jQuery UI、Ajax、RWD

陈惠贞 编著

清华大学出版社
北 京

内 容 简 介

本书是快速学会网页程序设计关键技术的经典畅销书的第 5 次全新改版升级，书中通过丰富的案例循序渐进地讲解网页程序设计的语法与应用。

全书内容共分 4 篇。HTML 5 篇涵盖多种元素与 API 应用，特别是以更新版的 HTML 5.2 来开发各种网页应用程序；CSS 3 篇讲述如何定义网页的外观，包括编排、显示、格式化及设置特殊效果；JavaScript 篇介绍 JavaScript 的核心语法及在浏览器端的应用；其他技术篇介绍热门的 jQuery、jQuery UI、Ajax 技术，使网页设计更快捷、更专业、更美观灵动，而响应式网页设计是根据用户的浏览器环境自动调整网页的版面配置，以提供更佳的效果。

本书由浅入深，范例导向实用，适合从零开始设计网页的读者阅读，也适合作为高等院校相关专业和职业教育、培训学校的教材和辅导用书。

本书为碁峰资讯股份有限公司授权出版发行的中文简体字版本。

北京市版权局著作权合同登记号　图字：01-2021-5796

图书在版编目（CIP）数据

响应式网页程序设计：HTML5、CSS3、JavaScript、jQuery、jQuery UI、Ajax、RWD/陈惠贞编著
—北京：清华大学出版社，2021.12
　　（Web 前端技术丛书）
　　ISBN 978-7-302-59505-2

　Ⅰ．①响…　Ⅱ．①陈…　Ⅲ．①网页—程序设计　Ⅳ.①TP393.092

中国版本图书馆 CIP 数据核字（2021）第 230494 号

责任编辑：夏毓彦
封面设计：王　翔
责任校对：闫秀华
责任印制：刘海龙

出版发行：清华大学出版社
　　　　网　　址：http://www.tup.com.cn，http://www.wqbook.com
　　　　地　　址：北京清华大学学研大厦 A 座　　　　　　邮　　编：100084
　　　　社 总 机：010-62770175　　　　　　　　　　　　邮　　购：010-62786544
　　　　投稿与读者服务：010-62776969，c-service@tup.tsinghua.edu.cn
　　　　质量反馈：010-62772015，zhiliang@tup.tsinghua.edu.cn
印 装 者：三河市龙大印装有限公司
经　　销：全国新华书店
开　　本：190mm×260mm　　　　印　　张：23　　　　字　　数：589 千字
版　　次：2022 年 1 月第 1 版　　　　　　　　　　　印　　次：2022 年 1 月第 1 次印刷
定　　价：89.00 元

产品编号：091718-01

前　言

　　HTML、CSS 与 JavaScript 既是网页程序设计的核心技术，也是基础技术。HTML 用来定义网页的内容，CSS 用来定义网页的外观，而 JavaScript 用来定义网页的行为。除了这 3 项技术外，本书跟随技术的发展，不断精进改版升级，在本版书中介绍了 jQuery、jQuery UI、Ajax、JSON 和响应式网页设计，让读者通过本书学会网页程序设计的这些关键技术。

本书内容

第一篇　HTML 5

　　HTML 5 涵盖多种规格与 API，可以用来开发各种网页应用程序，例如在线文件处理系统、地图网站、游戏网站等，而不只是局限于静态网页应用程序。本篇以 HTML 5.2 的规格为主，由于 HTML 5.2 是 HTML 5 的更新版本，W3C 未来也会继续推出更新版本，因此我们还是把这些版本统称为 HTML 5，不特别强调子版本。

第二篇　CSS 3

　　CSS 3 可以用来定义网页的外观，包括编排、显示、格式化及特殊效果。本篇会介绍 CSS 3 常见的属性，例如颜色、字体、文字、列表、Box Model、定位方式、背景、渐层、表格、变形、转场、媒体查询等，尤其是在移动设备上网蔚然成风之后，网页设计人员更需要通过媒体查询功能，根据 PC 机或移动设备的特征来设计网页样式。

第三篇　JavaScript

　　本篇除了介绍 JavaScript 的核心语法（包括类型、变量、常数、运算符、流程控制、函数、数组等）外，还会介绍 JavaScript 在浏览器端的应用，也就是利用 JavaScript 让静态网页具有动态效果，包括 DOM、window 对象、标准内部对象、环境对象、document 对象、element 对象、错误处理、事件处理、JavaScript 程序范例等。

第四篇　其他技术

本篇介绍以下 4 项热门技术：

- ◆ jQuery: 这是目前使用广泛的JavaScript函数库，学会它将让网页设计更加快速便利。
- ◆ jQuery UI: 这是基于jQuery的JavaScript函数库，包含用户界面交互、特效、组件与主题等，学会它将让网页设计更加专业美观。
- ◆ Ajax: 这是一种动态网页技术，可以在后台异步下载更新的数据，例如服务器端的数据或气象、就业、观光等因特网上的公开数据或信息。

◆ 响应式网页设计：这是一种网页设计方式，目的是根据用户的浏览器环境（例如屏幕的宽度、长度、分辨率、长宽比或移动设备显示的方向等）自动调整网页的版面配置，以提供最佳的显示结果，换句话说，只要设计单个版本的网页，就能完整显示在计算机、平板电脑、智能手机等设备上，用户无须通过频繁地拉近、拉远、滚动来阅读网页的信息，以达到One Web One URL（一网一址）的目标。

本书适用范围

本书适用于零基础学设计网页或想将网页设计得更好的读者，也适合作为高等专科院校相关专业和职业教育等培训学校的教材和辅导用书。

源码下载与技术支持

本书配套的资源，请用微信扫描下方的二维码获取，也可按扫描出来的页面提示把下载链接转到自己的邮箱中下载。如果学习本书的过程中发现问题，请联系 booksaga@126.com，邮件主题为"响应式网页程序设计：HTML5、CSS3、JavaScript、jQuery、jQuery UI、Ajax、RWD"。

鸣谢

本书承蒙读者抬爱，每次改版升级都受到广大师生的喜爱和好评，在此深表谢意。

编　者

2021 年 10 月

目　　录

第 **1** 章

网页设计简介

1-1 网页设计的流程

网页设计的流程大致上可以分成如图 1-1 所示的 4 个阶段，本节将详细说明这 4 个阶段。

图 1-1

1-1-1 阶段一：收集资料与规划网站架构

收集资料与规划网站架构是网页设计的首要步骤，除了要厘清网站所要传递的内容外，还要确立网站的主题与目标族群，然后将网站的内容规划成阶层式架构，也就是规划出组成网站的网页（里面可能包括文字、图片、视频与音频），并根据主题与目标族群决定网页的呈现方式。以下几个问题值得读者深思：

- 网站的建立是为了销售产品或服务、塑造并宣传企业形象，还是方便业务联系？抑或个人兴趣分享？若网站本身具有商业目的，那么还需要进一步了解其行业背景，包括产品类型、企业文化、品牌理念、竞争对手等。
- 网站的建立与经营需要投入多少时间与资源？打算如何营销网站？有哪些渠道及相关的费用？
- 网站将提供哪些资源或为哪些对象服务？若是个人的话，则其统计数据包括年龄层分布、男性与女性的比例、教育程度、职业、婚姻状况、居住地区、上网的频率与时数、使用哪些设备上网等；若是公司的话，则其统计数据包括公司的规模、营业项目与预算等。
这些对象有哪些共同的特征或需求？比如彩妆网站的用户可能锁定为时尚爱美的女性，所以其主页往往呈现出艳丽的视觉效果（见图1-2），以便紧紧抓住用户的目光，而入口网站或购物网站的用户比较广泛，因而其主页通常涵盖琳琅满目的商品（见图1-3）。

彩妆网站的主页往往呈现出艳丽的视觉效果

图 1-2

购物网站的主页通常有琳琅满目的商品

图 1-3

◆ 网站的获利模式是什么？例如销售产品或服务、广告收益、手续费或其他。

◆ 网络上是否已经有相同类型的网站？如何让自己的网站比其他网站更吸引目标族群？因为人们往往只记得第一名的网站，却分不清楚第二名之后的网站，所以定位清楚且内容专业将是网站胜出的关键，只是一味地模仿，只会让网站流于平庸化。

1-1-2 阶段二：网页制作与测试

这个阶段的工作是制作并测试阶段一所规划的网页。

1. 网站视觉设计、版面布局与版型设计

首先，由视觉设计师（Visual Designer）设计网站的视觉风格；接着，针对 PC、平板电脑或智能手机等目标设备设计网页的版面配置；最后，设计主页与内页版型，试着将图文资料编排到主页与内页，如有问题，就进行修正。

2. 前端程序设计

由前端工程师根据视觉设计师所设计的版型进行"切版与组版"。举例来说，版型可能是使用 Photoshop 设计的 PSD 文件，而前端工程师必须使用 HTML、CSS 或 JavaScript 重新切割与组装，将图文数据编排成网页。

切版与组版需要专业的知识才能兼顾网页的外观与性能，例如哪些动画、阴影或框线可以使用 CSS 来取代，哪些素材可以使用轮播、超大屏幕、标签页等效果来呈现，响应式网页的断点设定在多少像素，图文资料编排成网页以后的内容是否正确等。

此外，前端工程师还要负责将后端工程师撰写的功能整合到网站，例如数据存取功能等，以确保网站能够顺利运作。

3. 后端程序设计

相较于前端工程师负责处理与用户接触的部分，例如网站的架构、外观、浏览动线等，后端工程师（Back-End Engineer）则负责编写网站在服务器端运行的数据处理、商业逻辑等，然后提供给前端工程师使用。

4. 网页质量测试

由质量保证工程师（Quality Assurance Engineer）检查前端工程师整合出来的网站，包含使用正确的开发方法与流程、校对网站的内容、测试网站的功能等，确保软件的质量，如有问题，就让相关的工程师进行修正。

1-1-3　阶段三：网站上传与推广

这个阶段的工作是将网站上传并加以推广。

1. 申请网站空间

通过下面几种方式获取用来放置网页的网站空间：

◆ 自行架设Web服务器：向电信运营商租用专线，将计算机架设成Web服务器，维持24小时运行。除了要花费数万元到数十万元购买软硬件与防火墙外，还要花费数千元的专线月租费，甚至需要聘请专业人员管理服务器。

◆ 租用网页空间或虚拟主机：ISP通常会提供虚拟主机出租业务，即所谓的"主机代管"，只要花费数百元的月租费，就可以省去购买软硬件的费用与专线月租费，同时有专业人员管理服务器。

◆ 申请免费网页空间：事实上，即使没有预算，还是可以申请免费网页空间，目前提供免费网页空间的网站不少，例如GitHub Pages、腾讯云、阿里云等，多数ISP也会为其用户提供免费的网页空间。

原则上，若网站具有商业用途，则尽量不要使用免费网页空间，因为可能会有空间不足、功能简单、网络连接不稳定、被要求放上广告、无法定制网页、无法自定义网址、服务突然被取消、没有电子邮件服务等问题。

此外，自行架设 Web 服务器乍看之下成本很高，但是若需要比较大的网页空间或同时构建数个网站，这种方式的成本就会相对便宜，管理上也比较有弹性，不用担心虚拟主机的网络连接质量或网络带宽会影响网站的连接速度。

2. 申请网址

向中国互联网信息中心（China Internet Network Information Center，CNNIC）申请如下类型的网址（见图1-4）：

- 英语网站域名（.com.cn、.net.cn、.org.cn、.game.cn、.club.cn、.ebiz.cn、.idv.cn）。
- 中文域名（.中国、.公司、.网络）。

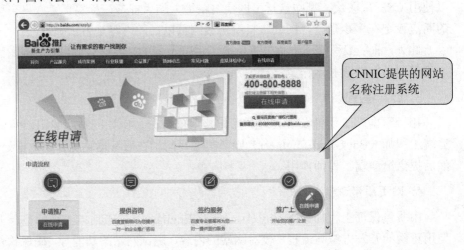

> CNNIC提供的网站名称注册系统

图 1-4

3. 上传网站

通过网址服务厂商提供的平台将申请到的域名对应到 Web 服务器的 IP 地址，此项操作称为"指向"，等候几个小时就会生效，同时将网站上传到网页空间，等指向生效后，就可以通过该网址连接到网站，完成上线的操作。

4. 营销网站

在网站上线后，就要设法提高流量，常见的做法是进行网络营销，例如刊登网络广告、搜索引擎优化、关键词营销、社群营销等，也可以利用搜索引擎平台提升网站在网络搜索中的成效，如图 1-5 所示。

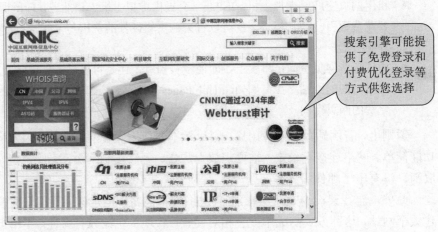

> 搜索引擎可能提供了免费登录和付费优化登录等方式供您选择

图 1-5

1-1-4　阶段四：网站更新与维护

我们的责任不是将网站上传到因特网就结束了，既然设立了这个网站，就必须负起更新与维护的责任。读者可以利用本书所教授的技巧定期更新网页，然后通过网页空间提供者所提供的接口或 FTP 软件，将更新后的网页上传到因特网并检查网站的运转是否正常。

1-2　网页设计相关的程序设计语言

网页设计相关的程序设计语言很多，比较常见的如下：

* HTML（Hyper Text Markup Language）：由 W3C（World Wide Web Consortium，万维网联盟）提出，主要的用途是制作网页（包括内容与外观），让浏览器知道哪里有图片或影片，哪些文字是标题、段落、超链接、表格或窗体等。HTML 文件是由"标签"（Tag）与"属性"（Attribute）组成的，统称为"元素"（Element），浏览器只要看到 HTML 源代码（见图 1-6），就能解析成网页（见图 1-7）。

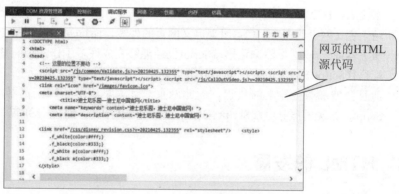

图 1-6

图 1-7

- CSS（Cascading Style Sheets）：由W3C提出，主要的用途是控制网页的外观，也就是定义网页的编排、显示、格式化及特殊效果，有部分功能与HTML重叠。

  或许你会问，既然HTML提供的标签与属性就能将网页格式化，那为何还要使用CSS？没错，HTML确实提供了一些格式化的标签与属性，但其变化有限，而且为了进行格式化，往往会使得HTML源代码变得非常复杂，导致内容与外观的依赖性过高而不易修改。

  为此，W3C鼓励网页设计人员使用HTML定义网页的内容，然后使用CSS定义网页的外观，将内容与外观分隔开来，便能通过CSS从外部控制网页的外观，同时HTML源代码也会变得精简。

- XML（eXtensible Markup Language）：由W3C提出，主要的用途是传送、接收与处理数据，提供跨平台、跨程序的数据交换格式。XML可以扩大HTML的应用及适用性，例如HTML虽然有着较佳的网页显示功能，却不允许用户自定义标签与属性，而XML则允许用户这么做。

- 浏览器端Script：严格来说，使用HTML与CSS编写的网页都属于静态网页，无法显示动态效果。比如，有人希望网页显示实时更新的数据（例如股票指数、网络游戏、实时通信内容、实时地图信息），此类需求就可以通过浏览器端Script来完成，这是一段嵌入HTML源代码的小程序，通常是以JavaScript编写而成的，由浏览器负责执行。

  事实上，HTML、CSS和JavaScript可以说是网页设计最核心、最基础的技术，其中HTML用来定义网页的内容，CSS用来定义网页的外观，而JavaScript用来定义网页的行为。

- 服务器端Script：虽然浏览器端Script已经能够完成许多工作，但有些工作还是得在服务器端执行Script才能完成，例如访问数据库。由于在服务器端执行Script必须拥有特殊权限，而且会增加服务器端的负担，因此网页设计人员应尽量以浏览器端Script取代服务器端Script。常见的服务器端Script有PHP、ASP/ASP.NET、CGI、JSP等。

1-3　HTML 的发展

HTML 的起源可以追溯至 1990 年，当时一位物理学家 Tim Berners-Lee 为了让世界各地的物理学家方便进行合作研究，于是提出了 HTML，用来建立超文件系统（Hypertext System）。

不过，这个最初的版本只有纯文本格式，直到 1993 年，Marc Andreessen 在他所开发的 Mosaic 浏览器中加入了 <img> 元素，HTML 文件才终于可以包含图像了。IETF（Internet Engineering Task Force，因特网工程任务组）首度于 1993 年将 HTML 发布为工作草案。

之后 HTML 陆续有一些发展与修正，如表 1-1 所示，而且从 3.2 版开始，IETF 就不再负责 HTML 的标准化，而是改由 W3C 负责。

表 1-1　HTML 的发展与修正

版　　本	发布时间	版　　本	发布时间
HTML 2.0	1995 年 11 月发布为 IETF RFC 1866	HTML 5	2014 年 10 月发布为 W3C 推荐标准
HTML 3.2	1997 年 1 月发布为 W3C 推荐标准	HTML 5.1	2016 年 11 月发布为 W3C 推荐标准
HTML 4.0	1997 年 12 月发布为 W3C 推荐标准	HTML 5.2	2017 年 12 月发布为 W3C 推荐标准 [1]
HTML 4.01	1999 年 12 月发布为 W3C 推荐标准		

---

1 本书以HTML 5.2的规格为主，是HTML 5的更新版本，在本书中把它统称为HTML 5，并不特别强调子版本。

由于多数的 PC 版浏览器和移动版浏览器对 HTML 5 有着相当程度的支持, 因此我们可以在放心地网页上使用 HTML 5 的新功能与 API[1] (Application Programming Interface, 应用程序编程接口)。

1-4 HTML 5 文件的编写方式

本节将介绍一些编写 HTML 5 文件的准备工作, 包括编辑工具和 HTML 5 文件的基本语法。

1-4-1 HTML 5 文件的编辑工具

HTML 5 文件其实是一个纯文本文件, 其扩展名为.html 或.htm, 而不是我们平常惯用的.txt。原则上, 任何能够用来输入纯文本的编辑工具都可以用来编写 HTML 文件, 表 1-2 所示是一些常见的编辑工具。

表 1-2　一些常见的编辑工具

编辑工具名称	网　　址	是否免费
记事本、WordPad	Windows 操作系统内建	是
NotePad++	http://notepad-plus-plus.org/	是
Visual Studio Code	https://code.visualstudio.com/	是
Atom	https://atom.io/	是
Google Web Designer	https://webdesigner.withgoogle.com/	是
UltraEdit	http://www.ultraedit.com/	否
Dreamweaver	http://www.adobe.com/	否
Sublime Text	http://www.sublimetext.com/	否

在过去, 有不少人使用 Windows 内建的记事本来编辑 HTML 文件, 因为记事本随手可得且完全免费, 但使用记事本会遇到一个问题, 就是当我们采用 UTF-8 编码方式进行存盘时, 记事本会自动在文件的前端插入 BOM (Byte-Order Mark), 用来识别文件的编码方式, 例如 UTF-8 的 BOM 为 EF BB BF (十六进位), UTF-16 (BE) 的 BOM 为 FE FF, UTF-16 (LE) 的 BOM 为 FF FE, 等等。

程序的文件头被自动插入 BOM 通常不会影响执行, 但少数程序可能会导致错误, 例如调用 header() 函数输出标头信息的 PHP 程序。为了避免类似的困扰, 本书的范例程序将采用 UTF-8 编码方式, 并使用免费软件 NotePad++ 来编辑, 因为 NotePad++ 支持以 UTF-8 无 BOM 编码方式进行存盘。

读者可以到 NotePad++ 的官方网站 (http://notepad-plus-plus.org/) 下载安装程序。接下来将介绍如何使用 NotePad++ 编辑并保存 HTML 文件。

在第一次使用 NotePad++ 编辑 HTML 文件之前, 我们要做一些基本设置。

---

[1] HTML 5 提供的 API 是一组函数, 网页设计人员可以调用这些函数完成许多工作, 例如编写脱机网页应用程序、存取客户端文件、地理定位、绘图、影音多媒体、拖曳操作、网页存储、跨文件通信、后台执行等, 而无须考虑其底层的源代码或理解其内部的运行机制。

步骤 **01** 从菜单栏选取"设置"\"首选项"，然后在"常用"标签页中选择 NotePad++的语言为
"中文简体"，如图 1-8 所示。

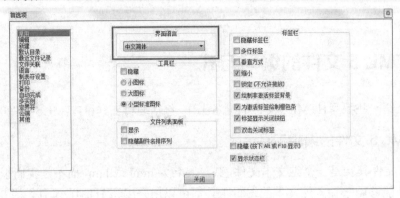

图 1-8

步骤 **02** 在"新建"标签页中设置编码为"UTF-8（无 BOM）"，默认程序设计语言为"HTML"，
然后单击"关闭"按钮，如图 1-9 所示。

图 1-9

由于程序设计语言默认设置为 HTML，因此当我们编辑 HTML 文件时，NotePad++会根
据 HTML 的语法以不同颜色标记 HTML 标签与属性，如图 1-10 所示。

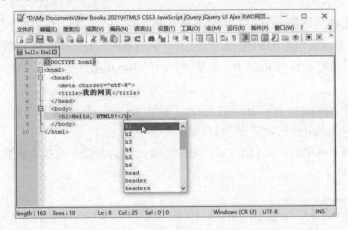

图 1-10

此外，当我们把文件存盘时，NotePad++也会采用 "UTF-8（无 BOM）" 编码方式，且保存文件的类型默认为 HTML（扩展名为.html 或.htm），如图 1-11 所示。若要存为其他类型，例如 PHP，则可以在保存类型栏选择 PHP，此时扩展名将变更为.php。

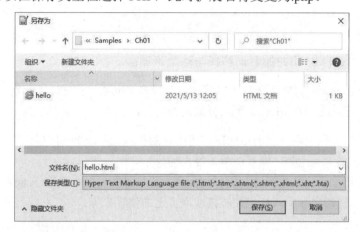

图 1-11

1-4-2　HTML 5 文件的基本语法

HTML 5 文件通常包含下列几个部分（按照由先到后的顺序）：

（1）BOM（选择性字符，建议不要在文件头插入 BOM）。
（2）任何数目的注释与空格符。
（3）DOCTYPE。
（4）任何数目的注释与空格符。
（5）根元素。
（6）任何数目的注释与空格符。

1. DOCTYPE

HTML 5 文件第一行的文件类型定义（Document Type Definition）如下，前面不能有空行，也不能省略不写，否则浏览器可能不会启用标准模式，而是改用其他演绎模式（Rendering Mode），导致 HTML 5 的新功能无法正常运行：

```
<!DOCTYPE html>
```

2. 根元素

HTML 5 文件可以包含一个或多个元素，呈树状结构，有些元素属于兄弟节点，有些元素属于父子节点，至于根元素则为<html>元素。

3. MIME 类型

HTML 5 文件的 MIME 类型和前几版的 HTML 文件一样都是 Text/HTML，存盘后的扩展名也都是.html 或.htm。

4. 不会区分英文字母的大小写

HTML 5 的标签与属性和前几版的 HTML 一样不会区分英文字母的人小写，本书将采用小写英文字母。

5. 相关名词

以下是一些与 HTML 相关的名词解释与注意事项：

◆ 元素（Element）：HTML文件可以包含一个或多个元素，而HTML元素又是由"标签"与"属性"组成的。HTML元素可以分成两种类型：

- 其一是用来标记网页上的组件或描述组件的样式，例如<head>（标头）、<body>（主体）、<p>（段落）、<ol>（编号清单）等。
- 其二是用来指向其他资源，例如<img>（嵌入图片）、<video>（嵌入视频）、<audio>（嵌入音频）、<a>（标记超链接或网页上的位置）等。

◆ 标签（Tag）：一直以来"标签"和"元素"两个名词经常被混用，但严格来说，两者的意义并不完全相同，"元素"一词包含"起始标签""结束标签"和这两者之间的内容，例如下面的程序语句是将"圣诞快乐"标记为段落，其中<p>是起始标签，而</p>是结束标签。

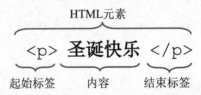

起始标签的前后要以<、>两个符号括起来，而结束标签又比起始标签多了一个斜线（/）。不过，也不是所有元素都会包含结束标签，诸如
（换行）、<hr>（水平线）、<img>（嵌入图片）等元素就没有结束标签。

◆ 属性（Attribute）：除了HTML元素本身所能描述的特性之外，大部分元素还会包含属性，以提供更多信息，而且一个元素里面可以加上几个属性，只要注意标签与属性及属性与属性之间以空格符隔开即可。

举例来说，假设要将"圣诞快乐"几个字标记为标题 1，而且文字为红色、居中对齐，那么除了要在这几个字的前后分别加上起始标签<h1>和结束标签</h1>外，还要加上红色居中对齐属性，如下：

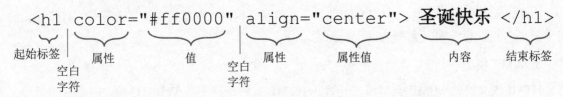

◆ 值（Value）：属性通常会有一个值，而且这个值必须从预先定义好的范围内选取，不能自行定义。例如<hr>（水平线）元素的align（对齐方式）属性的值有left、right、center三种，

用户不能自行设置其他值；<form>（窗体）元素的method属性有get和post两个值，用户不能自行设置其他值。

我们习惯在属性值的前后加上双引号（"），若属性值是由英文字母、阿拉伯数字（0~9）、减号（–）或小数点（.）组成的，则属性值的前后可以不必加上双引号。

◆ 嵌套标签（Nesting Tag）：有时我们需要使用一个以上的元素来标记数据，举例来说，假设要将标题1文字（例如 Hello,world!）中的某个字（例如 world! ）标记为斜体，就要使用 <h1> 和 <i> 两个元素，此时要注意嵌套标签的顺序，原则上第一个结束标签必须对应最后一个开始标签，第二个结束标签必须对应倒数第二个开始标签，以此类推：

<h1>Hello,world!</h1>

◆ 空格符：浏览器会忽略HTML元素之间多余的空格符或Enter键，因此，我们可以利用这个特点在HTML源代码中使用空格符和Enter键将HTML源代码排列整齐，以方便阅读，如图1-12所示。

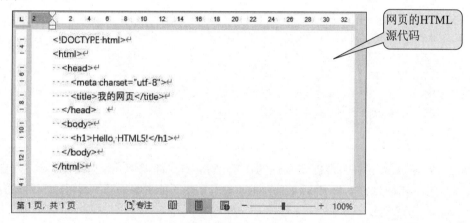

图 1-12

不过，也正因为浏览器会忽略元素之间多余的空格符或 Enter 键，所以不能使用空格符或 Enter 键将网页的内容格式化。举例来说，假设要在一段文字的后面换行，那么必须在这段文字的后面加上
元素，只是在 HTML 源代码中按 Enter 键是无效的。

◆ 特殊字符：HTML文件有一些特殊字符，例如小于（<）、大于（>）、双引号（"）、&、空格符等，若要在网页上显示这些字符，因为不能直接使用键盘输入它们，所以要输入它们的实体名称（Entity Name），或者输入<、>、"、&、 。表1-3所示为特殊字符表。

表 1-3　特殊字符表

特殊字符	实体名称	实体数值
<（小于符号）	&lt;	&#60;
>（大于符号）	&gt;	&#62;
"（双引号）	&quot;	&#34;

（续表）

特殊字符	实体名称	实体数值
&（取地址符号）	&amp;	&//38;
空格符		
©（版权符号）	&copy;	&#169;

1-4-3 编写第一份 HTML 5 文件

HTML 5 文件包含 DOCTYPE、标头（Header）与主体（Body）3 部分。下面是一个范例程序，请按照如下步骤操作：

步骤 01 开启 Notepad++，然后编写如下的 HTML 5 文件：

<\Ch01\hello.html>

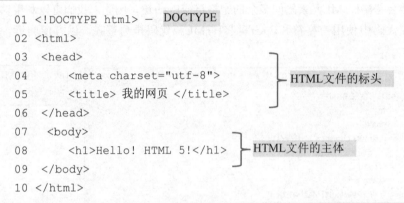

```
01 <!DOCTYPE html> ─ DOCTYPE
02 <html>
03  <head>
04     <meta charset="utf-8">
05     <title> 我的网页 </title>          HTML文件的标头
06  </head>
07  <body>
08     <h1>Hello! HTML 5!</h1>           HTML文件的主体
09  </body>
10 </html>
```

- 第01行声明HTML 5文件的DOCTYPE（文件类型定义），HTML5规定第一行必须是 <!DOCTYPE html>，前面不能有空行，也不能省略不写，否则HTML 5的新功能可能无法正常运行。
- 第02行和第10行使用元素标示网页的开始与结束，HTML文件可以包含一个或多个元素，呈树状结构，而根元素就是<html>元素。
- 第03~06行使用<head>元素标示HTML文件的标头，其中第04行使用<meta>元素将网页的编码方式设置为utf-8，这是万维网目前最主要的编码方式；第05行使用<title>元素将浏览器的页标题设置为"我的网页"。
- 第07~09行使用<body>元素标示HTML文件的主体，其中第08使用<h1>元素将网页内容设置为标题1格式的"Hello, HTML5!"字符串。

步骤 02 从菜单栏选取"文件"\"保存"或"文件"\"另存为"，将文件保存为 hello.html。

步骤 03 利用 Windows 资源管理器找到 hello.html 的文件图标并双击，就会开启默认的浏览器加载文件，得到如图 1-13 所示的浏览结果。

图 1-13

注 意

我们可以将这个例子的树状结构描绘如图 1-14 所示，其中有些元素属于兄弟节点，有些元素属于父子节点（上层的为父节点，下层的为子节点），至于根元素则为<html>元素。

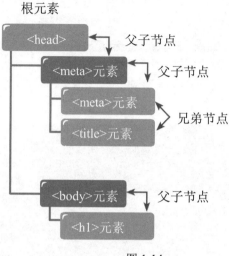

图 1-14

提 示

搜索引擎优化（Search Engine Optimization，SEO）的构想起源于多数网站的新浏览者大都来自搜索引擎，而且搜索引擎的用户往往只会留意搜索结果中排名前面的几个网站，因此网站的拥有者不仅要到各大搜索引擎进行登录，还要设法提高网站在搜索结果中的排名，因为排名越靠前，就越有机会被用户浏览到。

至于如何提高排名，除了购买关键词广告之外，另一种常见的方式就是利用搜索引擎的搜索规则来调整网站架构，即所谓的搜索引擎优化。这种方式的效果取决于搜索引擎所采用的搜索算法，而搜索引擎为了提升搜索的准确度及避免人为操纵排名，有时会变更搜索算法，使得搜索引擎优化成为一项越来越复杂的任务。也正因如此，有不少网络营销公司会推出网站搜索引擎优化服务，代客户调整网站架构，增加网站被搜索引擎找到的概率，进而提升网站曝光度及流量。

除了委托网络营销公司进行搜索引擎优化外，事实上，我们也可以在制作网页时留心如图 1-15 所示的几个地方，也有助于搜索引擎优化。

提示（续）

令网页的关键词显示
在标题栏或索引标签

令网页的关键词
成为网址的一部分

令网页的关键词
出现在内容中

适当地为图片或视
频设置替代显示文
字，以利于图片搜索

图 1-15

第 2 章

文 件 结 构

2-1　HTML 文件的根元素——<html>元素

HTML文件可以包含一个或多个元素，呈树状结构，有些元素属于兄弟节点，有些元素属于父子节点，至于根元素则为<html>元素，其起始标签<html>要放在<!DOCTYPE html>后面，接着是HTML文件的标头与主体，最后还要有结束标签</html>，如下：

```
<!DOCTYPE html>
<html>
...HTML 文件的标头与主体 ...
</html>
```

<html>元素的属性如下，由于这些属性可以套用到所有的 HTML 元素中，因此被称为全局属性（Global Attribute）：

- accesskey="..."：设置将焦点移到元素的按键组合。
- class="..."：设置元素的类。
- contenteditable="{true, false, inherit}"：设置元素的内容能否被编辑。
- dir="{ltr, rtl}"：设置文字的方向，ltr（left to right）表示由左向右，rtl（right to left）表示由右向左。
- draggable="{true, false}"：设置元素能否进行拖曳操作。
- hidden="{true, false}"：设置元素的内容是否被隐藏起来。
- id="..."：设置元素的标识符（限英文且唯一）。
- lang="language-code"：设置元素的语言，例如en为英语，fr为法语，de为德语，ja为日语，ZH为简体中文。
- spellcheck="{true, false}"：设置是否检查元素的拼写与文法。
- style="..."：设置套用到元素的CSS样式表。
- title="..."：设置元素的标题，浏览器可能用它作为提示文字。
- tabindex="n"：设置元素的Tab键顺序，也就是按Tab键时，焦点在元素之间跳跃的顺序，

n为正整数，数字越靠前越小，顺序就越靠前。–1表示不允许以按Tab键的方式将焦点移到元素。

◆ translate="{yes, no}"：设置元素是否启用翻译模式。

此外，事件属性可以套用到多数的 HTML 元素，用来针对 HTML 元素的某个事件设置处理程序，种类相当多，下面是一些例子：

◆ onload="..."：设置当浏览器加载网页时要执行的Script。
◆ onunload="..."：设置当浏览器删除网页时要执行的Script。
◆ onclick="..."：设置在组件上单击时要执行的Script。
◆ ondblclick="..."：设置在组件上双击时要执行的Script。
◆ onmousedown="..."：设置在组件上按下鼠标的按键时要执行的Script。
◆ onmouseup="..."：设置在组件上放开鼠标按键时要执行的Script。
◆ onmouseover="..."：设置当鼠标移过组件时要执行的Script。
◆ onmousemove="..."：设置当鼠标在组件上移动时要执行的Script。
◆ onmouseout="..."：设置当鼠标从组件上移开时要执行的Script。
◆ onfocus="..."：设置当用户将焦点移到组件上时要执行的Script。
◆ onblur="..."：设置当用户将焦点从组件上移开时要执行的Script。
◆ onkeydown="..."：设置在组件上按下按键时要执行的Script。
◆ onkeyup="..."：设置在组件上放开按键时要执行的Script。
◆ onkeypress="..."：设置在组件上按下再放开按键时要执行的Script。
◆ onsubmit="..."：设置当用户传送窗体时要执行的Script。
◆ onreset="..."：设置当用户清除窗体时要执行的Script。

2-2　HTML 文件的标头——\<head\>元素

我们可以使用\<head\>元素标记 HTML 文件的标头，里面可能进一步使用\<title\>、\<meta\>、\<link\>、\<base\>、\<script\>、\<style\>等元素来设置文件标题、文件相关信息、文件之间的关联、相对 URL 的路径、CSS 样式表、JavaScript 程序代码。

\<head\>元素要放在\<html\>元素里面，而且有结束标签\</head\>，如下，至于\<head\>元素的属性，则 2-1 节介绍的全局属性。

```
<!DOCTYPE html> <html>
  <head>
   ...HTML 文件的标头 ...
  </head>
</html>
```

2-2-1　\<title\>元素（文件标题）

\<title\>元素用来设置 HTML 文件的标题，此标题会显示在浏览器的标题栏或索引标签中，有助于搜索引擎优化，提高网页被搜索引擎找到的概率。\<title\>元素要放在\<head\>元素里面，而且有结束标签</title>，如下，至于<title>元素的属性，则有 2-1 节介绍的全局属性。

```
<!DOCTYPE html>
<html>
  <head>
    <title> 我的网页 </title>
    ... 其他标头信息 ...
  </head>
</html>
```

2-2-2　<meta>元素（文件相关信息）

<meta>元素用来设置 HTML 文件的相关信息，称为 metadata，例如字符集（编码方式）、内容类型、作者、搜索引擎关键词、版权声明等。

<meta>元素要放在<head>元素里面、<title>元素前面，而且没有结束标签，常见的属性如下：

◆ charset="..."：设置HTML文件的字符集（编码方式），例如下面的程序语句用于设置HTML文件的字符集为utf-8：

```
<meta charset="utf-8">
```

◆ name="{application-name, author, generator, keywords, description}"：设置metadata的名称，这些值分别表示网页应用程序的名称、作者的名称、编辑程序、关联的关键词、描述文字（可供搜索引擎使用，有助于搜索引擎优化）。

◆ content="..."：设置metadata的内容，例如下面的程序语句用于设置metadata的名称为"author"，内容为"Jean"，即HTML文件的作者为Jean：

```
<meta name="author" content="Jean">
```

又例如下面的程序语句用于设置 metadata 的名称为"generator"，内容为"Notepad++"，即 HTML 文件的编辑程序为 Notepad++：

```
<meta name="generator" content="Notepad++">
```

◆ http-equiv="..."：这个属性可以用来取代 name 属性，因为 HTTP 服务器是使用 http-equiv 属性搜集 HTTP 标头的，例如下面的程序语句用于设置 HTML 文件的内容类型为 text/html：

```
<meta http-equiv="content-type" content="text/html">
```

还包含2-1节所介绍的全局属性。

2-2-3　<link>元素（文件之间的关联）

<link>元素用来设置目前文件与其他资源之间的关联，常见的关联如表 2-1 所示。

表 2-1　目前文件与其他资源之间的关联

关　　联	说　　明	关　　联	说　　明
alternate	替代表示方式	author	作者
help	帮助说明	icon	图标

（续表）

关　联	说　明	关　联	说　明
license	授权	search	搜索资源
stylesheet	CSS 样式表	tag	标签
next	下一页	prev	上一页
top	首页	bookmark	书签
contents	内容	index	索引

<link>元素要放在<head>元素里面，而且没有结束标签，常见的属性如下：

♦ href="url"：设置欲建立关联的其他资源的网址。

♦ hreflang="language-code"：设置 href 属性值的语言代码，即设置采用的语言。

♦ rel="..."：设置当前文件与其他资源的关联。

♦ rev="..."：设置当前文件与其他资源的反向关联，例如下面第一条程序语句用于设置当前文件与上一个文件ch1.html的关联和反向关联，而第二条程序语句用于设置当前文件与下一个文件ch3.html的关联和反向关联：

```
<link href="ch1.html" rel="prev" rev="next">
<link href="ch3.html" rel="next" rev="prev">
```

♦ type="content-type"：设置内容类型，例如下面的程序语句用于设置当前文件会链接到一个名为 mobile.css 的 CSS 样式表文件：

```
<link rel="stylesheet" type="text/css" href="mobile.css">
```

2-2-4　<style>元素（嵌入 CSS 样式表）

我们可以在<head>元素里面使用<style>元素嵌入 CSS 样式表，常见的属性如下：

♦ media="{screen, print, speech, all}"：设置CSS样式表的目标媒体类型（屏幕、打印设备、语音合成器、全部），默认值为 all。

♦ type="content-type"：设置样式表的内容类型，默认值为"text/css"。

还包含 2-1 节所介绍的全局属性。

下面的范例程序的第 05～07 行所嵌入的 CSS 样式表要套用<body>元素，也就是将网页主体的背景颜色设置为深天空蓝色。

<\Ch02\style.html>

```
01 <!DOCTYPE html>
02 <html>
03  <head>
04    <meta charset="utf-8">
05    <style>
06      body {background: deepskyblue;}
07    </style>
08  </head>
```

有关如何定义CSS样式表，我们将在第7章进行说明

```
09   <body>
10   </body>
11 </html>
```

页面显示如图 2-1 所示。

图 2-1

2-3 HTML 文件的主体——<body>元素

我们可以使用<body>元素标记 HTML 文件的主体，里面可能包括文字、图片、视频、音频等内容。<body>元素要放在<html>元素里面、<head>元素的后面，而且有结束标签</body>，如下：

```
<!DOCTYPE html>
<html>
  <head>
    ...HTML 文件的标头 ...
  </head>
  <body>
    ...HTML 文件的主体 ...
  </body>
</html>
```

下面的范例程序会在网页上显示 "Hello, world!"。

<\Ch02\body.html>

```
<!DOCTYPE html>
<html>
  <head>
    <meta charset="utf-8">
    <title> 我的网页 </title>
  </head>
  <body>
    Hello, world!
  </body>
</html>
```

页面显示如图 2-2 所示。

图 2-2

下面再来看一个范例程序，将网页的背景颜色与文字颜色分别设置为天蓝色（azure）和黑色（black）。在这个范例程序中通过 `<body>` 元素的 onload 事件属性来设置当浏览器发生 load 事件时（即载入网页），就调用 JavaScript 的 alert() 方法在对话框中显示 "Hello, world!"。

<\Ch02\body2.html>

```html
<!DOCTYPE html>
<html>
  <head>
    <meta charset="utf-8">
    <title> 我的网页 </title>
  </head>
  <body onload="javascript: alert('Hello, world!');">
  </body>
</html>
```

页面显示如图 2-3 所示。

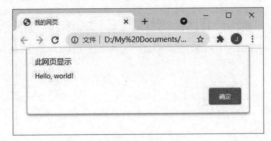

图 2-3

注 意

在 HTML 4.01 中，`<body>`元素的 background、bgcolor、text、link、alink、vlink 等属性用于设置网页的背景图片、背景颜色、文字颜色、超链接颜色、超链接被选取时显示的颜色和超链接已被浏览后显示的颜色，所以我们会在一些 HTML 文件中看到传统的程序代码编写方法，类似如下：

```html
<!DOCTYPE html>
<html>
  <head>
    <meta charset="utf-8">
  </head>
  <body bgcolor="white" text="black" link="red" vlink="green"
alink="blue">
  </body>
</html>
```

注意（续）

不过，由于 W3C 鼓励网页设计人员使用 CSS 定义网页的外观，以便和网页的内容分隔开，因此 HTML 5 不再列出涉及网页外观的属性，例如上面的 HTML 文件可以使用 CSS 改写如下，也正因如此，我们在介绍其他 HTML 5 元素时，会以 HTML 5 有的属性为主。

```
<!DOCTYPE html>
<html>
  <head>
  <meta charset="utf-8">
  <style>
    body {background: white; color: black;}
    a:link {color: red;}
    a:visited {color: green;}
    a:active {color: blue;}
  </style>
  </head>
  <body>
  </body>
</html>
```

2-3-1　<h1>～<h6>元素（标题 1～6）

HTML 提供了<h1>、<h2>、<h3>、<h4>、<h5>、<h6>六种层次的标题格式，以<h1>元素（标题 1）的字体最大，<h6>元素（标题 6）的字体最小。<h1>～<h6>元素的属性有 2-1 节所介绍的全局属性，下面看一个范例程序。

<\Ch02\heading.html>

```
<!DOCTYPE html>
<html>
  <head>
  <meta charset="utf-8">
  </head>
  <body>
    <h1>标题 1</h1>
    <h2>标题 1</h2>
    <h3>标题 1</h3>
    <h4>标题 1</h4>
    <h5>标题 1</h5>
    <h6>标题 1</h6>
  </body>
</html>
```

图 2-4

页面显示如图 2-4 所示。

2-3-2 <p>元素（段落）

网页的内容通常会包含数个段落，不过浏览器会忽略 HTML 文件中多余的空格符或 Enter 键，因此，即便是按 Enter 键试图分段，浏览器一样会忽略它而将文字显示成同一段落。

若想将这篇文章显示成 4 个段落，则必须使用<p>元素，也就是在每个段落的前后加上起始标签<p>和结束标签</p>，如下：

<\Ch02\p.html>

```
<!DOCTYPE html>
<html>
  <head>
    <meta charset="utf-8">
  </head>
  <body>
    <p>天命之谓性，率性之谓道，修道之谓教。</p>
    <p>道也者，不可须臾离也；可离，非道也。</p>
    <p>是故，君子戒慎乎其所不赌，恐惧乎其所不闻。</p>
    <p>莫见乎隐，莫显乎微，故君子慎其独也。</p>
  </body>
</html>
```

❶ 在每个段落的前后加上<p>和</p>

页面显示如图 2-5 所示。

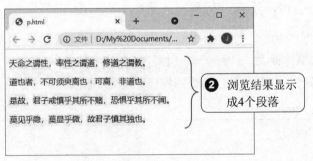

❷ 浏览结果显示成 4 个段落

图 2-5

注意

在 HTML 4.01 中，标题、段落、图片、表格等区块均有 align 属性，用来设置对齐方式为靠左、居中或靠右。以下面的 HTML 文件为例，这是早期的写法，也就是使用<h1>、<h2>元素和 align 属性设置标题的对齐方式：

```
<!DOCTYPE html>
<html>
  <head>
    <meta charset="utf-8">
  </head>
```

```
<body>
 <h1 align="left"> 靠左对齐的标题 1 </h1>
 <h2 align="right"> 靠右对齐的标题 2 </h2>
</body>
</html>
```

不过，诚如之前提到的，W3C 鼓励网页设计人员使用 CSS 定义网页的外观，HTML 5 不再列出涉及网页外观的属性。我们可以使用 CSS 将上面的 HTML 文件改写如下：

```
<html>
 <head>
  <meta charset="utf-8">
  <style>
   h1 {text-align: left;}
   h2 {text-align: right;}
  </style>
 </head>
 <body>
  <h1> 靠左对齐的标题 1 </h1>
  <h2> 靠右对齐的标题 2 </h2>
 </body>
</html>
```

2-3-3 <div>元素（组成一个区段）

<div>元素用来将 HTML 文件中某个范围的内容和元素组成一个区段（或称为区块或节），令文件的结构更清晰。<div>元素的属性包含 2-1 节所介绍的全局属性。下面的范例程序使用<div>元素将一组超链接列表组成一个具有导航栏功能的区段。

<\Ch02\div.html>

```
<body>
 <div id="navigation">    ◄── ❶ 使用id属性设置标识符以标示用途
  <ul>
   <li><a href="products.html"> 产品目录</a></li>
   <li><a href="stores.html"> 销售门市 </a></li>      ❷ 这些元素会在
   <li><a href="about.html"> 关于我们 </a></li>           第3章进行介绍
  </ul>
 </div>
</body>
```

页面显示如图 2-6 所示。

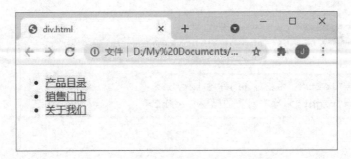

图 2-6

提示

所谓区块层级（Block Level），指的是元素的内容在浏览器中会另起一行，例如\<div\>、\<p\>、\<h1\>等都是区块层级元素。虽然\<div\>元素的浏览结果只是将内容另起一行，没有什么特别之处，但我们通常会搭配 class、id、style 等属性将 CSS 样式表套用到\<div\>元素所分组的区块。此外，如果元素 A 位于一个区块层级元素 B 里面，那么元素 B 就是元素 A 的容器（Container），例如在\<\Ch02\div.html\>中，\<div\>元素就是\<ul\>元素的容器。

2-3-4 \<!-- --\>元素（注释）

\<!-- --\> 元素用来标示注释，而注释不会显示在浏览器页面中，范例程序如下。

\<\Ch02\comment.html\>

```
<body>
  <!--以下为大学经一章大学之道-->         ❶ 使用<!-- -->元素标示注释
  <p>大学之道在明明德，在亲民，在止于至善。
      知止而后有定，定而后能静，静而后能安，
      安而后能虑，虑而后能得，物有本末，事有
      终始，知所先后，则近道也。</p>
</body>
```

页面显示如图 2-7 所示。

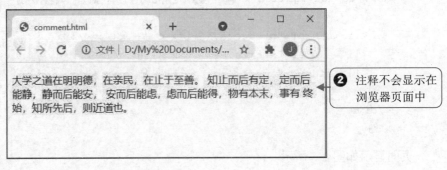

❷ 注释不会显示在浏览器页面中

图 2-7

注　意

注释可以用来记录程序的用途与结构，适当地注释可以提高程序的可读性，让程序更容易调试与维护。

建议在程序的开头用注释的方式说明程序的用途，并在一些重要的程序区块前面用注释说明其功能，同时尽可能简明扼要，要注意过犹不及。

2-4　HTML 5 新增的结构元素

仔细观察多数网页，不难发现其组成往往有一定的脉络可循。以图 2-8 的网页为例，包含下列几个部分：

图 2-8

- 页首：通常包含标题、标志图案、区段目录、搜索窗体等。
- 导航栏：通常包含一组链接到网站内其他网页的超链接，用户通过导航栏就可以穿梭往返于网站的各个网页。
- 主要内容：通常包含文章、区段、图片或视频。
- 侧边栏：通常包含摘要、广告、赞助厂商超链接、日期日历等可以从区段内容抽离的其他内容。
- 页尾：通常包含网站的所有者信息、浏览人数、版权声明，以及链接到隐私权政策、网站安全政策、服务条款等内容的超链接。

在过去，网页设计人员通常使用<div>元素来标记网页上的某个区段，但<div>元素并不具备任何语意，只能泛指通用的区段。为了进一步标记区段的用途，网页设计人员可能会利用id 或 class 属性设置区段的标识符或类,例如通过类似<div id="navigate">、<div id="navigation">

的程序语句来标记作为导航栏的区段，然而诸如此类的程序语句无法帮助浏览器辨识导航栏的存在，更别说提供快捷键让用户快速切换到网页上的导航栏。

为了帮助浏览器辨识网页上不同的区段，以提供更贴心的服务，HTML 5 新增了数个具有语意的结构元素（见表 2-2），并鼓励网页设计人员使用这些元素取代惯用的<div>元素，将网页结构转换成语意更明确的 HTML 5 文件。

表 2-2 HTML 5 新增的结构元素

结构元素	说　明
<article>	标记网页的文本或独立的内容，例如博客的一篇文章、新闻网站的一则新闻报道
<section>	标记通用的区段，例如将网页的文本分割为不同的主题区段，或将一篇文章分割为不同的章节或段落
<nav>	标记导航栏
<header>	标记网页或区段的页首
<footer>	标记网页或区段的页尾
<aside>	标记侧边栏，里面通常包含摘要、广告等可以从区段内容抽离的其他内容
<main>	标记网页的主要内容，里面通常包含文章、区段、图片或视频

注：这些结构元素的属性为 2-1 节介绍的全局属性和事件属性。

除了表 2-2 所示的结构元素外，我们还可以利用下列两个元素提供区段的附加信息：

- <address>：标记联络信息。
- <time>：标记日期时间。

2-4-1　<article>（文章）

<article>元素可以用来标记网页的文本或独立的内容，例如博客的一篇文章、新闻网站的一则新闻报道。当网页有多篇文章时，我们可以将每篇文章放在各自的<article>元素里面。

下面的范例程序在两个<article>元素里面分别放入"翠玉白菜"和"肉形石"的介绍文章。

<\Ch02\article.html>

```
<body>
  <article>
    <h1>翠玉白菜</h1>
    <p>"翠玉白菜"是台北故宫博物院珍藏的玉器雕刻，长 18.7 厘米，宽 9.1 厘米，厚 5.07
       厘米。</p>
  </article>
  <article>
    <h1>肉形石</h1>
    <p>"肉形石"是台北故宫博物院珍藏的国宝之一，原是清朝的宫廷珍玩，工匠将一块自然生成
       的玛瑙表面染色，制作成层次分明、毛孔肌理逼真的艺品，高 6.6 厘米，长 7.9 厘米，
       远远望去外观就像一块东坡肉，因而称为肉形石。</p>
  </article>
</body>
```

❶ ❷

页面显示如图 2-9 所示。

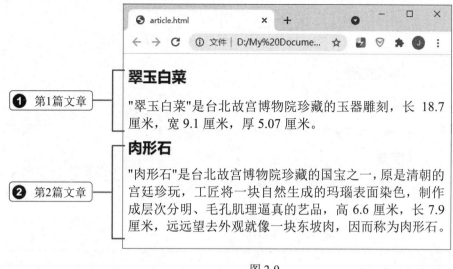

图 2-9

2-4-2 <section>（通用的区段）

<section>元素可以用来标记通用的区段，例如将网页的文本分割为不同的主题区段，或将一篇文章分割为不同的章节或段落。

下面的范例程序在一个<article>元素里面放入两个<section>元素，里面各有一首唐诗的标题与诗句。

<\Ch02\section.html>

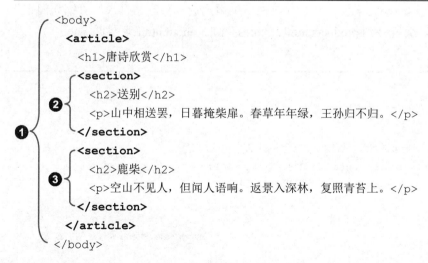

页面显示如图 2-10 所示。

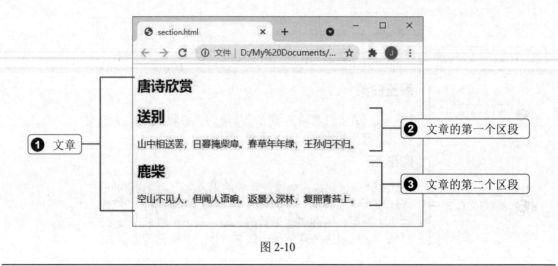

图 2-10

2-4-3 <nav>元素（导航栏）

由于导航栏是网页上常见的设计，因此 HTML 5 新增了<nav>元素用来标记导航栏，而且网页上的导航栏可以不止一个，视实际的需要而定。

W3C 并没有规定<nav>元素的内容应该如何编写，比较常见的做法是以项目列表的形式呈现一组超链接。当然，若不想加上项目符号，只想单纯保留一组超链接，那也无妨，甚至可以针对这些超链接设计专属的图案。

另外要注意，不是任何一组超链接都要使用<nav>元素，而是要作为导航栏功能的超链接要使用<nav>元素，诸如搜索结果清单或赞助厂商超链接就不应该使用 <nav> 元素。

下面的范例程序使用<nav>元素设计一个导航栏，供用户选择"产品目录""销售门市""关于我们"等超链接，会链接到 products.html、stores.html、about.html 等网页。

<\Ch02\nav.html>

```
<body>
  <nav>
    <ul>
      <li><a href="products.html">产品目录</a></li>
      <li><a href="stores.html">销售门市</a></li>
      <li><a href="about.html">关于我们</a></li>
    </ul>
  </nav>
</body>
```

这些元素会在第 3 章进行介绍

页面显示如图 2-11 所示。

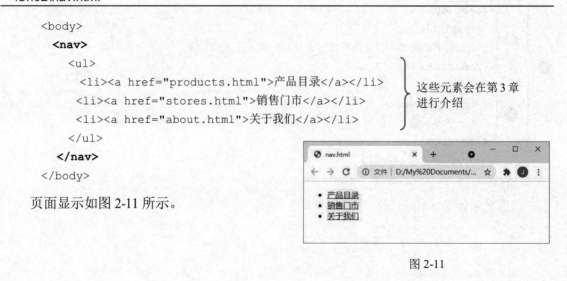

图 2-11

2-4-4　<header>与<footer>元素（页首/页尾）

除了导航栏之外，大多数网页也会设计页首和页尾。为了标记页首和页尾，HTML 5 新增了<header>和<footer>两个元素。

下面的范例程序分别使用<header>与<footer>两个元素标记网页的页首和页尾，其中页尾里面有一个超链接，用来链接到网页的顶端，我们会在 3-6 节介绍<a>元素。

<\Ch02\header.html>

```
<body>
  <header>
❶   <h1>手机王</h1>
    <p>找手机、修手机、卖手机，手机专家就在这里！</p>
  </header>

  <footer>
❷   <p>&copy; 2020 快乐通信公司</p>
    <p><a href="#">Back to top</a></p>
  </footer>
</body>
```

页面显示如图 2-12 所示。

图 2-12

2-4-5　<aside>元素（侧边栏）

<aside>元素用来标记侧边栏，里面通常包含摘要、广告、赞助商超链接、日期日历等可以从区段内容抽离的其他内容。

下面的范例程序除了使用<aside>元素标记侧边栏外，还在侧边栏内使用两个<section>元素标记两个区段，分别为"您可能会有兴趣的文章"和"赞助厂商"。

<\Ch02\aside.html>

```
<aside>
  <section>
   <p>您可能会有兴趣的文章</p>
   <ul>
     <li><a href="article1.html">文章 1</a>
     <li><a href="article2.html">文章 2</a>
     <!-- 此处可以继续放置其他文章超链接 -->
   </ul>
  </section>
  <section>
   <p>赞助厂商</p>
   <!-- 此处可以放置赞助厂商广告或超链接 -->
  </section>
</aside>
```

页面显示如图 2-13 所示。

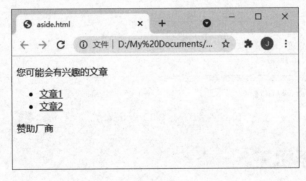

图 2-13

2-4-6 <main>元素（主要内容）

<main>元素用来标记网页的主要内容，里面通常包含文章、区段、图片或视频。

<main>元素的内容应该是唯一的，也就是不会包含重复出现在其他网页的信息，例如导航栏、页首、页尾、版权声明、网站标志、搜索窗体等。

下面的范例程序示范如何使用<header>、<nav>、<main>、<aside>、<footer>等元素标记网页的页首、导航栏、主要内容、侧边栏和页尾，同时示范如何在这些元素中套用 CSS 样式表，对于这些样式表将在第 7～11 章进一步说明。

<\Ch02\main.html>

```
01  <!DOCTYPE html>
02  <html>
03    <head>
04      <meta charset="utf-8">
```

```
05     <style>
06       body {width: 100%; min-width: 600px; max-width: 960px;
07           margin: 0 auto; text-align: center;}
08       header {margin: 1%; background: #eaeaea;}
09       nav {margin: 1%; color: white; background: black;}
10       main {float: left; width: 64%; height: 300px; margin: 1%;
11           background: aqua;}
12       aside {float: left; width: 32%; height: 300px; margin: 1%;
13           background: aqua;}
14       footer {clear: left; margin: 1%; background: #eaeaea;}
15     </style>
16   </head>
17   <body>
18     <header><h1> 页首 </h1></header>
19     <nav><h1> 导航栏 </h1></nav>
20     <main><h1> 主要内容 </h1></main>
21     <aside><h1> 侧边栏 </h1></aside>
22     <footer><h1> 页尾 </h1></footer>
23   </body>
24 </html>
```

◆ 第06~14行针对<body>、<header>、<nav>、
  <main>、<aside>、<footer>等元素设置CSS
  样式表，包括宽度、高度、最小宽度、最大
  宽度、边界、前景颜色、背景颜色、文字对
  齐方式、图旁文字与解除图旁文字等。

◆ 第18行标记网页的页首。

◆ 第19行标记网页的导航栏。

◆ 第20行标记网页的主要内容。

◆ 第21行标记网页的侧边栏。

◆ 第22行标记网页的页尾。

页面显示如图 2-14 所示。

图 2-14

注 意

原则上，网页里面只有一个<main>元素，而且不可以放在<article>、<section>、<nav>、<footer>、<header>、<aside>等元素里面。

第 3 章

数据编辑与格式化

3-1　区段格式

　　HTML 提供了一些用来标记区块的元素，例如 `<h1>`～`<h6>`（标题 1~6）、`<p>`（段落）、`<div>`（组成一个区块）、`<pre>`（预先格式化的区段）、`<blockquote>`（左右缩排的区块）、`<address>`（联络信息）、`<hr>`（水平线）等，其中 `<h1>`～`<h6>`、`<p>`和`<div>`等元素在 2-3 节介绍过，此处不再重复讲解。

3-1-1　<pre>元素（预先格式化的区块）

　　由于浏览器会忽略 HTML 元素之间多余的空格符和 Enter 键，导致在输入某些内容时相当不便，此时我们可以使用`<pre>`元素预先将内容格式化，其属性有 2-1 节介绍的全局属性。下面来看一个范例程序。

`<\Ch03\pre.html>`

```
<body>
 <pre>
void main()
{
  printf("Hello World!\n");
}
 </pre>
</body>
```

❶ 使用`<pre>`元素标记预先格式化的区段

页面显示如图 3-1 所示。

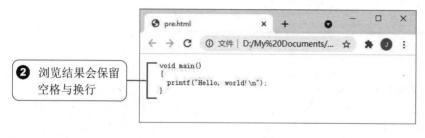

图 3-1

3-1-2　<blockquote>元素（左右缩排的区块）

<blockquote>元素用来标记左右缩排的区块，其属性如下：

◆ cite="..."：设置引用的相关信息或信息来源。

还包含 2-1 节介绍的全局属性。

<\Ch03\blockquote.html>

```html
<body>
  <p>The Web of Things Working Group has published …</p>

  <blockquote cite="https://www.w3.org/">
    <p>The Web of Things Working Group has published… </p>
  </blockquote>
</body>
```

页面显示如图 3-2 所示。

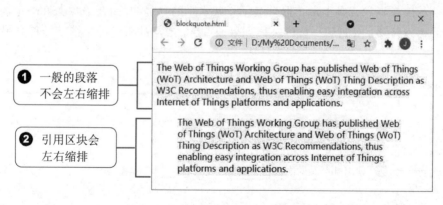

图 3-2

3-1-3　<address>元素（联络信息）

<address>元素用来标记个人、团体或组织的联络信息，例如地址、座机电话、移动电话、E-Mail 账号、实时通信账号、网址、地理位置信息等，其属性有 2-1 节介绍的全局属性。

下面的范例程序使用<address>元素在文章的最后放上 jean@hotmail.com 超链接作为作者联络信息。有关超链接的制作方式在 3-6 节将进一步说明。

<\Ch03\address.html>

```
<body>
  <article>
    <!-- 此处放置文章内容 -->

    <p>联络本文章的作者：</p>
    <address>
      <a href="mailto:jean@hotmail.com">jean@hotmail.com</a>
    </address>
  </article>
</body>
```

❶ 使用\<address\>元素标记联络信息

页面显示如图 3-3 所示。

❷ 联络信息的浏览结果

图 3-3

3-1-4 \<hr\>元素（水平线）

\<hr\>元素用来标记水平线，其属性有 2-1 节介绍的全局属性，该元素没有结束标签。

下面的范例程序在视觉效果上浏览器会显示一条水平的分隔线，而在语意上\<hr\>元素代表的是段落层级的焦点转移，例如从一首诗转移到另一首诗，或从故事的一个情节转移到另一个情节。

<\Ch03\hr.html>

```
<body>
  <p>春晓</p>
  <p>春眠不觉晓，处处闻啼鸟；夜来风雨声，花落知多少？</p>
  <hr>
  <p>送别</p>
  <p>山中相送罢，日暮掩柴扉。春草明年绿，王孙归不归。</p>
  <hr>
  <p>相思</p>
  <p>红豆生南国，春来发几枝？愿君多采撷，此物最相思。</p>
</body>
```

❶ 使用\<hr\>元素标记水平线

页面显示如图 3-4 所示。

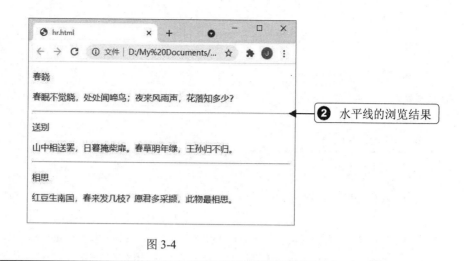

图 3-4

3-2　文字格式

适当的文字格式不仅可以提高网页的可读性，还能增添网页的视觉效果。常见的文字格式有粗体、斜体、加下画线、小字体、上标、下标等，接下来将一一介绍。

3-2-1　设置文字格式的元素

HTML 5 提供了如表 3-1 所示的元素用来设置文字格式，这些元素的属性有 2-1 节介绍的全局属性。

表 3-1　设置文字格式的元素及说明

范　例	浏览结果	说　明
默认的格式 Format	默认的格式 Format	默认的格式
粗体 Bold	粗体 Bold	粗体
<i>斜体 Italic</i>	*斜体 Italic*	斜体
<u>加下画线 Underlined</u>	<u>加底线 Underlined</u>	加下画线
H₂O	H_2O	下标
X³	X^3	上标
<small>SMALL</small> FONT	SMALL FONT	小字体
强调斜体 Emphasized	*强调斜体 Emphasized*	强调斜体
强调粗体 Strong	强调粗体 Strong	强调粗体
<dfn>定义 Definition</dfn>	*定义 Definition*	定义文字
<code>程序代码 Code</code>	程序代码 Code	程序代码文字
<samp>范例 SAMPLE</samp>	范例SAMPLE	范例文字
<kbd> 键盘 Keyboard</kbd>	键盘 Keyboard	键盘文字
<var>变量 Variable</var>	*变量 Variable*	变量文字
<cite>引用 Citation</cite>	*引用 Citation*	引用文字

（续表）

范　　例	浏览结果	说　　明
<abbr>缩写，如 HTTP</abbr>	缩写，如HTTP	缩写文字
<s>删除字 Strike</s>	删除字	删除字
<q>Gone with the Wind</q>	Gone with the Wind	引用语
<mark>荧光标记</mark>	荧光标记	荧光标记文字

注意以下几个事项：

* 虽然HTML 5保留了这些涉及外观的元素，但W3C还是鼓励网页设计人员改用CSS来取代它们。

* HTML 5删除了<font>、<basefont>、<big>、<blink>、<center>、<strike>、<tt>、<nobr>、<spacer>等涉及网页外观的元素，建议改用CSS来取代它们，同时HTML 5也删除了<acronym>元素，建议改用<abbr>元素来取代。

* HTML 5修改了<em>元素和<strong>元素的意义，前者用来标记强调功能，后者用来标记内容的重要性，但没有改变句子的意思或语气。

* <mark>元素是HTML 5新增的元素，用来显示荧光标记，它的意义和用来标记强调重点的<em>或<strong>元素并不相同。举例来说，假设用户要在网页上搜索某个关键词，一旦搜索到该关键词，就将该关键词以荧光标记出来，在这种情况下，<mark>元素是比较适合的。

* <ruby>与<rt>元素是HTML 5新增的元素，其中<ruby>元素用来包住字符串及其拼音，而<rt>元素是<ruby>元素的子元素，用来包住拼音的部分。

3-2-2　
元素（换行）

元素用来换行，其属性有 2-1 节所介绍的全局属性，该元素没有结束标签。下面来看一个范例程序。

<\Ch03\br.html>

```
<body>
    <p>春眠不觉晓，</p>
    <p>处处闻啼鸟。</p>
    <p>夜来风雨声，</p>
    <p>花落知多少？</p>
    春眠不觉晓，<br>
    处处闻啼鸟。<br>
    夜来风雨声，<br>
    花落知多少？
</body>
```

页面显示如图 3-5 所示。

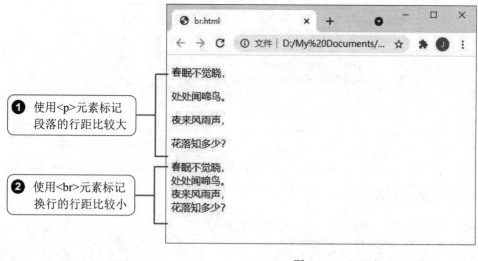

图 3-5

3-2-3 <span>元素（组成一行）

<span>元素用来将 HTML 文件中某个范围的内容和元素组成一行，其属性为 2-1 节所介绍的全局属性。所谓行内层级（Inline Level），指的是元素的内容在浏览器中不会另起一行，例如<span>、<i>、<b>、<u>、<img>、<a>、<sub>、<sup>、<em>、<small>等均属于行内层级的元素。

<span>元素常见的用途是搭配 class、id、style 等属性将 CSS 样式表套用到<span>元素所分组的行内范围。下面来看一个范例程序。

<\Ch03\span.html>

```
<!DOCTYPE html>
<html>
  <head>
    <meta charset="utf-8">
    <style>
      .note {color: blue;}
    </style>
  </head>
  <body>
    注释 1：<span class="note">"章台路"</span>意指歌妓聚居之所。<br>
    注释 2：<span class="note">"冶游生春露"</span>意指春游。
  </body>
</html>
```

❶ 嵌入样式表将note类的文字颜色设置为蓝色

❷ 将样式表套用到行内范围

页面显示如图 3-6 所示。

图 3-6

3-2-4 <time>元素（日期时间）

HTML 5 新增了<time>元素用来标记日期时间，其属性如下：

⬥ datetime：设置机器可读取的日期时间格式。

还包含 2-1 节介绍的全局属性。

机器可读取的日期格式为 YYYY-MM-DD，时间格式为 HH:MM[:SS]，秒数可以省略不写，两者之间以 T 分隔开，若要设置更小的秒数单位，则可以先加上小数点分隔开，再设置更小的秒数，例如：

```
<time>2020-12-25</time>
<time>14 30 35</time>
<time>2020-12-25T14 30</time>
<time>2020-12-25T14 30 35</time>
<time>2020-12-25T14 30 35.922</time>
```

下面的范例程序分别使用两个<time>元素标记一个日期和一个时间，同时使用 datetime 属性设置机器可读取的日期时间格式，毕竟机器是看不懂"10 月 25 日"和"早上八点钟"的。

<\Ch03\time.html>

```
<body>
 <p>本年度校庆日期为<time datetime="2020-10-25">10 月 25 日</time></p>
 <p>进场时间为<time datetime="08:00">早上八点钟</time></p>
</body>
```

页面显示如图 3-7 所示。

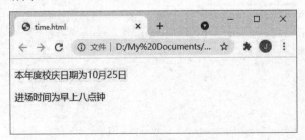

图 3-7

3-3　插入或删除数据——<ins>、<del>元素

<ins>元素用来在网页上插入数据，浏览器通常会以下画线来显示<ins>元素的内容；而<del>元素用来删除网页上的数据，浏览器通常会以删除线来显示<del>元素的内容。

这两个元素的属性如下：

- ✦ cite="..."：设置一个文件或信息，以说明插入或删除数据的原因。
- ✦ datetime="..."：设置插入或删除数据的时间。

还包含 2-1 节介绍的全局属性。

下面来看一个范例程序。

<\Ch03\insdel.html>

```
<!DOCTYPE html>
<html>
  <head>
    <meta charset="utf-8">
  </head>
  <body>
    剩下<del datetime="2020-07-01">2</del>
    <ins datetime="2020-07-02">1</ins>天
  </body>
</html>
```

页面显示如图 3-8 所示。

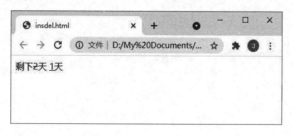

图 3-8

3-4　项目符号与编号——<ul>、<ol>、<li>元素

当你阅读书籍或整理数据时，可能会希望将相关数据以列表的形式编排出来，以便让数据显得有条不紊，此时可以使用<ul>元素为数据加上项目符号，或使用<ol>元素为数据加上编号，再使用<li>元素设置各个项目的数据。

<ul>元素用来标记项目符号，其属性为：2-1 节介绍的全局属性。

<ol>元素用来标记编号，其属性如下：

- type="{1, A, a, I, i}"：用于设置编号的类型，设置值如表3-2所示，若省略不写，则采用默认的阿拉伯数字。

表 3-2　设置值

设 置 值	说　明
1（默认值）	从 1 开始的阿拉伯数字，例如1、2、3、4、5、...
A	大写英文字母，例如 A、B、C、D、E、...
a	小写英文字母，例如 a、b、c、d、e、...
I	大写罗马数字，例如I、II、III、IV、V、...
I	小写罗马数字，例如 i、ii、iii、iv、v、...

- start="n"：设置编号的起始值，省略不写的话，表示从1、A、a、I、i开始。
- reversed：以颠倒的编号顺序显示列表，例如n、...、5、4、3、2、1。

还包含 2-1 节所介绍的全局属性。

<li>元素用来设置各个项目数据，其属性如下：

- value="..."：设置一个数字给项目数据，以代表该项目数据的序数。

还包含 2-1 节所介绍的全局属性。

下面的范例程序定义一个项目列表和一个编号列表，而且编号列表的编号是从 E 开始的大写英文字母。

<\Ch03\ulol.html>

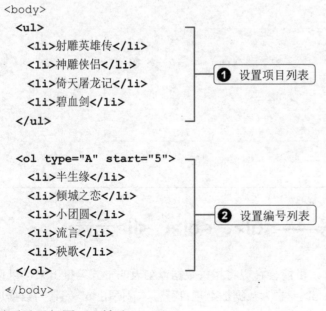

```
<body>
  <ul>
    <li>射雕英雄传</li>
    <li>神雕侠侣</li>
    <li>倚天屠龙记</li>
    <li>碧血剑</li>
  </ul>                          ❶ 设置项目列表

  <ol type="A" start="5">
    <li>半生缘</li>
    <li>倾城之恋</li>
    <li>小团圆</li>
    <li>流言</li>
    <li>秧歌</li>
  </ol>                          ❷ 设置编号列表
</body>
```

页面显示如图 3-9 所示。

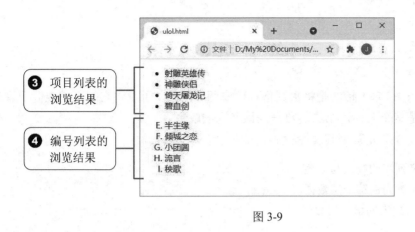

图 3-9

下面是另一个范例程序，它将示范如何制作嵌套列表，其中外层是一个项目列表，而内层是两个编号列表。

<\Ch03\novel.html>

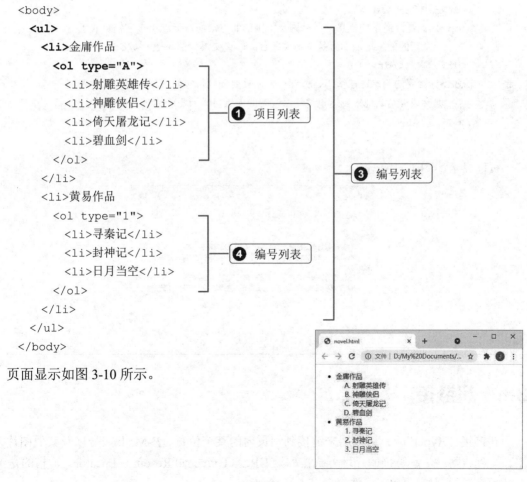

```
<body>
  <ul>
    <li>金庸作品
      <ol type="A">
        <li>射雕英雄传</li>
        <li>神雕侠侣</li>
        <li>倚天屠龙记</li>
        <li>碧血剑</li>
      </ol>
    </li>
    <li>黄易作品
      <ol type="1">
        <li>寻秦记</li>
        <li>封神记</li>
        <li>日月当空</li>
      </ol>
    </li>
  </ul>
</body>
```

❶ 项目列表

❸ 编号列表

❹ 编号列表

页面显示如图 3-10 所示。

图 3-10

3-5 定义列表——<dl>、<dt>、<dd>元素

定义列表（Definition List）指的是将数据格式化成两个层次，可以将它想象成类似于目录的东西，第一层数据是某个名词，第二层数据是该名词的解释。

制作定义列表需要 3 个元素，其属性有 2-1 节所介绍的全局属性：

- <dl>：标记定义列表的开头与结尾。
- <dt>：标记定义列表的第一层数据。
- <dd>：标记定义列表的第二层数据。

下面来看一个范例程序。

<\Ch03\dl.html>

```
<body>
  <dl>
    <dt>黑面琵鹭</dt>
    <dd>黑面琵鹭最早的栖息地是韩国及中国的北方沿海，但近年来它们觅着了
        一个新的栖息地，那就是中国宝岛台湾的曾文溪口沼泽地。</dd>
    <dt>赤腹鹰</dt>
    <dd>赤腹鹰的栖息地在垦丁、恒春一带，只要一到每年的八、九月，赤腹鹰
        就会成群结队地来到这里过冬，爱鹰的人士可千万不能错过。</dd>
  </dl>
</body>
```

页面显示如图 3-11 所示。

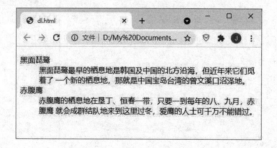

图 3-11

3-6 超链接

超链接（Hyperlink）可以用来链接到网页内的某个位置、E-Mail 账号以及其他图片、程序、文件或网站。超链接的寻址方式被称为 URL（Universal Resource Locator），指的是 Web 上各种资源的网址。URL 通常包含以下几个部分：

通信协议://*服务器名称*[：*通信端口编号*]/*文件夹*[/*文件夹 2...*]/*文件名称*

例如：

| 通信协议 | 服务器名称 | 通信端口编号 | 文件夹 | 文件名称 |

♦ 通信协议：用来设置URL所链接的网络服务，如表3-3所示。

表 3-3　通信协议

通信协议	网络服务	实例
http://、https://	全球信息网	http://www.lucky.com
ftp://	文件传输	ftp://ftp.lucky.com
file:///	存取本机磁盘文件	file:///c:/games/bubble.exe
mailto:	传送电子邮件给用户	mailto:jean@mail.lucky.com

♦ 服务器名称 [: 通信端口编号]：服务器名称提供服务的主机名，冒号后面的通信端口编号用来设置要开启哪个通信端口，省略不写的话，表示默认值80。由于主机可能同时担任不同的服务器，为了便于区分，每种服务器会各自对应一个通信端口，例如HTTP的通信端口编号为80。

♦ 文件夹：这是存放文件的地方。

♦ 文件名称：这是文件的完整名称，包括主文件名与扩展名。

3-6-1　绝对 URL 与相对 URL

URL 又分为绝对 URL（Absolute URL）和相对 URL（Relative URL）两种类型，绝对 URL 包含通信协议、服务器名称、文件夹和文件名称，通常链接至因特网的超链接都设置为绝对 URL，例如 http://www.abc.com/index.html。相对 URL 通常只包含文件夹和文件名称，有时连文件夹都可以省略不写。当超链接所要链接的文件和超链接所属的文件位于相同的服务器或相同的文件夹时，就可以使用相对 URL。

相对 URL 又分为下列两种类型：

♦ 文件相对URL（Document-Relative URL）：以图3-12所示的文件结构为例，假设default.html有链接至email.html和question.html的超链接，那么超链接的URL可以写成Contact/email.html和Support/FAQ/question.html，此处所使用的就是文件相对URL，由于这些文件夹和文件均位于相同文件夹，故通信协议和服务器名称可以省略不写。

注意，若staff.html有链接至email.html的超链接，则其URL必须设置为../Contact/email.html，".."的意义是回到上一层文件夹；同理，若question.html有链接至email.html的超链接，则其URL必须设置为../../ Contact/email.html。

♦ 服务器相对URL（Server-Relative URL）：服务器相对URL是相对于服务器的根目录，以图3-13所示的文件结构为例，斜线（/）代表根目录，要表示任何文件或文件夹时，都必须从根目录开始，例如question.html的地址为/Support/FAQ/question.html，最前面的斜线（/）代表的是服务器的根目录，不能省略不写。

同理，若default.html有链接至email.html或question.html的超链接，则其URL必须设置为/Contact/email.html和/Support/FAQ/question.html，最前面的斜线（/）不能省略不写。

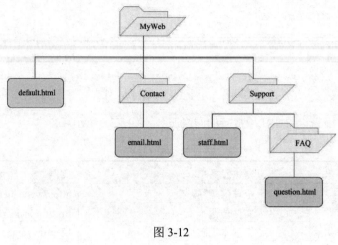

图 3-12

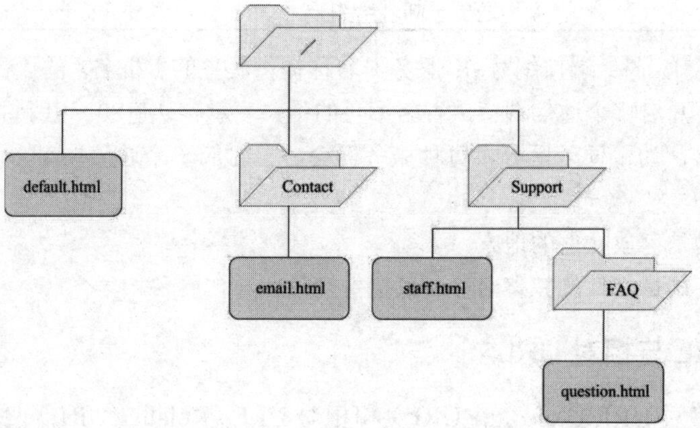

图 3-13

文件相对 URL 的优点是当我们将包含所有文件夹和文件的文件夹整个搬移到不同服务器或其他地址时，文件之间的超链接仍可正确链接，无须重新设置；而服务器相对 URL 的优点是当我们将所有文件和文件夹搬移到不同服务器时，文件之间的超链接仍可正确运转，无须重新设置。

3-6-2 标记超链接—— <a>元素

<a>元素用来标记超链接，常见的属性如下：

- href="url"：设置超链接所链接的文件的网址。
- hreflang="language-code"：设置href属性值的语言。
- rel="..."：设置从当前文件到href属性的文件的引用，常见的引用可以参阅2-2-3节的说明。
- rev="..."：设置当前文件与所链接的资源的反向关联，例如下面第一条语句是链接到ch1.html并指出当前文件与ch1.html的关联和反向关联，而第二条语句是链接到ch3.html并指出当前文件与ch3.html的关联和反向关联：

```
<a href="ch1.html" rel="prev" rev="next">ch1</a>
<a href="ch3.html" rel="next" rev="prev">ch3</a>
```

- ✦ target="...": 设置在哪里打开超链接所链接的资源，设置值如表 3-4 所示。

表 3-4　设置值

设　置　值	说　　　明
_self（默认值）	在当前窗口打开超链接所链接的资源
_blank	在新窗口或新索引标签页面打开超链接所链接的资源。若希望保留原来的网页，则可以用 target = "_blank"在新窗口或新索引标签页面中打开所链接的资源，如此一来，原来的网页依然会保持在原来的窗口中
_parent	在当前窗口的父窗口中打开超链接所链接的资源，若父窗口不存在，则在当前窗口打开
_top	在当前窗口的最上层窗口中打开超链接所链接的资源，若最上层窗口不存在，则在当前窗口打开

- ✦ type="content-type": 设置内容类型。
- ✦ download: 设置要下载文件，而不是要浏览文件。

还包含 2-1 节所介绍的全局属性。

下面的范例程序以项目列表的方式显示 4 个超链接。

<\Ch03\hyperlink.html>

```
<ul>
    <li><a href="pre.html">链接到 pre.html 网页</a></li>
    <li><a href="poem.rar" download>下载 poem.rar 文件</a></li>
    <li><a href="https://www.baidu.com/">链接到百度</a></li>
    <li><a href="mailto:jean@mail.lucky.com">写信给客服</a></li>
</ul>
```

页面显示如图 3-14～图 3-18 所示。

图 3-14

图 3-15

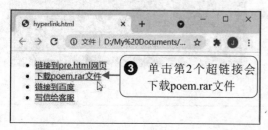

图 3-16

图 3-17

图 3-18

3-6-3 在新索引标签页面中打开超链接

在默认情况下，浏览器会在当前窗口打开超链接所链接的资源。若希望保留原来的网页，则为<a>元素加上 target ="_blank"属性，即可在新窗口或新索引标签页面中打开所链接的资源，如此一来，原来的网页还会保持在原来的窗口中。

下面的范例程序将在新索引标签页面中打开超链接所链接的 Apple 网站。

<\Ch03\hyperlink2.html>

```
<body>
  <a href="https://www.apple.com.cn" target="_blank">
  在新索引标签页面中打开 Apple 网站</a>
</body>
```

页面显示如图 3-19 所示。

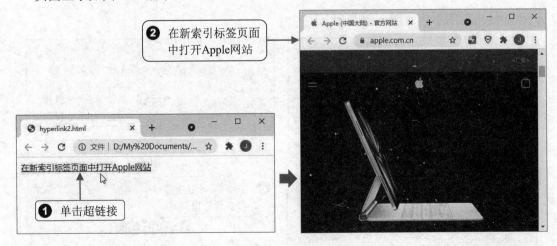

图 3-19

3-6-4　页内超链接

超链接也可以用来链接到网页内的某个位置，称为页内超链接。当网页的内容比较多时，为了方便浏览资料，我们可以针对网页上的主题建立页内超链接，用户单击页内超链接就会跳转到设置的内容。

下面来看一个范例程序，由于这个网页的内容比较多，用户可能需要移动滚动条才能浏览到想看的内容，有点不方便，因此我们将网页上方项目列表中的"黑面琵鹭""赤腹鹰""八色鸟" 3 个项目设置为页内超链接，分别链接到网页下方定义列表中对应的介绍文字，用户单击页内超链接就会跳转到对应的介绍文字，如图 3-20 所示。

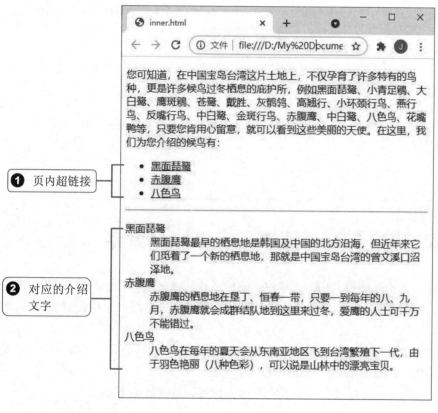

图 3-20

建立页面超链接包含下列两个步骤：

步骤01 为对应的介绍文字分别加上 id 属性，以设置唯一的标识符。

步骤02 使用页内超链接的 href 属性设置所链接的标识符。由于此例的 href 属性和欲链接的标识符位于相同的文件中，因此文件名可以省略不写。若标识符位于其他文件，则在设置 href 属性时还要写出文件名，例如 <a href="inner.html#bird1">。

<\Ch03\inner.html>

```
<body>
    <p>您可知道，在中国宝岛台湾这片土地上，不仅孕育了许多特有的鸟种，更是许多候鸟过冬
栖息的庇护所，例如黑面琵鹭、小青足鹬、大白鹭、鹰斑鹬、苍鹭、戴胜、灰鹊鸰、高翘行、小环颈行鸟、
```

燕行鸟、反嘴行鸟、中白鹭、金斑行鸟、赤腹鹰、中白鹭、八色鸟、花嘴鸭等，只要您肯用心留意，就可以看到这些美丽的天使。在这里，我们为您介绍的候鸟有：</p>

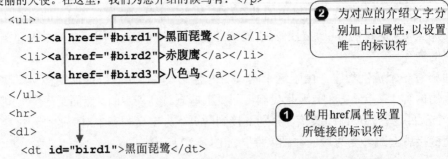

```
    <ul>
      <li><a href="#bird1">黑面琵鹭</a></li>
      <li><a href="#bird2">赤腹鹰</a></li>
      <li><a href="#bird3">八色鸟</a></li>
    </ul>
    <hr>
    <dl>
      <dt id="bird1">黑面琵鹭</dt>
      <dd>黑面琵鹭最早的栖息地是韩国及中国的北方沿海，但近年来它们觅着了一个新的栖息地，
那就是中国宝岛台湾的曾文溪口沼泽地。</dd>
      <dt id="bird2">赤腹鹰</dt>
      <dd>赤腹鹰的栖息地在垦丁、恒春一带，只要一到每年的八、九月，赤腹鹰就会成群结队地
到这里来过冬，爱鹰的人士可千万不能错过。</dd>
      <dt id="bird3">八色鸟</dt>
      <dd>八色鸟在每年的夏天会从东南亚地区飞到台湾繁殖下一代，由于羽色艳丽（八种色彩），
可以说是山林中的漂亮宝贝。</dd>
    </dl>
  </body>
```

② 为对应的介绍文字分别加上id属性，以设置唯一的标识符

① 使用href属性设置所链接的标识符

3-7 设置相对 URL 的路径信息——<base>元素

在 HTML 文件中，无论是链接到图片、程序、文件或样式表的超链接，都是靠 URL 来设置路径的，而且为了方便起见，我们通常将文件放在相同的文件夹，然后采用相对 URL 来表示超链接的地址。

如果需要将文件搬移到其他文件夹，那么相对 URL 是否要一一修正呢？其实不用，只要使用<base>元素设置相对 URL 的路径信息就可以了。

<base>元素要放在<head>元素里面，而且没有结束标签，其属性如下：

+ href="url"：设置相对URL的绝对地址。

还包含 2-1 节介绍的全局属性。

下面来看一个范例程序，由于第 05 行在<head>元素里面加入<base>元素设置了相对 URL 的路径信息，因此对第 08 行的相对 URL hotnews.html 来说，其实际地址为 http://www.lucky.com/books/HTML5.html。

<\Ch03\relative.html>

```
01  <!DOCTYPE html>
02  <html>
03    <head>
04      <meta charset="utf-8">
```

```
05      <base href="https://www.example.com/news/index.html">
06   </head>
07   <body>
08    <a href="hotnews.html"> 热门新闻 </a>
09   </body>
10 </html>
```

页面显示如图 3-21 所示。

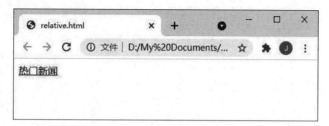

图 3-21

第 **4** 章

图 片

4-1 嵌入图片——<img>元素

除了文字之外，HTML 文件还可以包含图片、音频、视频或其他 HTML 文件，本节的讨论以图片为主。我们可以使用<img>元素在 HTML 文件中嵌入图片，该元素没有结束标签，常见的属性如下：

* src="url"：设置图片的网址。
* width="n"：设置图片的宽度（n为像素数或容器宽度比例）。
* height="n"：设置图片的高度（n为像素数或容器高度比例）。
* alt="..."：设置图片的替代显示文字。
* ismap：设置图片为服务器端的图像地图。
* usemap="url"：设置所要使用的图像地图。

还包含 2-1 节介绍的全局属性。

提 示

网页上的图片文件格式通常以 JPEG、GIF、PNG（见表4-1）为主，若图片是由点与线的几何图形组成的，则可考虑使用 SVG 向量格式，它的优点是文件较小、适合缩放。

表 4-1　常用的图片文件格式

	JPEG	GIF	PNG
颜色数目	全彩	256 色	全彩
透明度	无	有	有
动画	无	有	无（可以通过扩展规格 APNG 制作动态效果）
适用时机	照片、渐层图片	简单图片、需要去背景的图片、用于动态效果的图片	照片、渐层简单图片

4-1-1 图片的高度与宽度

当我们使用<img>元素在 HTML 文件中嵌入图片时，除了可以通过 src="url"属性设置图片的网址外，还可以通过 width="n"和 height="n"属性设置图片的宽度与高度，n 为像素数或容器宽度与高度的比例。若没有设置宽度与高度，则浏览器会以图片的原始大小来显示。下面来看一个范例程序。

\<\Ch04\img1.html>

```
<body>
  <img src="cake1.jpg" width="40%"><br>
  <img src="cake1.jpg" width="240" height="160">
  <img src="cake1.jpg" width="120" height="80">
</body>
```

页面显示如图 4-1 所示。

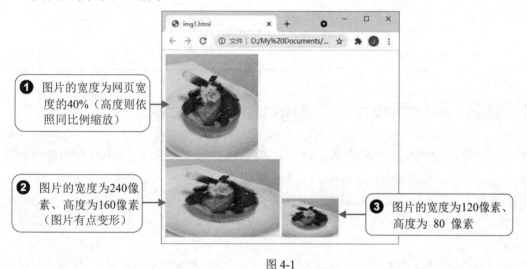

图 4-1

4-1-2 图片的替代显示文字

为了避免图片因为取消下载、网络联机错误或找不到文件等情况而无法显示，建议使用<img>元素的 alt="..."属性设置替代显示文字来描述图片，而且此举有助于搜索引擎优化，提高图片及网页被搜索引擎找到的概率。

下面的范例程序由于找不到<img>元素所设置的 cake.jpg 图片，因此会在图片的位置显示替代文字。

\<\Ch04\img2.html>

```
<!DOCTYPE html>
<html>
  <head>
  <meta charset="utf-8">
```

```
    </head>
    <body>
      <img src="cake1.jpg" width="50%" alt="逸廊甜点">    ◀────  ❶ 设置图片的替代
    </body>                                                        显示文字
</html>
```

页面显示如图 4-2 所示。

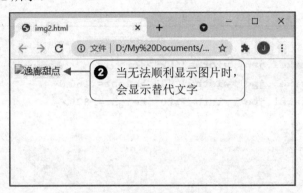

图 4-2

4-2　标注——<figure>、<figcaption>元素

我们可以使用 HTML 5 新增的<figure>元素将图片、表格、程序代码等从主要内容抽离的区段标注出来，同时可以使用<figcaption>元素针对<figure>元素的内容设置说明文字，这两个元素的属性包含 2-1 节介绍的全局属性。

<figure>元素所标注的区段不会影响主要内容的阅读动线，而且可以移到附录、网页的一侧或其他专属的网页。

下面的范例程序使用<figure>元素标注两张照片，并使用<figcaption>元素设置照片的说明文字。

<\Ch04\figure.html>

```
    <body>
      <figure>
        <img src="cake1.jpg" width="48%">
        <img src="cake2.jpg" width="48%">
        <figcaption>逸廊甜点</figcaption>
      </figure>
    </body>
```

页面显示如图 4-3 所示。

图 4-3

4-3　建立表格——<table>、<tr>、<td>、<th>元素

展示数据的常见形式是使用表格。本节将介绍如何使用 <table>、<tr>、<td>、<th>等元素建立表格。

1. <table>元素

<table>元素用来标记表格，其属性如下：

* border="n"：设置表格的框线大小（n为像素数）。

还包含 2-1 节所介绍的全局属性。

2. <tr>元素

<tr>元素用来在表格中标记一行（Row）。
包含 2-1 节所介绍的全局属性。

3. <th>元素

<th>元素用来在一行中标记一个标题单元格，其属性如下：

* colspan="n"：设置某个单元格是由几列合并而成的（n为列数）。
* rowspan="n"：设置某个单元格是由几行合并而成的（n为行数）。
* headers="..."：设置标题单元格的标题。
* abbr="..."：根据单元格的内容设置一个缩写。
* scope="{row, col, rowgroup, colgroup}"：设置当前标题单元格的标题是一行、一列、同一组行或同一组列的标题，若省略不写，则表示默认值auto（自动）。

还包含 2-1 节所介绍的全局属性。

4. <td>元素

<td>元素用来在一行中标记一个单元格，其属性如下：

- colspan="n"：设置某个单元格是由几列合并而成的（n为列数）。
- rowspan="n"：设置某个单元格是由几行合并而成的（n为行数）。
- headers="..."：设置与单元格关联的标题单元格。

还包含 2-1 节所介绍的全局属性。

下面来看一个范例程序，将要制作如图 4-4 所示的 4×3 表格（4 行 3 列）。

图 4-4

步骤如下：

步骤 **01** 首先标记表格，在 HTML 文件的\<body\>元素里面加入\<table\>元素，同时将表格框线设置为 1 像素，若没有设置表格框线，则默认为没有框线，也就是透明表格。

```
<body>
  <table border="1">
  </table>
</body>
```

步骤 **02** 接着标记表格的行数，在\<table\>元素里面加入 4 个\<tr\>元素。

```
<body>
  <table border="1">
    <tr></tr>
    <tr></tr>
    <tr></tr>
    <tr></tr>
  </table>
</body>
```

步骤 **03** 继续在表格的每一行中标记各个单元格，由于表格有 3 列，而且第一行为标题栏，因此在第一个\<tr\>元素里面加入 3 个\<th\>元素，其余各行分别加入 3 个\<td\>元素，表示每一行有 3 列。

```
<body>
  <table border="1">
    <tr>
      <th></th>
      <th></th>
      <th></th>
    </tr>
    <tr>
      <td></td>
      <td></td>
      <td></td>
    </tr>
    <tr>
      <td></td>
      <td></td>
      <td></td>
    </tr>
    <tr>
      <td></td>
      <td></td>
      <td></td>
    </tr>
  </table>
<body>
```

步骤 04 最后，在每个\<**th**\>和\<**td**\>元素里面输入各个单元格的内容就大功告成了。也可以在单元格内嵌入图片或输入文字，同时可以设置图片或文字的格式，有需要的话，还可以设置超链接。

\<\Ch04\piece.html>

```
<!DOCTYPE html>
<html>
  <head>
    <meta charset="utf-8">
    <title>航海王</title>
  </head>
  <body>
    <table border="1">
      <tr>
        <th>人物素描</th>
        <th>角色</th>
        <th>介绍</th>
      </tr>
      <tr>
        <td><img src="piece1.jpg" width="100"></td>
        <td>乔巴</td>
```

```
      <td>身份船医，梦想成为能治百病的神医。</td>
    </tr>
    <tr>
      <td><img src="piece2.jpg" width="100"></td>
      <td>索隆</td>
      <td>主角鲁夫的伙伴，梦想成为世界第一的剑士。</td>
    </tr>
    <tr>
      <td><img src="piece3.jpg" width="100"></td>
      <td>佛朗基</td>
      <td>传说中的船匠——汤姆的弟子，打造了千阳号。</td>
    </tr>
    </table>
  </body>
</html>
```

4-3-1 跨行合并单元格

有时我们需要将某几行的单元格合并成一个单元格，以达到跨行的效果，此时可以使用 <td>或<th>元素的 rowspan="n"属性，其中 n 为要合并的行数。

下面的范例程序为第二行的第一个单元格加上 rowspan="2" 属性，表示该单元格是由两个单元格跨行合并而成的，于是得到如图 4-5 所示的浏览结果。

<\Ch04\rowspan.html>

```
<body>
  <table border="1">
    <tr>
      <th>星期一</th>
      <th>星期二</th>
      <th>星期三</th>
    </tr>
    <tr>
      <td rowspan="2">瑜伽</td>
      <td>烹饪</td>
      <td>插花</td>
    </tr>
    <tr>
      <td>茶道</td>
      <td>茶道</td>
    </tr>
  </table>
</body>
```

❶ 为此单元格加上 rowspan="2"属性

图 4-5

4-3-2 跨列合并单元格

有时我们需要将某几列的单元格合并成一个单元格，以达到跨列的效果，此时可以使用 <td>或<th>元素的 colspan="n"属性，其中 n 为要合并的列数。

下面的范例程序为第三列的第二个单元格加上 colspan="2"属性，表示该单元格是由两个单元格跨列合并而成的，于是得到如图 4-6 所示的浏览结果。

<\Ch04\colspan.html>

```
<body>
  <table border="1">
    <tr>
      <th>星期一</th>
      <th>星期二</th>
      <th>星期三</th>
    </tr>
    <tr>
      <td >瑜伽</td>
      <td>烹饪</td>
      <td>插花</td>
    </tr>
    <tr>
      <td>瑜伽</td>
      <td colpan="2">茶道</td>
    </tr>
  </table>
</body>
```

❶ 为此单元格加上colspan="2"属性

❷ 跨列合并单元格的结果

图 4-6

4-4　表格标题——<caption>元素

我们可以使用<caption>元素来设置表格标题，而且该标题可以是文字或图片，其属性包含 2-1 节所介绍的全局属性。下面来看一个范例程序。

<\Ch04\piece2.html>

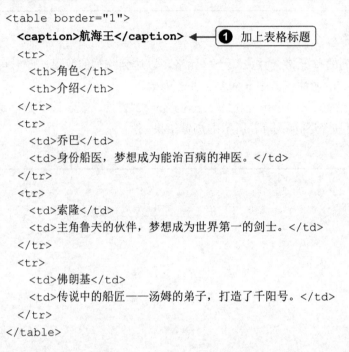

```
<table border="1">
  <caption>航海王</caption>        ← ❶ 加上表格标题
  <tr>
    <th>角色</th>
    <th>介绍</th>
  </tr>
  <tr>
    <td>乔巴</td>
    <td>身份船医，梦想成为能治百病的神医。</td>
  </tr>
  <tr>
    <td>索隆</td>
    <td>主角鲁夫的伙伴，梦想成为世界第一的剑士。</td>
  </tr>
  <tr>
    <td>佛朗基</td>
    <td>传说中的船匠——汤姆的弟子，打造了千阳号。</td>
  </tr>
</table>
```

页面显示如图 4-7 所示。

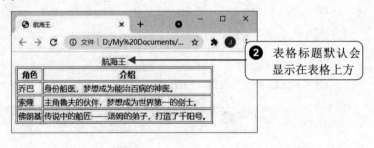

❷ 表格标题默认会显示在表格上方

图 4-7

4-5　表格的表头、主体与表尾——<thead>、<tbody>、<tfoot>元素

有些表格的第一行、主内容与最后一行会提供不同的信息，此时可以使用下列 3 个元素将它们区分出来，其属性包含 2-1 节所介绍的全局属性：

- <thead>：标记表格的表头，也就是第一行的标题栏。
- <tbody>：标记表格的主体，也就是表格的主内容。
- <tfoot>：标记表格的表尾，也就是最后一行的脚注。

　　下面来看一个范例程序。为了清楚呈现出表格的表头、主体与表尾，我们使用 CSS 设置表格的框线、背景颜色、留白等样式，这里可以先简略学习，第 7～11 章会进一步说明。

<\Ch04\country.html>

```
01  <!DOCTYPE html>
02  <html>
03    <head>
04      <meta charset="utf-8">
05  <style>
06    table {border: 1px gray solid; border-collapse: collapse;}
07      thead, tfoot {background-color: lightpink;}
08      tbody {background-color: snow;}
09      th, td {border: 1px gray solid; padding: 5px;}
10  </style>
11    </head>
12    <body>
13      <table>
14      <thead>
15        <tr>
16          <th>国家</th>
17          <th>首都</th>
18          <th>国花</th>
19        </tr>
20      </thead>
21      <tboby>
22        <tr>
23          <td>芬兰</td>
24          <td>赫尔辛基</td>
25          <td>铃兰</td>
26        </tr>
27        <tr>
28          <td>德国</td>
29          <td>柏林</td>
30          <td>矢车菊</td>
31        </tr>
32        <tr>
33          <td>荷兰</td>
34          <td>阿姆斯特丹</td>
35          <td>郁金香</td>
36        </tr>
```

❶

❷

```
37          ...
38          <tr>
39            <td>法国</td>
40            <td>巴黎</td>
41            <td>香根鸢尾</td>
42          </tr>
43          <tr>
44            <td>英国</td>
45            <td>伦敦</td>
46            <td>玫瑰</td>
47          </tr>
48        </tbody>
49        <tfoot>
50          <tr>
51            <td colspan="3">数据源：快乐工作室</td>
52          </tr>
53        </tfoot>
54    </table>
55    </body>
56 </html>
```

页面显示如图 4-8 所示。

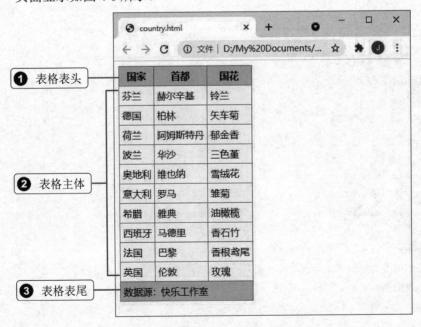

图 4-8

这个范例程序的代码乍看之下有点长，但并不难懂，重点如下：

◆ 第06行设置整个表格的样式（框线为1像素、灰色、实线，框线重叠）。

◆ 第07行设置表格表头与表格表尾的样式（背景颜色为浅粉红色）。

- ◆ 第08行设置表格主体的样式（背景颜色为雪白色）。
- ◆ 第09行设置标题单元格及单元格的样式（框线为1像素、灰色、实线，留白为5像素）。
- ◆ 第14~20行使用<thead>元素标记表格的表头。
- ◆ 第21~48行使用<tbody>元素标记表格的主体。
- ◆ 第49~53行使用<tfoot>元素标记表格的表尾。

4-6　直列式表格——<colgroup>、<col>元素

截至目前，我们讨论的都是针对行来设置格式，若要改成针对列来设置格式，该怎么办呢？此时可以使用下列两个元素：

- ◆ <colgroup>：标记表格中的一组直列。
- ◆ <col>：标记表格中的一个直列，该元素没有结束标签，必须与<colgroup>元素合并使用。

这两个元素的属性包含 2-1 节所介绍的全局属性以及 span="n"属性，表示将连续的 n 列视为一组直列或一个直列，默认值为 1。

下面的范例程序在<colgroup>元素里面放了两个<col>元素，分别代表第 1 列和第 2、3 列，然后将其 class 属性设置为 style1 和 style2，以便使用 CSS 针对第 1 列和第 2、3 列设置不同的背景颜色。

<\Ch04\country2.html>

```
01 <!DOCTYPE html>
02 <html>
03   <head>
04     <meta charset="utf-8">
05     <style>
06       table {border: 1px gray solid; border-collapse: collapse;}
07       th, td {border: 1px gray solid; padding: 5px;}
08       .style1 {background-color: lightpink;}
09       .style2 {background-color: snow;}
10     </style>
11   </head>
12   <body>
13     <table>
14       <colgroup>
15         <col class="style1">
16         <col span="2" class="style2">
17       </colgroup>
18       <tr>
19         <th>国家</th>
20         <th>首都</th>
```

```
21          <th>国花</th>
22        </tr>
23      <tr>
24          <td>芬兰</td>
25          <td>赫尔辛基</td>
26          <td>铃兰</td>
27        </tr>
28      <tr>
29          <td>德国</td>
30          <td>柏林</td>
31          <td>矢车菊</td>
32        </tr>
33      <tr>
34          <td>荷兰</td>
35          <td>阿姆斯特丹</td>
36          <td>郁金香</td>
37        </tr>
38      <tr>
39          <td>波兰</td>
40          <td>华沙</td>
41          <td>三色堇</td>
42        </tr>
43        ...
44      <tr>
45          <td>法国</td>
46          <td>巴黎</td>
47          <td>香根鸢尾</td>
48        </tr>
49      <tr>
50          <td>英国</td>
51          <td>伦敦</td>
52          <td>玫瑰</td>
53        </tr>
54      </table>
55    </body>
56  </html>
```

页面显示如图 4-9 所示。

图 4-9

这个范例程序的代码乍看之下有点长，但并不难懂，重点如下：

- 第06行设置整个表格的样式（框线为1像素、灰色、实线，框线重叠）。
- 第07行设置标题单元格及单元格的样式（框线为1像素、灰色、实线，留白为5像素）。
- 第08行设置第1列的样式（背景颜色为浅粉红色）。
- 第09行设置第2、3列的样式（背景颜色为雪白色）。
- 第14~17行使用<colgroup>元素标记一组直列。
- 第15行使用<col>元素标记第1个直列，也就是表格的第1列。
- 第16行使用<col>元素标记第2个直列，该直列涵盖连续两列，也就是表格的第2、3列。

第 **5** 章

影音多媒体

5-1 嵌入视频——<video>元素

与 HTML 4.01 相比，HTML 5 的突破之一就是新增了<video>和<audio>元素，以及相关的 API，进而赋予浏览器原生能力来播放视频与音频，不再需要依赖 Windows Media Player、Apple QuickTime、RealPlayer 等插件。

至于 HTML 5 为何要新增<video>和<audio>元素，主要的理由如下：

- 为了播放视频与音频，各大浏览器无不使出浑身解数，甚至自定义专用的元素，例如 <object>、<embed>、<bgsound>等，彼此的支持程度互不相同，而且经常需要设置一堆莫名的参数，令网页设计人员相当困扰，而 <video> 和 <audio> 元素提供了在网页上嵌入视频与音频的标准方式。
- 由于视频与音频的格式众多，所需要的插件也不尽相同，但用户却不一定安装了正确的插件，导致无法顺利播放网页上的视频与音频。
- 对于必须依赖插件来播放的视频，浏览器的做法通常是在网页上保留一个区块给插件，然后不去解析该区块，然而若有其他元素刚好也用到了该区块，可能会导致浏览器无法正确显示网页。

<video>元素提供了在网页上播放视频的标准方式，其属性如下：

- src="url"：设置视频的网址。
- poster="url"：设置在视频下载完毕之前或开始播放之前所显示的画面，例如电影海报、光盘封面等。
- preload="{none, metadata, auto}"：设置是否在加载网页的同时将视频预先下载到缓冲区。none表示否；metadata表示要先取得视频的metadata（例如视频画格尺寸、片长、目录列表、第一个画格等），但不要预先下载视频的内容；auto表示由浏览器决定是否要预先下载视频，例如计算机浏览器可能会预先下载视频，而移动设备的浏览器可能碍于网络带宽有限，不会预先下载视频。
- autoplay：设置让浏览器在加载网页的同时自动播放视频。

- controls：设置要显示浏览器内建的控制面板。
- loop：设置重复播放视频。
- muted：把视频设置为静音。
- width="n"：设置视频的宽度（n为像素数，默认值为300像素）。
- height="n"：设置视频的高度（n为像素数，默认值为150像素）。
- crossorigin="..."：设置元素如何处理跨文件存取要求。

还包含 2-1 节所介绍的全局属性。

下面的范例程序会播放 bird.mp4 视频，而且会显示出控制面板，加载网页时自动播放视频，播放完毕之后会重复播放，一开始播放时为静音模式，用户可以通过控制面板开启声音。

<\Ch05\video1.html>

```
<body>
  <video src="bird.mp4" controls autoplay loop muted></video>
</body>
```

页面显示如图 5-1 所示。

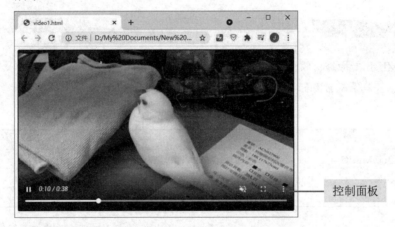

控制面板

图 5-1

在视频下载完毕之前或开始播放之前，视频默认会停留在第一个画格（即帧），但该画格有可能不具有任何意义，建议使用 poster 属性设置此时所显示的画面，例如电影海报、光盘封面等。下面是一个例子。

<\Ch05\video2.html>

```
<body>
  <video src="bird.mp4" controls poster="bird.jpg"></video>
</body>
```

页面显示如图 5-2 所示。

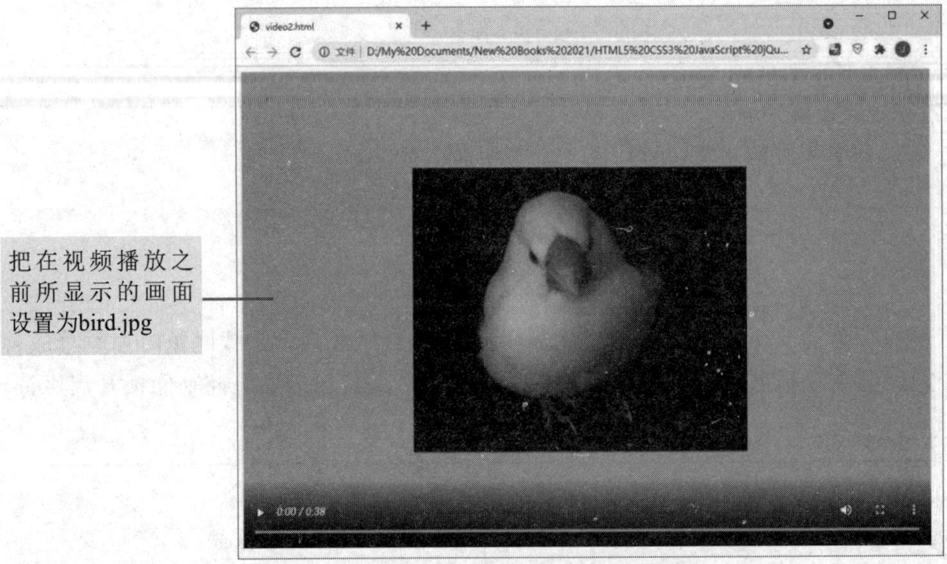

图 5-2

注意

HTML 5 支持的视频格式有 H.264/MPEG-4（*.mp4、*.m4v）、WebM（*.webm）、Ogg Theora（*.ogv）等，常见的浏览器支持情况如表 5-1 所示。

表 5-1 常见的浏览器支持的音频格式

	Chrome	Opera	Firefox	Edge	Safari
H.264/MPEG-4	Yes	Yes	Yes	Yes	Yes
WebM	Yes	Yes	Yes	Yes	No
Ogg Theora	Yes	Yes	Yes	Yes	No

5-2 嵌入音频——<audio>元素

<audio>元素提供了在网页上嵌入音频的标准方式，其属性有 src、preload、autoplay、loop、muted、controls、crossorigin 等，用法和<video>元素类似。下面来看一个范例程序，只要按下播放键，就会播放 music.mp3 音乐，如图 5-3 所示。

<\Ch05\audio.html>

```
<body>
  <audio src="music.mp3" controls autoplay></audio>
</body>
```

图 5-3

HTML 5 支持的音频格式有 MP3（.mp3、.m3u）、AAC（.aac、.mp4、.m4a）、Ogg Vorbis（*.ogg）等，常见的浏览器支持情况如表 5-2 所示。

表 5-2　常见的浏览器支持的音频格式

	Chrome	Opera	Firefox	Edge	Safari
MP3	Yes	Yes	Yes	Yes	Yes
AAC	Yes	Yes	Yes	Yes	Yes
Ogg Vorbis	Yes	Yes	Yes	Yes	No

5-3　嵌入对象——\<object\>元素

由于\<video\>和\<audio\>元素是 HTML 5 新增的元素，若担心浏览器可能不支持这两个元素，或者手边的视频文件或音频文件并不是\<video\>和\<audio\>元素原生支持的视频/音频格式，则可以使用 HTML 4.01 已经提供的\<object\>元素在 HTML 文件中嵌入图片、音频、QuickTime 视频、ActiveX Controls、Java Applets、Flash 动画或浏览器所支持的其他对象。

\<object\>元素的属性如下：

♦ data="url"：设置对象数据的网址。

♦ width="n"：设置对象的宽度（n为像素数）。

♦ height="n"：设置对象的高度（n为像素数）。

♦ name="..."：设置对象的名称。

♦ type="content-type"：设置对象的MIME类型。

♦ typemustmatch：设置只有在type属性的值和对象的内容类型符合时，才能使用data属性所设置的对象数据。

♦ form="formid"：设置对象隶属于ID为formid的窗体。

还包含 2-1 节所介绍的全局属性。

5-3-1　嵌入视频

下面来看一个范例程序，由于 AVI 视频不是\<video\>元素原生支持的视频格式，因此我们改用\<object\>元素在 HTML 文件中嵌入视频，此时浏览器会先下载 bird.avi，之后只要单击"打开"，就会启动内建的播放程序开始播放视频，如图 5-4 所示。

<\Ch05\object.html>

```
<body>
    <object data="bird.avi"></object>
</body>
```

图 5-4

5-3-2 嵌入音频

除了视频之外，我们也可以使用<object>元素在 HTML 文件中嵌入音频。下面来看一个范例程序，只要按下播放键，这个范例程序就会播放 nanana.wav 音频，如图 5-5 所示。

<\Ch05\object2.html>

```
<body>
    <object data="nanana.wav" type="audio/wav"
    width="200" height="200"></object>
</body>
```

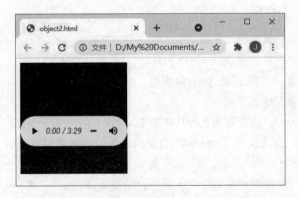

图 5-5

5-4 嵌入 Scripting——<script>、<noscript>元素

我们可以使用<script>元素在 HTML 文件中嵌入浏览器端的 Script（包括 JavaScript 和

VBScript）。本节将示范如何套用已经写好的 JavaScript 程序，至于如何编写 JavaScript 程序，可以参考本书第 12～14 章。

　　\<script>元素的属性如下：

- ◆ language="…"：设置Script的类型，例如"javascript"表示JavaScript，而"vbscript"表示VBScript，默认值为"javascript"。
- ◆ src="url"：设置Script的网址。
- ◆ type="content-type"：设置Script的内容类型。
- ◆ charset="…"：设置Script的字符集（编码方式）。
- ◆ crossorigin="…"：设置元素如何处理跨文件存取要求。

还包含 2-1 节所介绍的全局属性。

　　另外，还有一个\<noscript>元素用于在碰到不支持 Script 的浏览器时设置要显示的内容。例如下面的程序语句是当碰到不支持 Script 的浏览器时，就显示\<noscript>元素里面设置的内容：

```
<noscript>
  <p> 很抱歉！您的浏览器不支持 Script ！ </p>
</noscript>
```

\<\Ch05\jscript.html>

```
01  <!DOCTYPE html>
02  <html>
03    <head>
04      <meta charset="utf-8">
05    </head>
06    <body>
07      <script>
08        var bg = new Array();
09        bg[0] = "bg1.gif";
10        bg[1] = "bg2.gif";
11        bg[2] = "bg3.gif";
12        bg[3] = "bg4.gif";
13        var num = Math.floor(Math.random() * bg.length);
14        document.body.background = bg[num];
15      </script>
16    </body>
17  </html>
```

- ◆ 第08~12行声明一个名为bg的数组，并将各个图片存储在数组中。
- ◆ 第13行产生一个0~3的随机数并存放在变量num中。
- ◆ 第14行将bg[num]存放的图片设置为背景图片。

页面显示如图 5-6 和图 5-7 所示。

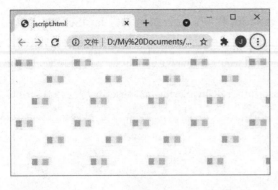

图 5-6

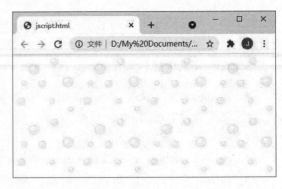

图 5-7

5-5 嵌入浮动框架——<iframe>元素

我们可以使用<iframe>元素在 HTML 文件中嵌入浮动框架（Inline Frame），它的常见属性如下：

- src="url"：设置要显示在浮动框架中的资源网址。
- srcdoc="..."：设置要显示在浮动框架中的文件内容。
- name="..."：设置浮动框架的名称。
- width="n"：设置浮动框架的宽度（n为像素数或容器宽度比例）。
- height="n"：设置浮动框架的高度（n为像素数或容器高度比例）。
- frameborder="{1,0}"：设置是否显示浮动框架的框线，1表示是，0表示否。
- sandbox="{allow-forms,allow-same-origin,allow-scripts,allow-top-navigation}"：设置套用到浮动框架的安全规则。
- allowfullscreen：允许以全屏幕显示浮动框架的内容。

还包含 2-1 节所介绍的全局属性。

下面来看一个范例程序，它将浮动框架的宽度与高度设置为 400 像素和 250 像素，并在浮动框架里面显示新浪网站（http://www.sina.com.cn/），如图 5-8 所示。要注意有些网站会拒绝显示在浮动框架。

<\Ch05\iframe1.html>

```
<!DOCTYPE html>
<html>
  <head>
    <meta charset="utf-8">
  </head>
  <body>
    <iframe width="400" height="250" src="http://www.sina.com.cn/"></iframe>
  </body>
</html>
```

图 5-8

　　下面来看另一个范例程序，它会通过 srcdoc 属性设置要显示在浮动框架中的文件内容，如图 5-9 所示。

<\Ch05\iframe2.html>

```
<!DOCTYPE html>
<html>
  <head>
    <meta charset="utf-8">
  </head>
  <body>
    <iframe width="200" height="100" srcdoc="<p>Hello, this is iframe!</p>">
    </iframe>
  </body>
</html>
```

图 5-9

5-5-1　嵌入优酷视频

　　我们可以利用浮动框架嵌入优酷视频，操作步骤如下：

步骤 01　在浏览器中打开优酷网找到视频，然后在视频下方单击"分享"，再单击"复制通用代码"按钮，如图 5-10 所示。

图 5-10

步骤 02 将步骤 01 复制的程序代码贴到网页上要放置浮动框架的地方，然后保存网页文件。

<\Ch05\iframe3.html>

```
<!DOCTYPE html>
<html>
  <head>
    <meta charset="utf-8">
  </head>
  <body>
    <iframe height=498 width=510
      src='https://player.youku.com/embed/XNTE0NzExOTU2NA=='
      frameborder=0 'allowfullscreen'></iframe>
  </body>
</html>
```

步骤 03 浏览结果如图 5-11 所示。

图 5-11

5-5-2 嵌入百度地图

除了嵌入优酷视频外，我们也可以利用浮动框架嵌入百度地图，操作步骤如下：

步骤 01 在浏览器中打开百度地图并找到地点，例如颐和园，然后单击"分享"，再单击"复制"按钮，如图 5-12 所示。

步骤 02 将复制的链接贴到 HTML 文件中，然后保存网页文件，程序代码如下：

<\Ch05\iframe4.html>

```
<!DOCTYPE html>
<html>
  <head>
    <meta charset="utf-8">
  </head>
  <body>
    <iframe src="https://j.map.baidu.com/8b/xOf" width="600" height="450"
frameborder="0"    style="border:0;"    allowfullscreen=""    aria-hidden="false"
tabindex="0"></iframe>
  </body>
</html></html>
```

步骤 03 浏览结果如图 5-13 所示。

图 5-12

图 5-13

5-6 网页自动导向

若要令网页在设置时间内自动导向其他网页，则可以在<head>元素里面加上如下程序语句：

```
<meta http-equiv="refresh" content=" 秒数 ;url= 欲链接的网址 ">
```

下面的范例程序会在 5 秒后自动导向百度网站，如图 5-14 所示。

<\Ch05\redirect.html>

```html
<!DOCTYPE html>
<html>
  <head>
    <meta charset="utf-8">
    <meta http-equiv="refresh" content="5; url=https://www.baidu.com/">
  </head>
  <body>
    <p>此网页将于 5 秒钟后自动导向到百度网站</p>
  </body>
</html>
```

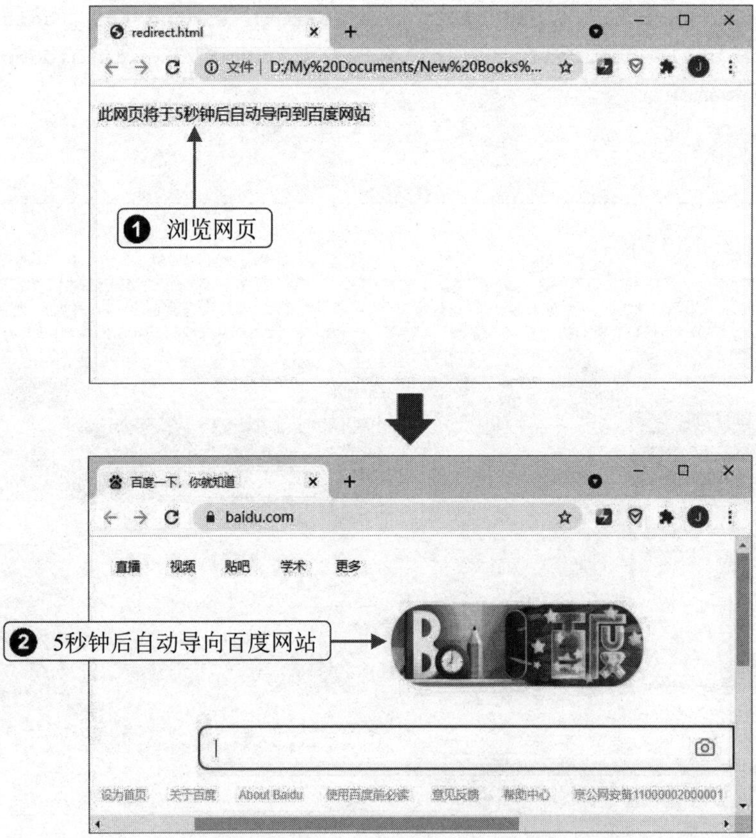

图 5-14

第 6 章

窗　体

6-1　建立窗体——<form>、<input>元素

窗体（Form）可以提供输入接口，让用户输入数据，然后将数据传回 Web 服务器，以进行进一步的处理，常见的应用有 Web 搜索、网络票选、在线问卷、会员登录、网上购物等。

举例来说，中国铁路 12306 订票网站就是通过窗体提供一套订票系统，用户只要按照界面指示输入身份证号、出发地、到达地、出发日期等数据，然后单击"查询"按钮，便能将数据传回 Web 服务器，以进行后续的订票操作。

窗体的建立包含下列两个部分：

（1）使用<form>、<input>、<textarea>、<select>、<option>等元素设计窗体的界面，例如文本框、单选按钮、复选框、下拉式菜单等。

（2）编写窗体的处理程序，也就是窗体的后端处理，例如将窗体数据传送到电子邮件地址、写入文件、写入数据库或进行查询等。

本章将示范如何编写窗体的界面，至于窗体的处理程序因为需要使用到 PHP、ASP/ASP.NET、JSP、CGI 等服务器端 Script，这些内容不在本书讨论的范围内，因此这里不做进一步的讨论，有兴趣的读者可以参阅相关的参考书。

<form>元素

<form>元素用来在 HTML 文件中插入窗体，其常见的属性如下：

◆ accept-charset="..."：设置窗体数据的字符编码方式（超过一个的话，中间以逗号隔开），Web服务器必须根据设置的字符编码方式处理窗体数据。例如accept-charset="ISO-8858-1"表示设置为西欧语系。

◆ name="..."：设置窗体的名称（限英文且唯一），此名称不会显示出来，但可以用于后端处理，供Script或窗体处理程序使用。

◆ enctype="..."：设置将窗体数据传回Web服务器所采用的编码方式，默认值为"application/x-www-form-urlencoded"，若允许上传文件给Web服务器，则enctype属性的值要设置为

"multipart/form-data"；若要将窗体数据传送到电子邮件地址，则enctype属性的值要设置为 "text/plain"。

- method–"{get, post}"：设置窗体数据传送给窗体处理程序的方式，默认值为get。当 method="get"时，窗体数据会附加在网址后面进行传送，这种方式适合用来传送少量、没 有安全要求的数据，例如搜索关键词；而当method="post"时，窗体数据会被存放在HTTP 标头进行传送，适合用来传送大量或有安全要求的数据，例如上传文件、密码等。
- action="url"：设置窗体处理程序的网址，若要将窗体数据传送到电子邮件地址，则可以设 置电子邮件的url；若没有设置action属性的值，则表示使用默认的窗体处理程序，例如：

```
<form method="post" action="handler.php">
<form method="post" action="mailto:jeanchen@mail.lucky.com">
```

- target="..."：设置要在哪里显示窗体处理程序的结果。设置值有_self、_blank、_parent、_top， 分别表示当前窗口、新窗口或新索引标签、父窗口、最上层窗口，默认值为_self。
- autocomplete="{on, off, default}"：设置是否启用自动完成功能，on表示启用，off表示关闭， default表示继承所属的<form>元素的autocomplete属性，而<form>元素的autocomplete属性 默认为on。

还包含 2-1 节介绍的全局属性，其中比较重要的有：onsubmit="..." 用来设置当用户传送 窗体时所要执行的 Script，以及 onreset="..."用来设置当用户清除窗体时所要执行的 Script。

<input>元素

<input>元素用来在窗体中插入输入字段或按钮，其常见属性如下：

- type="state"：设置窗体字段的输入类型，如表6-1和表6-2所示。

表 6-1　HTML 4.01 提供的 type 属性值及输出类型

HTML 4.01 提供的 type 属性值	输入类型	HTML 4.01 提供的 type 属性值	输入类型
type="text"	单行文本框	type="reset"	重置按钮
type="password"	密码字段	type="file"	上传文件
type="radio"	单选按钮	type="image"	图片提交按钮
type="checkbox"	复选框	type="hidden"	隐藏字段
type="submit"	提交按钮	type="button"	一般按钮

表 6-2　HTML 5 新增的 type 属性值及输入类型

HTML 5 新增的 type 属性值	输入类型	HTML 5 新增的 type 属性值	输入类型
type="email"	电子邮件地址	type="color"	颜色
type="url"	网址	type="date"	日期
type="search"	搜索字段	type="time"	时间
type="tel"	电话号码	type="month"	月份

（续表）

HTML 5 新增的 type 属性值	输入类型	HTML 5 新增的 type 属性值	输入类型
type="number"	数字	type="week"	一年的第几周
type="range"	设置范围内的数字	type="datetime-local"	本地日期时间

- accept="...": 设置提交文件时的内容类型，例如<input type="file" accept="image/gif, image/jpeg">。
- alt="...": 设置图片的替代显示文字。
- autocomplete="{on, off, default}": 设置是否启用自动完成功能。
- autofocus: 设置在加载网页时，令焦点自动移至窗体字段。
- checked: 将单选按钮或复选框默认为已选取的状态。
- disabled: 取消窗体字段，使窗体数据无法被接收或提交。
- form="formid": 设置窗体字段隶属于ID为formid的窗体。
- maxlength="n": 设置单行文本框、密码字段等窗体字段的最多字符数。
- minlength="n": 设置单行文本框、密码字段等窗体字段的最少字符数。
- min="n"、max="n"、step="n": 设置数字输入类型或日期输入类型的最小值、最大值和间隔值。
- multiple: 允许用户提交多个文件。
- name="...": 设置窗体字段的名称（限英文且唯一）。
- pattern="...": 设置窗体字段的输入格式，例如<input type="tel" pattern = "[0-9]{4}(\-[0-9]{6})">设置输入值必须符合xxxx-xxxxxx的格式，而x为0～9的数字。
- placeholder="...": 设置在窗体字段内显示提示文字。
- readonly: 不允许用户变更窗体字段的数据。
- required: 设置用户必须在窗体字段中输入数据，否则浏览器会出现提示文字要求输入。
- size="n": 设置单行文本框、密码字段等窗体字段的宽度（n为字符数），这里指的是用户在界面上可以看到的字符数。
- src="url": 设置图片提交按钮的地址（当 type="image" 时）。
- value="...": 设置窗体字段的初始值。

还包含 2-1 节所介绍的全局属性，其中比较重要的有：onfocus="..." 用来设置当用户将焦点移至窗体字段时所要执行的 Script，onblur="..." 用来设置当用户将焦点从窗体字段移开时所要执行的 Script，onchange="..." 用来设置当用户修改窗体字段时所要执行的 Script，onselect="..." 用来设置当用户在窗体字段选取文字时所要执行的 Script。

6-2 HTML 4.01 提供的输入类型

本节将通过如图 6-1 所示的"移动电话使用意见调查表"来示范如何使用<input>元素在窗体中插入 HTML 4.01 提供的输入类型，同时会示范如何使用<textarea>和<select>元素在窗体中插入多行文本框与下拉式菜单，至于 HTML 5 新增的输入类型，则留到下一节介绍。

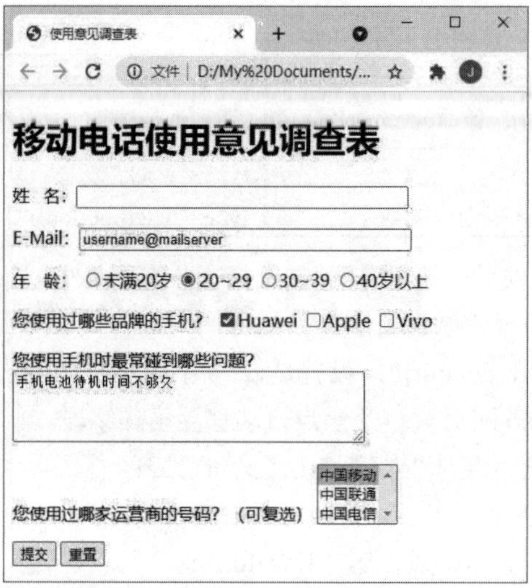

图 6-1

6-2-1 提交与重置按钮（submit 和 reset）

建立窗体的首要步骤是使用<form>元素插入窗体，然后使用<input>元素插入按钮。窗体中通常会有"提交"（submit）和"重置"（reset）两个按钮，当用户单击"提交"按钮时，浏览器默认的操作会将用户输入的数据传回 Web 服务器，而当用户单击"重置"按钮时，浏览器默认的操作会清除用户输入的数据或资料，让窗体恢复至初始状态。

下面来为"移动电话使用意见调查表"插入按钮。

步骤 01 在<body>元素里面使用<h1>元素插入一个标题，然后使用<form>元素插入一个窗体。

```
<!DOCTYPE html>
<html>
  <head>
    <meta charset="utf-8">
    <title>使用意见调查表</title>
  </head>
  <body>
    <h1>移动电话使用意见调查表</h1>
<form>
</form>
</body>
  </html>
```

步骤 02 在<form>元素里面使用<input>元素插入"提交"和"重置"按钮，type 属性分别为"submit"和"reset"，而 value 属性用来设置按钮的文字。

```
<form>
<input type="submit" value=" 提交 ">
<input type="reset" value=" 重置 ">
</form>
```

页面显示如图 6-2 所示。

图 6-2

6-2-2 单行文本框

"单行文本框"允许用户输入单行的文字，例如姓名、电话、地址、E-Mail 等。下面来为"移动电话使用意见调查表"插入单行文本框。

步骤01 插入第一个单行文本框，同样使用<input>元素，不同的是 type 属性为"text"，名称为"UserName"（限英文且唯一），宽度为 40 个字符。

```
<p>姓    名：<input type="text" name="UserName" size="40"></p>
```

步骤02 插入第二个单行文本框，名称为"UserMail"（限英文且唯一），宽度为 40 个字符，初始值为"username@mailserver"。

```
<form>
    <p>姓    名：<input type="text" name="UserName" size="40">
</p>
    <p>E-Mail: <input type="text" name="UserMail" size="40" value=
"username@mailserver"></p>
    <input type="submit" value=" 提交 ">
    <input type="reset" value=" 重置 ">
</form>
```

页面显示如图 6-3 所示。

图 6-3

6-2-3　单选按钮

"单选按钮"就像只允许单选的选择题，我们通常会使用单选按钮列出数个选项，询问用户的性别、年龄层、最高学历等只有一个答案的问题。

下面来为"移动电话使用意见调查表"插入一组包含"未满 20 岁""20~29""30~39""40 岁以上"4 个选项的单选按钮，组名为 "UserAge"（限英文且唯一），默认的选项为第二个，每个选项的值为"age1"、"age2"、"age3"、"age4"、"age5"（中英文皆可），同一组单选按钮的每个选项必须拥有唯一的值，这样在用户单击"提交"按钮，将窗体数据传回 Web 服务器后，表单处理程序才能根据传回的组名与值判断哪组单选按钮的哪个选项被选取。

```
<form>
    <p>姓   名:<input type="text" name="userName" size="40">
</p>
    <p>E-Mail: <input type="text" name="userMail" size="40"
value="username@mailserver"></p>
    <p>年   龄:
    <input type="radio" name="userAge" value="age1">未满 20 岁
    <input type="radio" name="userAge" value="age2" checked>20~29
    <input type="radio" name="userAge" value="age3">30~39
    <input type="radio" name="userAge" value="age4">40 岁以上</p>
    <input type="submit" value="提交">
    <input type="reset" value="重置">
</form>
```

页面显示如图 6-4 所示。

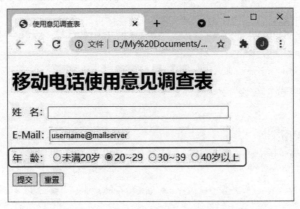

图 6-4

6-2-4　复选框

"复选框"就像允许复选的选择题，我们通常会使用复选框列出数个选项，询问用户喜欢从事哪几类活动、使用哪些品牌的手机等可以复选的问题。

下面来为"移动电话使用意见调查表"插入一组包含 "Huawei"、"Apple"、"Vivo" 3 个选项的复选框，名称为 "UserPhone[]"（限英文且唯一），其中第一个选项 "Huawei" 的初始状态为已勾选，要注意我们将分组框的名称设置为数组方式，目的是为了方便窗体处理程序判断哪些选项被勾选了。

```
<form>
    <p>姓   名: <input type="text" name="userName"
size="40"></p>
    <p>E-Mail: <input type="text" name="userMail" size="40"
value="username@mailserver"></p>
    <p>年   龄:
<input type="radio" name="userAge" value="age1">未满 20 岁
<input type="radio" name="userAge" value="age2" checked>20~29
<input type="radio" name="userAge" value="age3">30~39
<input type="radio" name="userAge" value="age4">40 岁以上</p>
<p>您使用过哪些品牌的手机？
<input type="checkbox" name="userPhone[]" value="Huawei" checked>Huawei
<input type="checkbox" name="userPhone[]" value="Apple">Apple
<input type="checkbox" name="userPhone[]" value="Vivo">Vivo</p>
    <input type="submit" value="提交">
    <input type="reset" value="重置">
</form>
```

页面显示如图 6-5 所示。

图 6-5

6-2-5　多行文本框

　　"多行文本框"允许用户输入多行的文字语句，例如意见、自我介绍、问题描述等。我们可以使用<textarea>元素在窗体中插入多行文本框，其常见属性如下，多行文本框默认是呈现空白的（即不显示任何内容），若要在多行文本框中显示默认的内容，则可以将内容放在<textarea>元素里面：

- ◆ cols="n"：设置多行文本框的宽度（n表示字符数）。
- ◆ rows="n"：设置多行文本框的高度（n表示行数）。

- name="..."：设置多行文本框的名称（限英文且唯一），此名称不会显示出来，但可以用于后端处理。
- disabled：取消多行文本框，使之无法存取。
- readonly：不允许用户变更多行文本框的内容。
- maxlength="n"：设置多行文本框的最多字符数（n为字符数）。
- minlength="n"：设置多行文本框的最少字符数（n为字符数）。
- autocomplete="{on, off, default}"：设置是否启用自动完成功能。
- autofocus：设置在加载网页的时，令焦点自动移至多行文本框。
- form="formid"：设置多行文本框隶属于ID为formid的窗体。
- required：设置用户必须在多行文本框中输入内容。
- placeholder="..."：设置在多行文本框内显示提示文字。

还包含 2-1 节所介绍的全局属性，其中比较重要的有：onfocus="..." 用来设置当用户将焦点移至窗体字段时所要执行的 Script，onblur="..."用来设置当用户将焦点从窗体字段移开时所要执行的 Script，onchange="..."用来设置当用户修改窗体字段时所要执行的 Script，onselect="..."用来设置当用户在窗体字段选取文字时所要执行的 Script。

下面来为"移动电话使用意见调查表"插入一个多行文本框，询问使用手机时最常碰到哪些问题，其名称为 UserTrouble、宽度为 45 个字符、高度为 4 行、初始值为"手机电池待机时间不够久"。

```
<form>
  <p>姓   名:<input type="text" name="userName" size="40">
</p>
    <p>E-Mail: <input type="text" name="userMail" size="40"
value="username@mailserver"></p>
    <p>年   龄:
    <input type="radio" name="userAge" value="age1">未满 20 岁
    <input type="radio" name="userAge" value="age2" checked>20~29
    <input type="radio" name="userAge" value="age3">30~39
    <input type="radio" name="userAge" value="age4">40 岁以上</p>
    <p>您使用过哪些品牌的手机?
    <input type="checkbox" name="userPhone[]" value="Huawei" checked>Huawei
    <input type="checkbox" name="userPhone[]" value="Apple">Apple
    <input type="checkbox" name="userPhone[]" value="Vivo">Vivo</p>
    <p>您使用手机时最常碰到哪些问题? </p>
    <textarea name="userTrouble" cols="45" rows="4">手机电池待机时间不够久
    </textarea></p>
     <input type="submit" value="提交">
    <input type="reset" value="重置">
  </form>
```

页面显示如图 6-6 所示。

图 6-6

6-2-6　下拉式菜单（<select>、<option>）

"下拉式菜单"允许用户从下拉式列表中选择项目，例如兴趣、最高学历、国籍、行政地区等，我们可以使用 <select> 元素搭配 <option> 元素在窗体中插入下拉式菜单，其常用属性如下：

- ◆ autocomplete="{on, off, default}"：设置是否启用自动完成功能。
- ◆ autofocus：设置在加载网页时，令焦点自动移至下拉式菜单。
- ◆ disabled：禁用下拉式菜单的项目，使之无法存取。
- ◆ form="formid"：设置下拉式菜单隶属于ID为formid的窗体。
- ◆ multiple：设置用户可以在下拉式菜单中选取多个项目。
- ◆ name="..."：设置下拉式菜单的名称（限英文且唯一），此名称不会显示出来，但可以用于后端处理。
- ◆ size="n"：设置下拉式菜单的高度（n为行数）。
- ◆ required：设置用户必须在下拉式菜单中选择项目。
- ◆ autofocus：设置在加载网页时，令焦点自动移至多行文本框。

还包含 2-1 节所介绍的全局属性，其中比较重要的有 onfocus="..."、onblur="..."、onchange="..."、onselect="..."。

<option>元素放在 <select> 元素里面，用来设置下拉式菜单的项目，其常用属性如下，该元素没有结束标签：

- ◆ disabled：禁用下拉式菜单的项目，使之无法存取。
- ◆ selected：设置预先选取的项目。
- ◆ value = "..."：设置下拉式菜单项目的值。
- ◆ label="..."：设置项目的标签文字。

还包含 2-1 节所介绍的全局属性。

下面来为"移动电话使用意见调查表"插入一个下拉式菜单（名称为 UserNumber[]，高度为 4，允许复选），里面有 4 个选项，其中 "中国移动" 为预先选取的选项，要注意我们将下拉式菜单的名称设置为数组，目的是为了方便窗体处理程序判断哪些选项被选取。

<\Ch06\phone.html>

```
<form>
...
  <p>您使用过哪家运营商的号码？（可复选）
  <select name="userNumber[]" size="3" multiple>
   <option value="中国移动" selected>中国移动
   <option value="中国联通">中国联通
   <option value="中国电信">中国电信
  </select></p>
    <input type="submit" value="提交">
    <input type="reset" value="重置">
  </form>
```

页面显示如图 6-7 所示。

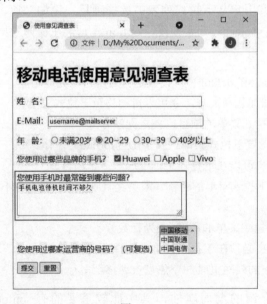

图 6-7

由于这个网页没有自定义窗体处理程序，因此当我们在窗体中填好资料后，再单击"提交"按钮，窗体内的资料就会被传回 Web 服务器，如图 6-8 所示。

窗体数据是以哪种形式传回 Web 服务器的？在我们单击"提交"按钮后，网址栏会出现如下信息，从 phone.html?后面的问号开始就是窗体资料，第一个字段的名称为 UserName，虽然我们输入"睿而不酷"，但由于将窗体资料传回 Web 服务器所采用的编码方式默认为"application/x-www-form-urlencoded"，故"睿而不酷"会变成%E7%9D%BF%E8%80%8C%E4%B8%8D%E9%85%B7；接下来是&符号，这表示下一个字段的开始；同理，下一个&符号的后面又是另一个字段的开始。

图 6-8

file:///D:/My%20Documents/New%20Books%202021/HTML5%20CSS3%20JavaScript%20
jQuery%20jQuery%20

UI%20Ajax%20RWD%E7%BD%91%E9%A1%B5%E7%A8%8B%E5%BA%8F%E8%AE%BE%E8%AE%A1(%E7
%AC%AC7%E7%89%88)%20-%20%E6%94%B9%E7%BC%96/Samples/Ch06/phone.html?userName=%
E7%9D%BF%E8%80%8C%E4%B8%8D%E9%85%B7&userMail=army_zhao%40hotmail.com&userAge=
age2&userPhone%5B%5D=Huawei&userTrouble=%E6%89%8B%E6%9C%BA%E7%94%B5%E6%B1%A0%
E5%BE%85%E6%9C%BA%E6%97%B6%E9%97%B4%E4%B8%8D%E5%A4%9F%E4%B9%85%0D%0A%09++&use
rNumber%5B%5D=%E4%B8%AD%E5%9B%BD%E7%A7%BB%E5%8A%A8&userNumber%5B%5D=%E4%B8%AD
%E5%9B%BD%E8%81%94%E9%80%9A

6-2-7 密码字段

"密码字段"和单行文本框非常相似，只是用户输入的内容不会显示出来，而是显示成
星号或圆点以保密。下面来看一个范例程序。

<\Ch06\pwd.html>

```
<form>
输入密码：<input type="password" name="UserPWD" size="10">  ◀━❶ 插入密码字段
<input type="submit" value=" 提交 ">
<input type="reset" value=" 重置 ">
</form>
```

页面显示如图 6-9 所示。

图 6-9

6-2-8　隐藏字段

"隐藏字段"是在窗体中看不见，但值（Value）仍会传回 Web 服务器的窗体字段，它可以用来传送不需要用户输入却需要传回 Web 服务器的数据。举例来说，假设我们想在传回"移动电话使用意见调查表"的同时传回调查表的作者名称，但不希望将作者名称显示在窗体中，那么可以在 phone.html 网页文件的<form>元素中加入如下程序语句，这么一来，在用户单击"提交"按钮后，隐藏字段的值就会随着窗体数据一并传回 Web 服务器：

```
<input type="hidden" name="Author" value="Jun">
```

6-3　HTML 5 新增的输入类型

6-3-1　E-Mail 类型

若要让用户输入电子邮件地址，则可以将<input>元素的 type 属性设置为"email"。下面的范例程序要求用户输入 Hotmail 电子邮件地址，若格式不符合，则会要求用户重新输入，如图 6-10 所示。

<\Ch06\form1.html>

```
<form>
  <input type="email" pattern=".+@hotmail.com"        ❶ 使用pattern属性设置输入格式
    placeholder="例如 jun@hotmail.com" size="30">     ❷ 一开始会显示字段
  <input type="submit">                                  提示文字
</form>
```

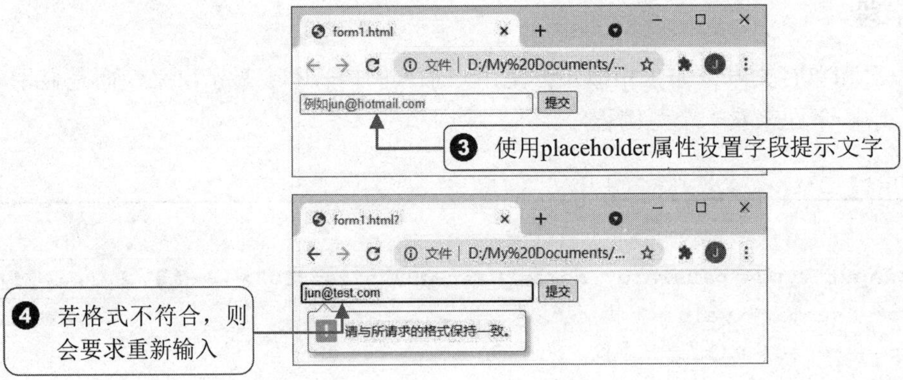

❸ 使用placeholder属性设置字段提示文字

❹ 若格式不符合，则会要求重新输入

图 6-10

有以下几个注意事项：

- E-Mail输入类型只能验证用户输入的信息是否符合正确的电子邮件地址格式，但无法检查该地址是否存在。
- 若要允许用户输入以逗号分隔的多个电子邮件地址，例如jun@hotmail.com, jerry@hotmail.com，则可以加入multiple属性，例如：

```
<input type="email" multiple>
```

- 若用户没有输入任何信息，直接单击"提交"按钮，则浏览器不会出现提示文字要求用户重新输入，若要规定必须输入信息，则要加入required属性，例如：

```
<input type="email" required>
```

- 除了multiple、required两个属性之外，诸如maxlength、minlength、pattern、placeholder、readonly、size等属性也适用于E-Mail输入类型。
- 不同的浏览器对于HTML 5新增的输入类型可能有不同的显示方式，报错的方式也不尽相同。

6-3-2　URL 类型

若要让用户输入网址，则可以将<input>元素的type属性设置为"url"。同样，诸如maxlength、minlength、pattern、placeholder、readonly、size 等属性也适用于 URL 输入类型。

下面的范例程序会提示用户输入网址，若格式不符合，则会要求用户重新输入，如图 6-11 所示。

<\Ch06\form2.html>

```
<form>
  <input type="url">
  <input type="submit">
</form>
```

图 6-11

6-3-3　search 类型

若要让用户输入搜索字符串，则可以将<input>元素的 type 属性设置为 "search"。同样，诸如 maxlength、minlength、pattern、placeholder、readonly、size 等属性也适用于 search 输入类型。

事实上，search 输入类型的用途和 text 输入类型差不多，差别在于字段外观可能不同，视浏览器的具体实现而定。

下面来看一个范例程序，从浏览结果可以看到，Chrome 对于 search 输入类型和 text 输入类型的字段外观是相同的，如图 6-12 所示。

<\Ch06\form3.html>

```
<form>
  <input type="text">
```

```
<input type="search">
</form>
```

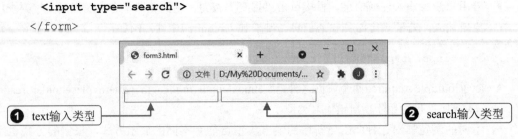

图 6-12

6-3-4 number 类型

若要让用户输入数字，则可以将<input>元素的 type 属性设置为 "number"。下面的范例程序除了使用 number 输入类型外，还另外搭配 3 个属性，限制用户输入 0 ~ 10 的数字，而且每单击一次向上按钮或向下按钮，所递增或递减的间隔值为 2，如图 6-13 所示。

◆ min：设置该字段的最小值（必须为有效的浮点数）。
◆ max：设置该字段的最大值（必须为有效的浮点数）。
◆ step：设置每单击一次该字段的向上或向下按钮，所递增或递减的间隔值（必须为有效的浮点数），若没有设置间隔值，则默认值为1。

<\Ch06\form4.html>

```
<form>
  <input type="number" min="0" max="10" step="2">
  <input type="submit">
</form>
```

图 6-13

6-3-5 range 类型

若要让用户通过类似滑竿的接口输入设置范围内的数字，则可以将<input>元素的 type 属性设置为 "range"。

下面来看一个范例程序，该范例程序除了使用 range 输入类型外，还另外搭配 min、max、step 三个属性，设置最小值、最大值及间隔值为 0、12、2，若没有设置，则最小值默认为 0，最大值默认为 100，间隔值默认为 1，如图 6-14 所示。

<\Ch06\form5.html>

```
<form>
  <input type="range" min="0" max="12" step="2">
  <input type="submit">
</form>
```

图 6-14

此外，在默认情况下，滑竿指针指向的值是中间值，若要设置指针的初始值，则可以使用 value 属性，例如 value="2"就是将初始值设置为 2。

6-3-6　color 类型

若要让用户通过类似调色盘的接口输入颜色，则可以将<input>元素的 type 属性设置为 "color"。下面来看一个范例程序。

<\Ch06\form6.html>

```
<form>
  <input type="color">
  <input type="submit">
</form>
```

页面显示如图 6-15 所示。

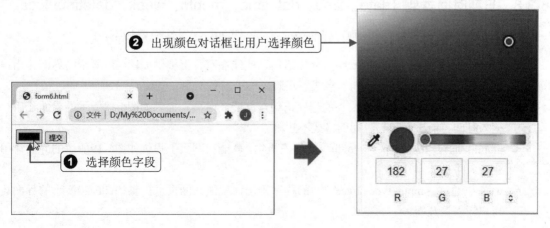

图 6-15

6-3-7 tel 类型

理论上，若要让用户输入电话号码，则可以将<input>元素的 type 属性设置为"tel"。然而，tel 输入类型很难验证用户输入的电话号码是否有效，因为不同国家或地区的电话号码格式不尽相同。

下面的范例程序除了使用 tel 输入类型外，还搭配 pattern 和 placeholder 两个属性来设置电话号码格式及字段提示文字，如图 6-16 所示。

<\Ch06\form7.html>

```
<form>
    <input type="tel" pattern="[0-9]{3}-[0-9]{8}" placeholder="例如
010-12345678">
    <input type="submit">
</form>
```

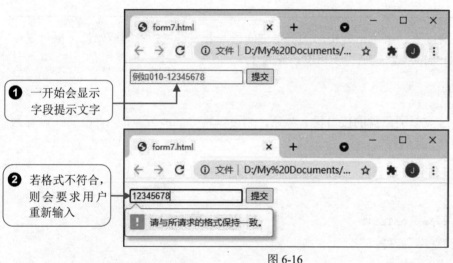

❶ 一开始会显示字段提示文字

❷ 若格式不符合，则会要求用户重新输入

图 6-16

6-3-8 日期时间类型（date、time、datetime、month、week、datetime-local）

若要让用户输入日期时间，则可以将<input>元素的 type 属性设置如下：

- date：通过<input type="date">的程序语句，就能在网页上提供如图6-17所示的界面让用户输入日期，而不必担心日期的格式不正确。
- time：通过<input type="time">的程序语句，就能在网页上提供如图6-18所示的界面让用户输入时间，而不必担心时间的格式不正确。
- month：通过<input type="month">的程序语句，就能在网页上提供如图6-19所示的界面让用户输入月份。
- week：通过 <input type="week"> 的程序语句，就能在网页上提供如图6-20所示的界面让用户输入第几周。

图 6-17

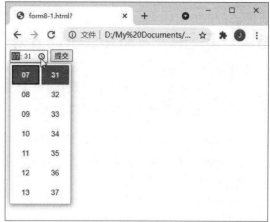

图 6-18

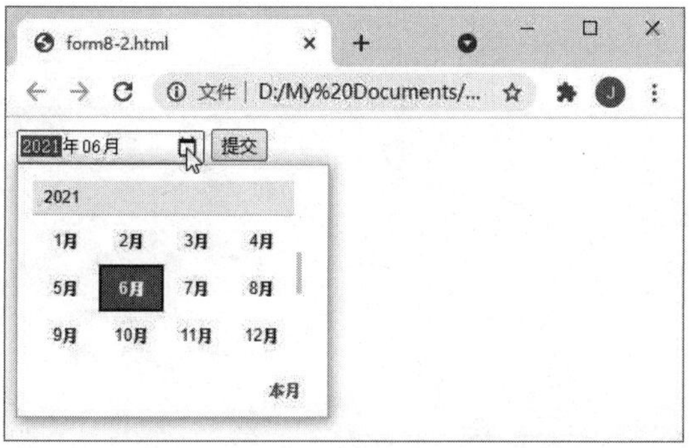

图 6-20

图 6-19

◆ datetime-local：通过<input type="datetime-local">的程序语句，就能在网页上提供如图6-21
所示的界面让用户输入本地日期时间。

提示

在使用本节所介绍的日期时间输入类型时，
也可以搭配下列几个属性：

● min: 设置最早的日期时间，格式为yyyy-
MM-ddThh:mm，例如 2022-12-25T08:00
表示2022年12月25日早上8点。
● max: 设置最晚的日期时间。
● step: 设置每单击一次字段的向上或向下
按钮，所递增或递减的间隔值。

图 6-21

6-4 按钮——<button>元素

除了将<input>元素的 type 属性设置为"submit"或"reset"之外，我们也可以使用<button>元素在窗体中插入按钮，常见的属性如下：

- name="..."：设置按钮的名称（限英文且唯一）。
- type="{submit, reset, button}"：设置按钮的类型（提交、重置、一般按钮）。
- value="..."：设置按钮的值。
- disabled：取消按钮，使其无法存取。
- autofocus：设置在加载网页时，令焦点自动移到按钮。
- form="formid"：设置按钮隶属于ID为formid的窗体。

还包含 2-1 节介绍的全局属性。

下面的范例程序使用<button>元素在窗体中插入"提交"与"重置"两个按钮，如图 6-22 所示。

<\Ch06\button.html>

```
<form>
  <button type="submit">提交</button>
  <button type="reset">重置</button>
</form>
```

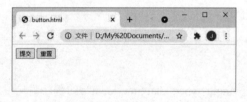

图 6-22

6-5 标签文字—— <label>元素

有些窗体字段会有默认的标签文字，例如<input type="submit">在 Chrome 浏览器中显示的默认标签文字为"提交"。不过，大多数窗体字段其实并没有标签文字，例如<button type="submit"></button>语句所显示的按钮就没有标签文字，此时可以使用<label>元素来设置，其常见的属性如下：

- for="fieldid"：为ID为fieldid的窗体字段设置标签文字。

还包含 2-1 节介绍的全局属性。

下面的范例程序利用<label>元素设置单行文本框与密码字段的标签文字，至于紧跟在后面的两个按钮，则采用默认的标签文字，如图 6-23 所示。

<\Ch06\label.html>

```
<form>
  <label for="userName">姓名：</label>
  <input type="text" id="userName" size="20">
  <label for="userPWD">密码：</label>
  <input type="password" id="userPWD" size="20">
  <input type="submit">
  <input type="reset">
</form>
```

图 6-23

6-6　分组——<optgroup>元素

HTML 5 新增了一个<optgroup>元素，可以替一组<option>元素加上共同的标签。<optgroup>元素的常见属性如下（该元素没有结束标签）：

◆ label="..."：设置分组标签。

还包含 2-1 节介绍的全局属性。
下面来看一个范例程序。

<\Ch06\optgroup.html>

```
<form>
  <label>选择要观看的节目：</label>
  <select name="TVlist">
    <optgroup label="新闻频道">
    <option value="news1">CCTV-13
    <option value="news2">CCTV-1
    <optgroup label="娱乐频道">
    <option value="news3">CCTV-6
    <option value="news4">CCTV-3
  </select>
  <input type="submit">
</form>
```

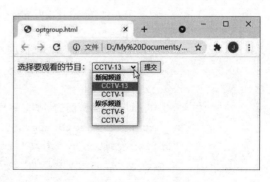

页面显示如图 6-24 所示。

图 6-24

6-7 将窗体字段框起来——<fieldset>、<legend>元素

<fieldset>元素用来将设置的窗体字段框起来，其常用属性如下：

- disabled：取消<fieldset>元素框起来的窗体字段，使之无法存取。
- name="..."：设置<fieldset>元素的名称（限英文且唯一）。
- form="formid"：设置<fieldset>元素隶属于ID为formid的窗体。

还包含 2-1 节所介绍的全局属性。

<legend>元素用来在窗体字段框左上方加上说明文字，其属性包含 2-1 节介绍的全局属性。

下面来看一个范例程序。

<\Ch06\fieldset.html>

```
<form>
  <fieldset>
    <legend>个人信息</legend> ←—— ❶ 在此设置第一个窗体字段框的说明文字
    <p> 姓     名 : <input type="text" name="userName"
size="40"></p>
    <p>E-Mail : <input type="text" name="userMail" size="40"
value="username@mailserver"></p>
    <p>年   龄:
    <input type="radio" name="userAge" value="age1">未满 20 岁
    <input type="radio" name="userAge" value="age2" checked>20~29
    <input type="radio" name="userAge" value="age3">30~39
    <input type="radio" name="userAge" value="age4">40 岁以上</p>
  </fieldset><br>
  <fieldset>
    <legend>手机方面的问题</legend> ←—— ❷ 在此设置第二个窗体字段框的说明文字
    <p>您使用过哪些品牌的手机?
    <input type="checkbox" name="userPhone[]" value="Huawei"
checked>Huawei
    <input type="checkbox" name="userPhone[]" value="Apple">Apple
    <input type="checkbox" name="userPhone[]" value="Vivo">Vivo</p>
    <p>您使用手机时最常碰到哪些问题? <br>
    <textarea name="userTrouble" cols="45" rows="4">手机电池待机时间不够久
    </textarea></p>
    <p>您使用过哪家运营商的号码? （可复选）
    <select name="userNumber[]" size="3" multiple>
      <option value="中国移动" selected>中国移动
      <option value="中国联通" >中国联通
      <option value="中国电信">中国电信
    </select></p>
  </fieldset><br>
```

```
    <input type="submit" value="提交">
    <input type="reset" value="重置">
</form>
```

页面显示如图 6-25 所示。

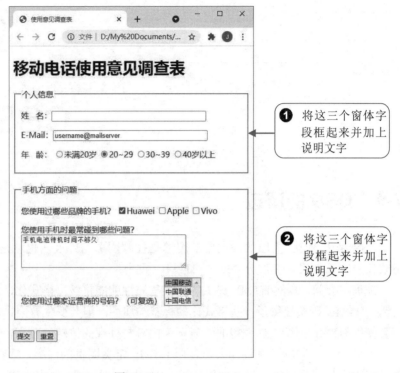

图 6-25

原则上，在想好要将哪几个窗体字段框起来后，只要将这几个窗体字段的程序语句放在
<fieldset>元素里面即可。另外要注意的是，<legend>元素必须放在<fieldset>元素里面，而且
<legend>元素里面的文字会出现在方框的左上角，作为说明文字。

第 **7** 章

CSS 基本语法

7-1　CSS 的演进

　　CSS 是由 W3C 提出的，主要的用途是控制网页的外观，也就是定义网页的编排、显示、格式化及特殊效果，有部分功能与 HTML 重叠。

　　或许你会问，既然 HTML 提供的标签与属性就能将网页格式化，那么为何还要使用 CSS？没错，HTML 确实提供了一些格式化的标签与属性，但其变化有限，而且为了进行格式化，往往会使得 HTML 原始文件变得非常复杂，内容与外观的依赖性过高，因此不易修改。

　　为此，W3C 鼓励网页设计人员使用 HTML 定义网页的内容，然后使用 CSS 定义网页的外观，将内容与外观分隔开来，便能通过 CSS 从外部控制网页的外观，同时 HTML 源代码也会变得精简。

　　事实上，W3C 已经将不少涉及网页外观的 HTML 标签与属性列为 Deprecated（建议勿用），并鼓励改用 CSS 来取代它们，例如<font>、<basefont>、<dir>等标签，或 background、bgcolor、align、link、vlink、color、face、size 等属性。

　　我们将 CSS 的发展简单说明如下：

◆ CSS 1（CSS Level 1）：W3C于1996年公布CSS 1推荐标准，约有50个属性，包括字体、文字、颜色、背景、列表、表格、定位方式、框线、边界等，详细的规格可以参考CSS 1官方文件（https://www.w3.org/TR/CSS1/）。

◆ CSS 2（CSS Level 2）：W3C于1998年公布CSS 2推荐标准，约有120个属性，新增了一些字体属性，并加入了相对定位、绝对定位、固定位置、媒体类型的概念。

◆ CSS 2.1（CSS Level 2 Revision 1）：W3C于2011年公布CSS 2.1推荐标准，除了维持与CSS 2的向下兼容性外，还修正了CSS 2的错误，删除了一些CSS 2尚未实现的功能并新增了数个属性，详细的规格可以参考CSS 2.1官方文件（http://www.w3.org/TR/CSS2/）。

◆ CSS 3（CSS Level 3）：相较于CSS 2.1将所有属性整合在一份规格书中，CSS 3则根据属性的分类区分成不同的模块（module）来进行规格化，例如CSS Namespaces、Selectors Level 3、CSS Level 2 Revision 1、Media Queries、CSS Style Attributes、CSS Fonts Level 3、CSS Basic

User Interface Level 3等模块已经成为推荐标准（Recommendation，REC），而CSS Backgrounds and Borders Level 3、CSS Multi-column Layout Level 1、CSS Values and Units Level 3、CSS Text Level 3、CSS Transitions、CSS Text Decoration Level 3等模块是候选推荐（Candidate Recommendation，CR）或建议推荐（Proposed Recommendation，PR），有关各个模块的规格化进度可以通过网址http://www.w3.org/Style/CSS/current-work.en.html去查阅，如图7-1所示。

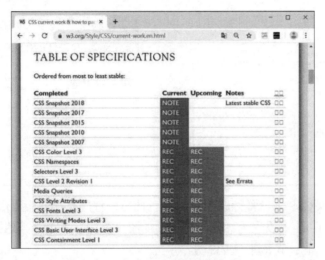

图 7-1

◆ 由于CSS 3的模块仍在持续修订中，因此本书的重点会放在一些普遍使用的属性上，例如颜色、字体、文字、列表、背景、渐层、定位方式、媒体查询等。至于一些比较特别的属性或尚在修订中的属性，有兴趣的读者可以自行参考官方文件。

这个网站会详细列出 CSS 3 各个模块目前的规格化进度及规格书的超链接。

7-2 CSS 样式表

CSS 样式表是由一条一条样式规则（Style Rule）所组成的，而样式规则包含选择器（Selector）与声明（Declaration）两部分：

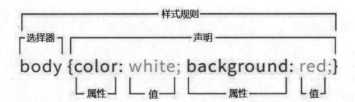

◆ 选择器：选择器用来设置样式规则所要套用的对象，以上面的样式规则为例，选择器 body 表示要套用样式规则的对象是 <body> 元素，即网页主体。
◆ 声明：声明用来设置选择器的样式，以大括号括起来，里面包含属性与值，中间以冒号（:）连接。样式规则的声明个数可以不止一个，中间以分号（;）隔开。

以上面的样式规则为例，color:white 声明设置 color 属性的值为 white，即前景颜色为白色，而 background:red 声明设置 background 属性的值为 red，即背景颜色为红色。

下面的范例程序会以标题 1 默认的样式显示"暮光之城"，通常是黑色、微软雅黑字体，如图 7-2 所示。

\<\Ch07\sample1.html\>

```
<!DOCTYPE html>
<html>
  <head>
    <meta charset="utf-8">
    <title>我的网页</title>
  </head>
  <body>
    <h1>暮光之城</h1>
  </body>
</html>
```

图 7-2

接着，我们改以 CSS 来设置标题 1 的样式，此范例程序是在元素里面使用\<style\>元素嵌入 CSS 样式表，将标题 1 设置为红色、楷体，如图 7-3 所示。至于其他链接 HTML 文件与 CSS 样式表的方式，下一节会进一步说明。

\<\Ch07\sample2.html\>

```
<!DOCTYPE html>
<html>
  <head>
    <meta charset="utf-8">
    <title>我的网页</title>
    <style>
      h1 {
        color: red;
        font-family: 楷体;
      }
    </style>
  </head>
  <body>
    <h1>暮光之城</h1>
  </body>
</html>
```

图 7-3

当使用 CSS 时，注意下列事项：

◆ 若属性的值包含英文字母、阿拉伯数字（0～9）、减号（–）或小数点（.）以外的字符（例如空格符、换行符），则属性的值前后必须加上双引号或单引号（例如font-family: "Times New Roman"），否则双引号（"）或单引号（'）可以省略不写。

◆ CSS会区分英文字母的大小写，这点和HTML不同。为了避免混淆，在为HTML元素的class属性或id属性命名时，请保持一致的命名规则，一般建议采用名字中间大写，例如**myPhone**、**studentAge**等。

◆ CSS的注释符号为/* */，如下所示，这点也和HTML不同，HTML的注释为<!-- -->。

```
/* 将标题 1 的文字颜色设置为蓝色 */
h1 {color: blue;}
/* 将段落的文字大小设置为 10 像素 */
p {font-size: 10px;}
```

◆ 样式规则的声明个数可以不止一个，中间以分号（;）隔开。以下面的样式规则为例，里面包含 3 个声明，用来设置段落的样式为首行缩排 50 像素、行高 1.5 行、左边界 20 像素：

```
p {text-indent:50px; line-height:150%; margin-left:20px}
```

◆ 若样式规则包含多个声明，为了方便阅读，可以将声明分开放在不同行，排列整齐即可，例如：

```
P {
    text-indent:50px;
    line-height:150%;
    margin-left:20px
}
```

◆ 若遇到具有相同声明的样式规则，可以将之合并，使程序代码变得更为精简。以下面的程序代码为例，这 4 条样式规则是将标题 1、标题 2、标题 3、段落的文字颜色设置为蓝色，声明均为 color:blue：

```
h1 {color:blue}
h2 {color:blue}
h3 {color:blue}
p {color:blue}
```

既然声明均相同，我们可以将这 4 条样式规则合并成一条：

```
h1, h2, h3, p {color:blue}
```

◆ 若遇到针对相同选择器所设计的样式规则，则可以将其合并，使程序代码变得更为精简。以下面的程序代码为例，这 4 条样式规则是将标题 1 的文字颜色设置为白色，背景颜色设置为黑色，文字对齐方式设置为居中，字体设置为 "Arial Black"，选择器均为 h1：

```
h1 {color: white}
h1 {background: black}
h1 {text-align: center}
h1 {font-family: "Arial Black"}
```

既然是针对相同的选择器，我们可以将这 4 条规则合并成一条：

```
h1 {color:blue; background: black; text-align:center;
    font-family:"Arial Black"}
```

下面的写法亦可：

```
h1{
    color: blue;
    background: black;
    text-align: center;
    font-family: "Arial Black"
}
```

7-3　链接 HTML 文件与 CSS 样式表

链接 HTML 文件与 CSS 样式表的方式如下，以下各小节有详细的说明：

- 在<head>元素里面使用<style>元素嵌入样式表。
- 使用HTML元素的style属性设置样式表。
- 将样式表放在外部文件，然后使用@import指令导入HTML文件。
- 将样式表放在外部文件，然后使用<link>元素链接至HTML文件。

7-3-1　在<head>元素里面使用<style>元素嵌入样式表

我们可以在 HTML 文件的<head>元素里面使用<style>元素嵌入样式表，由于样式表位于和 HTML 文件相同的文件，因此任何时候想要变更网页的外观，直接修改 HTML 文件的源代码即可，无须变更多个文件。

下面来看一个范例程序，该范例程序通过嵌入样式表的方式将 HTML 文件的文字颜色设置为白色，背景颜色设置为紫色，如图 7-4 所示。

\<\Ch07\linkcss1.html>

```
<!doctype html>
<html>
  <head>
    <meta charset="utf-8">
    <title> 我的网页 </title>
    <style>
      body {color:white; background:
purple;}
    </style>
  </head>
  <body>
    <h1>Hello, CSS3!</h1>
  </body>
</html>
```

图 7-4

7-3-2　使用 HTML 元素的 style 属性设置样式表

我们也可以使用 HTML 元素的 style 属性设置样式表，比如把前一节的范例程序改写如下，同样是将 HTML 文件的文字颜色设置为白色，背景颜色设置为紫色，浏览结果将维持不变。

<\Ch07\linkcss2.html>

```html
<!doctype html>
<html>
  <head>
    <meta charset="utf-8">
    <title> 我的网页 </title>
  </head>
  <body style="color:white; background:purple;">
    <h1>Hello, CSS3!</h1>
  </body>
</html>
```

7-3-3　将外部的样式表导入 HTML 文件

前两节介绍的都是将样式表嵌入 HTML 文件，虽然简便，却不适合多人共同开发网页，尤其是当网页的内容与外观交由不同人负责时，此时可以将样式表放在外部文件中，然后导入或链接至 HTML 文件。

这样做的好处是可以让多个 HTML 文件共享样式表文件，不会因为重复定义样式表而导致源代码过于冗长，这样一旦要变更网页的外观，只需修改样式表文件，而不必修改每个网页。

下面来看一个范例程序，将 linkcss1.html 所定义的样式表另外存储到纯文本文件 body.css 中，注意扩展名为.css。

<\Ch07\body.html>

```css
body {color:white; background:purple;}
```

有了样式表文件，我们可以在 HTML 文件的<head>元素里面使用<style>元素和@import url("文件名.css"); 指令导入样式表，若要导入多个样式表文件，则只需多写几个@import url("文件名.css"); 指令即可，此时 linkcss1.html 网页程序可以改写如下，浏览结果将维持不变。

<\Ch07\linkcss3.html>

```html
<!doctype html>
<html>
  <head>
    <meta charset="utf-8">
    <title> 我的网页 </title>
    <style>
      @import url("body.css");          ⎤— 使用@import 指令导入样式表文件
    </style>
```

```
  </head>
  <body>
    <h1> Hello, CSS3!</h1>
  </body>
</html>
```

7-3-4　将外部的样式表链接至 HTML 文件

除了导入样式表的方式外，我们也可以将样式表链接至 HTML 文件。下面来看一个范例程序，该范例程序会链接与前一个范例程序相同的样式表文件<body.css>，不同的是这次不再使用<style>元素，而是改用<link>元素，浏览结果将维持不变。

<\Ch07\linkcss4.html>

```
<!doctype html>
<html>
  <head>
    <meta charset="utf-8">
    <title> 我的网页 </title>
    <link rel="stylesheet" href="body.css" type="text/css">
  </head>
  <body>
    <h1>Hello, CSS!</h1>
  </body>
</html>
```

> 使用<link>元素链接样式表文件，若要链接多个样式表文件，则只需多写几个<link>元素即可

7-4　选择器的类型

选择器（Selector）用来设置样式规则所要套用的对象，而且根据不同的对象有不同的类型，接下来将详细介绍。

7-4-1　万用选择器

万用选择器（Universal Selector）是以 HTML 文件中的所有元素作为要套用样式规则的对象，其命名格式为星号（*）。以下面的样式规则为例，里面有一个万用选择器，它可以为所有元素去除浏览器默认的留白与边界：

```
* {padding:0; margin:0}
```

7-4-2　类型选择器

类型选择器（Type Selector）是以某个 HTML 元素作为要套用样式规则的对象，故名称必须和设置的 HTML 元素符合。以下面的样式规则为例，里面有一个类型选择器 h1，表示要套用样式规则的对象是<h1>元素：

```
h1 {color: blue;}
```

7-4-3　子选择器

子选择器（Child Selector）是以某个 HTML 元素的子元素作为要套用样式规则的对象。以下面的样式规则为例，里面有一个子选择器 ul > li（中间以大于号连接），表示要套用样式规则的对象是<ul>元素的子元素<li>：

```
Ul > li {color: blue;}
```

7-4-4　后裔选择器

后裔选择器（Descendant Selector）是以某个 HTML 元素的子孙元素（不仅是子元素）作为要套用样式规则的对象。以下面的样式规则为例，里面有一个后裔选择器 p a（中间用空格符隔开），表示要套用样式规则的对象是<p>元素的子孙元素<a>：

```
p a {color:blue;}
```

7-4-5　相邻兄弟选择器

相邻兄弟选择器（Adjacent Sibling Selector）是以某个 HTML 元素后面的第一个兄弟元素作为要套用样式规则的对象。以下面的样式规则为例，里面有一个相邻兄弟选择器 img + p（中间以加号连接），表示要套用样式规则的对象是<img>元素后面的第一个兄弟元素<p>：

```
img + p {color:blue;}
```

7-4-6　全体兄弟选择器

全体兄弟选择器（General Sibling Selector）是以某个 HTML 元素后面的所有兄弟元素作为要套用样式规则的对象。以下面的样式规则为例，里面有一个全体兄弟选择器 img ~ p（中间以 ~ 符号连接），表示要套用样式规则的对象是<img>元素后面的所有兄弟元素<p>：

```
img ~ p {color:blue;}
```

7-4-7　类选择器

类选择器（Class Selector）是以隶属于设置类的 HTML 元素作为要套用样式规则的对象，其命名格式为"*.XXX"或".XXX"，星号（*）可以省略不写。

以下面的样式规则为例，里面有一个类选择器.odd 和.even，表示要套用样式规则的对象是 class 属性分别为"odd"和"even"的 HTML 元素：

```
.odd {background: linen;}
.even {background: lightblue;}
```

下面来看一个范例程序，将奇数行与偶数行的 class 属性设置为"odd"和"even"，然后定义.odd 和.even 两个类选择器，以便将奇数行与偶数行的背景颜色设置为亚麻色和浅蓝色，如图 7-5 所示。

<\Ch07\class.html>

```
<!DOCTYPE html>
<html>
```

```html
<head>
  <meta charset="utf-8">
  <title>我的网页</title>
  <style>
    .odd {background: linen;}              /*类选择器*/
    .even {background: lightblue;}         /*类选择器*/
  </style>
</head>
<body>
  <table>
    <tr class="odd"><td>01</td><td>鸢尾花</td></tr>
    <tr class="even"><td>02</td><td>满天星</td></tr>
    <tr class="odd"><td>03</td><td>香水百合</td></tr>
    <tr class="even"><td>04</td><td>郁金香</td></tr>
  </table>
</body>
</html>
```

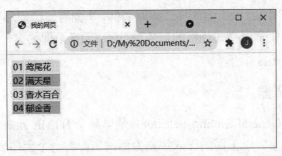

图 7-5

7-4-8 ID 选择器

ID 选择器（ID Selector）是以符合设置 ID（标识符）的 HTML 元素作为要套用样式规则的对象，其命名格式为"*#XXX"或"#XXX"，星号（*）可以省略不写。使用 ID 选择器定义样式规则的语法如下：

#btn1 {font-size: 20px; color: red;}

下面来看一个范例程序，将两个按钮的 id 属性设置为"btn1"和"btn2"，然后定义#btn1 和 #btn2 两个 ID 选择器，以便将按钮的前景颜色设置为红色和绿色，如图 7-6 所示。

<\Ch07\id.html>

```html
<!DOCTYPE html>
<html>
  <head>
    <meta charset="utf-8">
    <style>
```

```
    #btn1 {font-size: 20px; color: red;}        /*ID 选择器*/
    #btn2 {font-size: 20px; color: green;}       /*ID 选择器*/
  </style>
</head>
<body>
  <button id="btn1">按钮 1</button>
  <button id="btn2">按钮 2</button>
</body>
</html>
```

图 7-6

7-4-9　属性选择器

属性选择器（Attributes Selector）指的是将样式规则套用在设置了某个属性的元素。下面的范例程序会将样式规则套用在设置了 class 属性的元素。

<\Ch07\attribute.html>

```
<!DOCTYPE html>
<html>
  <head>
    <meta charset="utf-8">
    <style>
      [class] {color: blue;}          ❶ 针对 class 属性定义样式规则
    </style>
  </head>
  <body>
                    ❷ 凡有 class 属性的元素均会套用该样式规则
    <ul>
      <li class="apple">苹果牛奶</li>
      <li class="apple-banana">香蕉苹果牛奶</li>
      <li class="grape apple banana">特调牛奶</li>
      <li class="kiwifruit apple">特调果汁</li>
    </ul>
  </body>
</html>
```

页面显示如图 7-7 所示。

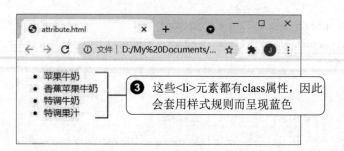

图 7-7

CSS 3 定义了下列 4 种属性选择器：

- [att]：将样式规则套用在设置了att属性的元素，用范例程序attribute.html做了示范。
- [att=val]：将样式规则套用在att属性的值为val的元素，举例来说，假设将<attribute.html>的第06行改写如下，令只有class属性值为"apple"的元素才会套用样式规则，浏览结果如图7-8所示，只有第一个项目呈现蓝色。

```
[class = "apple"] {color: blue}
```

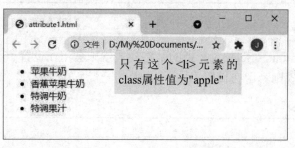

图 7-8

- [att ~= val]：将样式规则套用在att属性的值为val的元素，或以空格符隔开并包含val的元素。举例来说，假设将attribute.html程序的第06行改写如下，令class属性值为 "apple"，或以空格符隔开并包含 "apple" 的元素套用样式规则，浏览结果如图7-9所示，第1、2、3个项目呈现蓝色。

```
[class ~= "apple"] {color: blue}
```

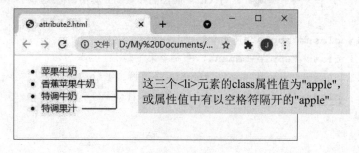

图 7-9

- [att |= val]：将样式规则套用在att属性的值为val的元素，或以"-"字符连接并包含val的元素。举例来说，假设将attribute.html的第06行改写如下，令class属性值为"apple"，或以"-"字符

隔开并包含"apple"的元素套用样式规则，浏览结果如图7-10所示，第1、2个项目呈现蓝色。

```
[class |= "apple"] {color: blue}
```

图 7-10

◆ [att ^= val]：将样式规则套用在att属性的值以val开头的元素。举例来说，假设将attribute.html
的第06行改写如下，令class属性值以"apple"开头的元素套用样式规则，浏览结果如图7-11
所示，第1、2个项目呈现蓝色。

```
[class ^= "apple"] {color: blue}
```

图 7-11

◆ [att$=val]：将样式规则套用在att属性的值以val结尾的元素。举例来说，假设将attribute.html
的第06行改写如下，令class属性值以"apple"结尾的元素套用样式规则，浏览结果如图7-12
所示，第1、4个项目呈现蓝色。

```
[class $= "apple"] {color: blue}
```

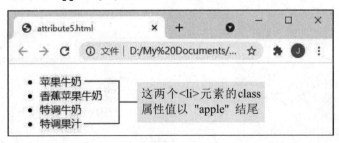

图 7-12

◆ [att*=val]：将样式规则套用在att属性的值包含val的元素。举例来说，假设将attribute.html
的第06行改写如下，令class属性值包含"apple"的元素套用样式规则，浏览结果如图7-13所
示，4个项目都呈现蓝色。

```
[class *= "apple"] {color: blue}
```

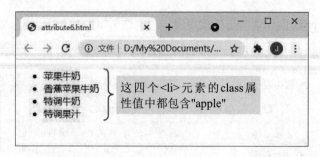

图 7-13

7-4-10 伪元素

伪元素（Pseudo-Element）可以将样式规则套用在设置元素的某个部分，常见的如下：

- ::first-line：元素的第一行。
- ::first-letter：元素的第一个字。
- ::before：在元素前面加上内容。
- ::after：在元素后面加上内容。
- ::selection：元素被选取的部分。

下面来看一个范例程序，该范例程序先使用伪元素::first-line 将<p>元素的第一行设置为红色，然后使用伪元素::after 在<p>元素的后面加上内容为"（王维《相思》）"、颜色为蓝色的文字，如图 7-14 所示。

`<\Ch07\pseduo1.html>`

```
<!DOCTYPE html>
<html>
  <head>
    <meta charset="utf-8">
    <title>我的网页</title>
    <style>
      p::first-line {color: red;}                        /*伪元素*/
      p::after {content: "（王维《相思》）"; color: blue;}   /*伪元素*/
    </style>
  </head>
  <body>
    <p>红豆生南国，<br>
       春来发几枝。<br>
       愿君多采撷，<br>
       此物最相思。</p>
  </body>
</html>
```

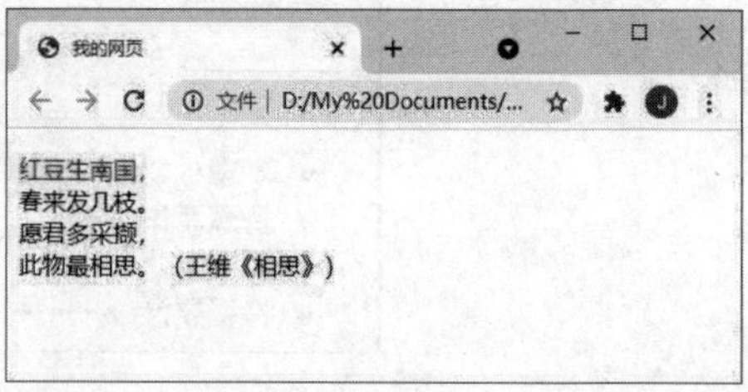

图 7-14

7-4-11 伪类

伪类（Pseudo-Class）可以将样式规则套用于符合特定条件的信息或其他简单的选择器无法表

达的信息。常见的伪类如下，完整的说明可以通过网址 https://www.w3.org/TR/selectors-3/去查看：

- :hover：套用到鼠标指针移到尚未选择的元素。
- :focus：套用到获取焦点的元素。
- :active：套用选择的元素。
- :first-child：套用到第一个子元素。
- :last-child：套用到最后一个子元素。
- :link：套用到尚未浏览的超链接。
- :visited：套用到已经浏览的超链接。
- :enabled：套用到窗体中启用的字段。
- :disabled：套用到窗体中取消的字段。
- :checked：套用到窗体中选取的单选按钮或复选框。

下面来看一个范例程序，该范例程序使用:link 和:visited 两个伪类将尚未浏览和已经浏览的超链接颜色设置为黑色和红色，如图 7-15 所示。

<\Ch07\pseduo2.html>

```html
<!DOCTYPE html>
<html>
  <head>
    <meta charset="utf-8">
    <title>我的网页</title>
    <style>
      a:link {color: black;}          /*伪类*/
      a:visited {color: red;}         /*伪类*/
    </style>
  </head>
  <body>
  <ul>
    <li><a href="novel1.html">射雕英雄传</a></li>
    <li><a href="novel2.html">倚天屠龙记</a></li>
    <li><a href="novel3.html">天龙八部</a></li>
    <li><a href="novel4.html">笑傲江湖</a></li>
  </ul>
  </body>
</html>
```

图 7-15

下面来看另一个范例程序，使用:hover 伪类设置当指针移到<h1>元素时，就会将<h1>元素的背景颜色从亚麻色变更为浅蓝色，如图 7-16 所示。

<\Ch07\pseduo3.html>

```
<!DOCTYPE html>
<html>
  <head>
    <meta charset="utf-8">
    <title>我的网页</title>
    <style>
      h1 {background: linen;}              /*类选择器*/
      h1:hover {background: lightblue;}    /*伪类*/
    </style>
  </head>
  <body>
    <h1>蝶恋花</h1>
    <h1>卜算子</h1>
    <h1>临江仙</h1>
  </body>
</html>
```

图 7-16

7-5 样式表的层叠顺序

样式表的来源有下列几种：

- 作者（author）：HTML 文件的作者可以将样式表嵌入 HTML 文件，也可以导入或链接外部的样式表文件。
- 用户（user）：用户可以自定义样式表，然后使浏览器根据此样式表显示 HTML 文件。
- 用户代理程序（user agent）：诸如浏览器等用户代理程序也会有默认的样式表。

原则上，不同来源的样式表会串接在一起，然而这些样式表有可能会针对相同的 HTML 元素，甚至还会彼此冲突，比如作者将标题 1 的文字设置为红色，而用户或浏览器却将标题 1

的文字设置为其他颜色，此时需要一个规则来决定优先级，在没有特别设置的情况下，这 3 种样式表来源的层叠顺序（Cascading Order）如下（由高至低）：

（1）作者设置的样式表。

（2）用户自定义的样式表。

（3）浏览器默认的样式表。

注意，上面的层叠顺序在没有特别设置的情况下才成立，事实上，HTML 文件的作者或用户可以在声明的后面加上!important 关键词提高样式表的层叠顺序，例如：

```
body {
  color: red !important;
}
```

一旦加上!important 关键词，样式表的层叠顺序将变成如下（由高至低）：

（1）用户自定义且加上!important 关键词的样式表。

（2）作者设置且加上!important 关键词的样式表。

（3）作者设置的样式表。

（4）用户自定义的样式表。

（5）浏览器默认的样式表。

提示

我们在 7-3 节介绍过，HTML 文件的作者可以通过以下 4 种方式链接 HTML 文件与 CSS 样式表，那么这 4 种方式的层叠顺序又是怎样的呢？

（1）在 HTML 文件的<head>元素里面嵌入样式表。

（2）使用 HTML 元素的 style 属性设置样式表。

（3）将样式表放在外部文件，然后使用@import 指令导入 HTML 文件。

（4）将样式表放在外部文件，然后使用<link>元素链接至 HTML 文件。

答案是第二种方式的层叠顺序最高，而其他 3 种方式的层叠顺序取决于定义的早晚，越晚定义的样式表，其层叠顺序就越高，也就是后来定义的样式表会覆盖先前定义的样式表。

第 **8** 章

颜色、字体、文本与列表属性

8-1　颜色属性

8-1-1　color（前景颜色）

前景颜色（Foreground Color）是相对于背景颜色而言的，简单来说，前景颜色指的是系统当前默认套用的颜色，例如网页的文字使用的就是前景颜色，而背景颜色（Background Color）指的是基底图像下默认的底图颜色，例如网页的背景使用的就是背景颜色。

我们可以使用 color 属性设置 HTML 元素的前景颜色，其语法如下：

```
color: 颜色
```

color 属性的设置值有下列几种形式：

- 颜色名称：以诸如aqua、black、blue、fuchsia、gray、green、lime、maroon、navy、olive、purple、red、silver、teal、white、yellow等浅显易懂的名称来设置颜色，例如下面的样式规则是将标题 1区块的前景颜色（即文字颜色）设置为红色：

  ```
  h1 {color:red}
  ```

- rgb（rr, gg, bb）：以红（red）、绿（green）、蓝（blue）三原色的混合比例来设置颜色，例如下面的样式规则是将标题 1 区块的前景颜色设置为红 100%、绿 0%、蓝 0%，也就是红色：

  ```
  h1 {color:rgb(100%, 0%, 0%)}
  ```

除了设置混合比例外，我们也可以将红、绿、蓝三原色各自划分为 0 ~ 255 共 256 个级数，改变级数来表示颜色，例如上面的样式规则可以改写如下，由于红、绿、蓝分别为 100%、0%、0%，因此在转换成级数后会对应为 255、0、0，中间以逗号隔开：

  ```
  h1 {color:rgb(255, 0, 0)}
  ```

- #rrggbb：这是前一种设置方式的十六进制表示法，以#符号开头，后面跟着三组十六进制数字，分别代表颜色的红、绿、蓝级数，例如上面的样式规则可以改写如下，由于红、绿、蓝分别为 255、0、0，所以在转换成十六进制后对应为 ff、00、00：

```
h1 {color:#ff0000;}
```

图 8-1 是一些常见的颜色名称及其十六进制、十进制表示法（取自 CSS 3 官方文件），更多的颜色名称与数值对照可以参考 https://www.w3.org/TR/css3-color/网页上的内容。

- rgba(rr, gg, bb, alpha)：这是以红、绿、蓝三原色的混合比例来设置颜色，同时多了一个参数 alpha，用来表示透明度，其值为 0.0 ~ 1.0 的数字，表示完全透明到完全不透明。例如下面的样式规则是将标题 1 区块的前景颜色设置为红色，透明度设置为0.5：

Named	Numeric	Color name	Hex rgb	Decimal
		black	#000000	0,0,0
		silver	#C0C0C0	192,192,192
		gray	#808080	128,128,128
		white	#FFFFFF	255,255,255
		maroon	#800000	128,0,0
		red	#FF0000	255,0,0
		purple	#800080	128,0,128
		fuchsia	#FF00FF	255,0,255
		green	#008000	0,128,0
		lime	#00FF00	0,255,0
		olive	#808000	128,128,0
		yellow	#FFFF00	255,255,0
		navy	#000080	0,0,128
		blue	#0000FF	0,0,255
		teal	#008080	0,128,128
		aqua	#00FFFF	0,255,255

图 8-1

```
h1 {color:rgba(255, 0, 0, 0.5)}
```

- hsl(hue, saturation, lightness)：这是以色调、饱和度、亮度来设置颜色，色调（Hue）指的是颜色的基本属性，也就是平常所说的颜色名称，以图 8-2 所示的色轮来呈现；饱和度（Saturation）指的是颜色的纯度，值为 0% ~ 100%，值越高，颜色就越纯；亮度（Lightness）指的是颜色的明暗度，值为 0% ~ 100%，值越高，颜色就越亮，50%为正常，0%为黑色，100%为白色。例如下面的样式规则是将标题 1 区块的前景颜色设置为红色：

```
h1 {color:hsl(0, 100%, 50%)}
```

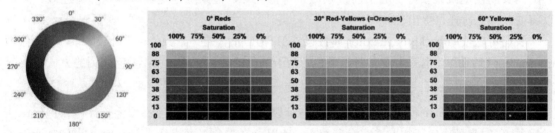

图 8-2

- hsla(hue, saturation, lightness, alpha)：这是以色调、饱和度、亮度来设置颜色，同时多了一个参数alpha，用来表示透明度，其值为0.0 ~ 1.0的数字，表示完全透明到完全不透明，例如下面的样式规则是将标题 1 区块的前景颜色设置为红色，透明度设置为0.5。

```
h1 {color:hsla(0, 100%, 50%, 0.5)}
```

下面举一个例子，针对 5 个标题 1区块设置前景颜色（即文字颜色），请仔细比较第 03、04 行的浏览结果，这两行都是将前景颜色设置为红色，但是第 04 行多了透明度参数 0.5，若在该区块加上背景图片或背景颜色，则更能凸显出半透明的效果，至于第 05、06 行则是改以 HSL 方式来设置颜色，如图 8-3 所示。

<\Ch08\color1.html>

```
01    <body>
02      <h1 style="color: #00ff00;">卜算子</h1>
```

```
03    <h1 style="color: rgb(255, 0, 0);">蝶恋花</h1>
04    <h1 style="color: rgba(255, 0, 0, 0.5);">蝶恋花</h1>
05    <h1 style="color: hsl(240, 100%, 50%);">临江仙</h1>
06    <h1 style="color: hsla(240, 100%, 50%, 0.3);">临江仙</h1>
07    </body>
```

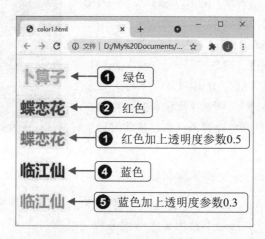

图 8-3

8-1-2 background-color（背景颜色）

网页的视觉效果要好，除了前景颜色设置得当外，背景颜色更具有画龙点睛之效，它可以将前景颜色衬托得更出色。

我们可以使用 background-color 属性设置 HTML 元素的背景颜色，其语法如下，默认值为 transparent（透明），也就是没有背景颜色，至于颜色的值可以通过 8-1-1 节介绍的方式设置：

```
background-color: transparent | 颜色
```

下面来看一个范例程序，将网页主体与标题 1 区块的背景颜色设置为粉红色和白色，而且标题 1 的背景颜色还加上透明度参数 0.5，所以会在白色里面半透出粉红色，如图 8-4 所示。

`<\Ch08\color2.html>`

```
<body style="background-color: pink;">
  <h1 style="background-color: rgba(255, 255, 255, 0.5);">卜算子</h1>
</body>
```

图 8-4

8-1-3　opacity（透明度）

我们可以使用 opacity 属性设置 HTML 元素的透明度，其语法如下，值为 0.0～1.0 的数字，表示完全透明到完全不透明：

```
opacity: 透明度
```

下面的范例程序将示范图片和文字都可以设置透明度，如图 8-5 所示。

<\Ch08\color3.html>

```
<body>
  <img src="fig1.jpg" width="200">
  <img src="fig1.jpg" width="200" style="opacity: 0.5;">
  <h1 style="color: navy;">豪斯登堡吉祥物</h1>
  <h1 style="color:navy; opacity: 0.5;">豪斯登堡吉祥物</h1>
</body>
```

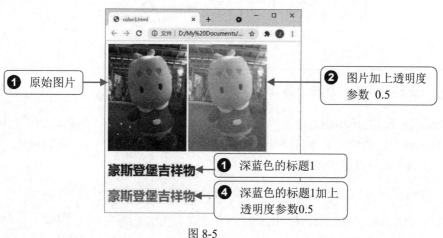

图 8-5

8-2　字体属性

8-2-1　font-family（文字字体）

我们可以使用 font-family 属性设置 HTML 元素的文字字体，其语法如下：

```
font-family: 字体名称 1[, 字体名称 2[, 字体名称 3...]]
```

下面来看一个范例程序，该范例程序将段落的文字字体设置为"楷体"，如图 8-6 所示。若客户端没有安装此字体，则设置为第二顺位的"微软雅黑"，若客户端仍没有安装此字体，则设置为系统默认的字体。

<\Ch08\font1.html>

```
<!DOCTYPE html>
<html>
```

```
<head>
  <meta charset="utf-8">
  <style>
    p {font-family: 楷体，微软雅黑;}
  </style>
</head>
<body>
  <p>云母屏风烛影深，长河渐落晓星沉。<br>
     嫦娥应悔偷灵药，碧海青天夜夜心。</p>
</body>
</html>
```

❶ 设置段落的文字字体（楷体）

❷ 浏览结果

图 8-6

8-2-2　font-size（字体大小）

我们可以使用 font-size 属性设置 HTML 元素的字体大小，其语法如下，设置值有"长度"（length）、"绝对大小"（absolute-size）、"相对大小"（relative-size）、"百分比"（percentage）4 种设置方式：

```
font-size: 长度 | 绝对大小 | 相对大小 | 百分比
```

虽然 HTML 提供的<font>和<basefont>元素可以用来设置文字的字体、大小与颜色，不过，W3C 已经将这两个元素标记为 Deprecated（建议勿用），并鼓励网页设计人员改用 CSS 提供的属性来取代它。

1. 以长度设置字体大小

以长度设置字体大小是相当直观的方式，但要注意其度量单位，例如下面的第一个样式规则是将段落的字体大小设置为 10 像素（pixel），第二个样式规则是将标题 1 的字体大小设置为 1 厘米：

```
p {font-size:10px}
h1 {font-size:1cm}
```

CSS 支持的度量单位如表 8-1 所示，其中以 px（像素）最常用。

表 8-1　CSS 支持的度量单位

度量单位	说　　明
px	像素（Pixel）
pt	点（Point），1 点相当于 1/72 英寸

（续表）

度量单位	说　　明
pc	pica，1 pica 相当于 1/6 英寸
em	所使用字体的大写英文字母 M 的宽度
ex	所使用字体的小写英文字母 x 的高度
in	英寸（Inch）
cm	厘米
mm	毫米

2. 以绝对大小设置字体大小

CSS 默认定义的绝对大小有 xx-small、x-small、small、medium（此为默认值）、large、x-large、xx-large 七级，这些值与对照如表 8-2 所示。

表 8-2　CSS 默认定义的绝对大小与 HTML 字号的关系

CSS 默认定义的绝对大小	xx-small	x-small	small	medium	large	x-large	xx-large	--
HTML 字号	1	--	2	3	4	5	6	7

原则上，这 7 级大小是以 medium 为基准的，每跳一级就缩小或放大 1.2 倍（在 CSS 1 中为 1.5 倍），而 medium 可能是浏览器默认的字体大小或当前的字体大小，例如下面的样式规则是将标题 1 的字体大小设置为 xx-large：

```
h1 {font-size: xx-large}
```

3. 以相对大小设置字体大小

除了 CSS 默认定义的 7 级大小之外，我们也可以使用相对大小来设置字体大小，CSS 提供的相对大小有 smaller 和 larger 两个默认值，分别表示比当前的字体大小缩小一级或放大一级。

举例来说，假设标题 1 当前的字体大小为 large，那么下面的样式规则是将标题 1 的字体大小设置为 large 放大一级，也就是 x-large：

```
h1 {font-size:larger}
```

4. 以百分比设置字体大小

我们也可以使用百分比来设置字体大小，这是以当前的字体大小作为基准的。举例来说，假设段落当前的字体大小为 20px，那么下面的样式规则是将段落的字体大小设置为 20px×75% ＝15px：

```
p {font-size: 75%}
```

下面来看一个范例程序，将示范不同的字体大小，如图 8-7 所示。

\<Ch08\font2.html\>

```
<body>
    <p style="font-size: 20px;">生日快乐 Happy Birthday</p>
    <p style="font-size: 20pt;">生日快乐 Happy Birthday</p>
```

```
    <p style="font-size: xx-small;">生日快乐 Happy Birthday</p>
    <p style="font-size: x-small;">生日快乐 Happy Birthday</p>
    <p style="font-size: small;">生日快乐 Happy Birthday</p>
    <p style="font-size: medium;">生日快乐 Happy Birthday</p>
    <p style="font-size: large;">生日快乐 Happy Birthday</p>
    <p style="font-size: x-large;">生日快乐 Happy Birthday</p>
    <p style="font-size: xx-large;">生日快乐 Happy Birthday</p>
  </body>
```

图 8-7

8-2-3 font-style（字体样式）

我们可以使用 font-style 属性设置 HTML 元素的字体样式，其语法如下：

```
font-style:normal | italic | oblique
```

- normal：正常，此为默认值。
- italic：斜体（正常字体的手写版本）。
- oblique：倾斜体（通过数学演算的方式将正常字体倾斜一个角度）。下面看一个范例程序，将段落的字体样式设置为斜体，如图8-8所示。

\Ch08\font3.html

```
<!DOCTYPE html>
<html>
  <head>
    <meta charset="utf-8">
    <style>
      p {font-style: italic;}    ← ❶ 设置段落的字体样式（斜体）
    </style>
```

```
</head>
<body>
  <p>云母屏风烛影深，长河渐落晓星沉。<br>
     嫦娥应悔偷灵药，碧海青天夜夜心。</p>
</body>
</html>
```

图 8-8

8-2-4　font-weight（字体粗细）

我们可以使用 font-weight 属性设置 HTML 元素的字体粗细，其语法如下：

```
font-weight: normal | bold | bolder | lighter | 100 | 200 | 300 | 400
             | 500 | 600 | 700 | 800 | 900
```

font-weight 属性的设置值可以归纳为下列两种类型：

- 绝对粗细：normal表示正常（此为默认值），bold表示加粗，另外还有100、200、300、400（相当于normal）、500、600、700（相当于bold）、800、900九个等级，数字越大，字体就越粗。
- 相对粗细：bolder和lighter所呈现的字体粗细是相对于当前的文字粗细而言的，bolder表示更粗，lighter表示更细。

下面的范例程序将示范不同的字体粗细，如图 8-9 所示。

<\Ch08\font4.html>

```
<body>
  <h1 style="font-weight:bold">Hello World!</h1>
  <h1 style="font-weight:normal">Hello World!</h1>
  <h1 style="font-weight:bolder">Hello World!</h1>
</body>
```

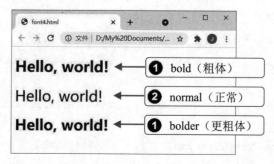

图 8-9

8-2-5 font-variant（字体变化）

我们可以使用 font-variant 属性设置 HTML 元素的字体变化，其语法如下：

```
font-variant: normal | small-caps
```

- normal：正常，此为默认值。
- small-caps：小号大写字母（字体较小，但全部大写）。

虽然 CSS 3 提供了更多设置值，例如 all-small- caps、petite- caps、all- petite-caps、unicase、ordinal、slashed-zero 等，不过，目前主要的浏览器尚未提供具体的实现。

下面的范例程序将示范 normal 和 small-caps 两个设置值产生的显示效果，如图 8-10 所示。

<\Ch08\font5.html>

```html
<body>
  <h1 style="font-variant: normal;">Hello, world!</h1>
  <h1 style="font-variant: small-caps;">Hello, world!</h1>
</body>
```

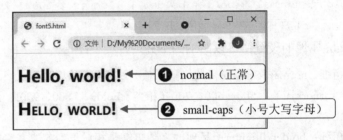

图 8-10

8-2-6 line-height（行高）

我们可以使用 line-height 属性设置 HTML 元素的行高，其语法如下：

```
line-height: normal | 数字 | 长度 | 百分比
```

- normal：例如 line-height: normal 表示正常行高，此为默认值。
- 数字：使用数字设置几倍行高，例如 line-height: 2 表示两倍行高。
- 长度：使用 px、pt、pc、em、ex、in、cm、mm 等度量单位设置行高，例如 line-height: 20px 表示行高为20像素。
- 百分比：例如 line-height: 150% 表示行高为当前行高的1.5倍。

下面的范例程序将示范正常行高和两倍行高的效果，如图 8-11 所示。

<\Ch08\font6.html>

```html
<body>
  <p style="line-height:normal"> 云母屏风烛影深，长河渐落晓星沉。<br>
     嫦娥应悔偷灵药，碧海青天夜夜心。</p>
  <p style="line-height:2"> 冰簟银床梦不成，碧天如水夜云轻。<br>
```

雁声远过潇湘去，十二楼中月自明。</p>

</body>

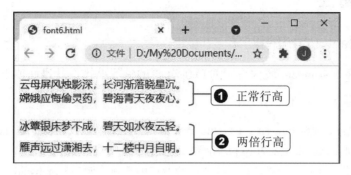

图 8-11

8-2-7　font（字体属性简便表示法）

font 属性是综合了 font-style、font-variant、font-weight、font-size、line-height、font-family 等字体属性的简便表示法，其语法如下：

```
font:[[<font-style> || <font-variant> || <font-weight>] || <font-size>
     [/<line-height>] <font-family>] | caption | icon | menu |
     message-box | small-caption | status-bar
```

这些属性值的中间以空格符隔开，省略不写的属性值将会根据属性的类型采用其默认值，而 font-variant 属性只能使用 normal 和 small-caps 两个设置值。

至于 caption、icon、menu、message-box、small-caption、status-bar 等设置值则是参照系统字体，分别代表控件、图标标签、菜单、对话框、小控件、状态栏的字体。

下面看一个范例程序，该范例程序将段落的字体样式设置为斜体，字体大小设置为 20 像素，行高设置为 25 像素，字体设置为楷体，如图 8-12 所示。

<\Ch08\font7.html>

图 8-12

8-3 文本属性

8-3-1 text-indent（首行缩排）

我们可以使用 text-indent 属性设置 HTML 元素的首行缩排，其语法如下：

```
text-indent: 长度 | 百分比
```

- ◆ 长度：使用px、pt、pc、em、ex、in、cm、mm等度量单位设置首行缩排的长度，属于固定长度，例如p {text-indent:20px}是将段落的首行缩排设置为20像素。
- ◆ 百分比：使用百分比设置首行缩排占区块宽度的比例，例如p {text-indent:10%}是将段落的首行缩排设置为区块宽度的10%。

下面来看一个范例程序，该范例程序将段落的首行缩排设置为 1 厘米，如图 8-13 所示。

<\Ch08\text1.html>

```
<body>
  <p style="text-indent: 1cm;">庭院深深深几许？杨柳堆烟，帘幕无重数。
    玉勒雕鞍游冶处，楼高不见章台路。雨横风狂三月暮，门掩黄昏，
    无计留春住。泪眼问花花不语，乱红飞过秋千去。</p>
</body>
```

❶ 设置段落的首行缩排（1厘米）

❷ 浏览结果

图 8-13

8-3-2 text-align（文本对齐方式）

我们可以使用 text-align 属性设置 HTML 元素的文本对齐方式，其语法如下：

```
text-align: start | end | left | right | center | justify | match-parent
           | start end
```

除了 CSS 2.1 提供的 left（靠左）、right（靠右）、center（居中）、justify（左右对齐）等设置值外，CSS 3 还新增了 match-parent（继承自父元素的对齐方式）、start（对齐一行的开头）、end（对齐一行的结尾）、start end（对齐一行的头尾）等设置值，文字方向从左到右的默认值为 left。

下面的范例程序将示范让文字靠左、靠右和居中对齐，如图 8-14 所示。

<\Ch08\text2.html>

```
<body>
  <p style="text-align: left;">庭院深深深几许？杨柳堆烟，帘幕无重数。
    玉勒雕鞍游冶处，楼高不见章台路。雨横风狂三月暮，门掩黄昏，
    无计留春住。泪眼问花花不语，乱红飞过秋千去。</p>
  <p style="text-align: right;">庭院深深深几许？杨柳堆烟，帘幕无重数。
    玉勒雕鞍游冶处，楼高不见章台路。雨横风狂三月暮，门掩黄昏，
    无计留春住。泪眼问花花不语，乱红飞过秋千去。</p>
  <p style="text-align: center;">庭院深深深几许？杨柳堆烟，帘幕无重数。
    玉勒雕鞍游冶处，楼高不见章台路。雨横风狂三月暮，门掩黄昏，
    无计留春住。泪眼问花花不语，乱红飞过秋千去。</p>
</body>
```

图 8-14

8-3-3 letter-spacing（字母间距）

我们可以使用 letter-spacing 属性设置 HTML 元素的字母间距，其语法如下：

```
letter-spacing: normal  | 长度
```

◆ normal：例如p {letter-spacing:normal}表示将段落的字母间距设置为正常，此为默认值。

◆ 长度：使用px、pt、pc、em、ex、in、cm、mm等度量单位设置字母间距的长度，例如p {letter-spacing:3px;}表示将段落的字母间距设置为3像素。

下面的范例程序将示范不同的字母间距，如图 8-15 所示。

<\Ch08\text3.html>

```
<body>
  <p style="letter-spacing: normal;">Happy Birthday to You!</p>
  <p style="letter-spacing: 3px;">Happy Birthday to You!</p>
  <p style="letter-spacing: 0.25cm;">Happy Birthday to You!</p>
</body>
```

图 8-15

8-3-4 word-spacing（单词间距）

我们可以使用 word-spacing 属性设置 HTML 元素的单词间距，其语法如下。注意 "单词间距" 与 "字母间距" 的差别，以 I am Jen 为例，I、am、Jen 为单词，而 I、a、m、J、e、n 为字母。

```
word-spacing: normal ｜ 长度 ｜ 百分比
```

* normal：例如 p {word-spacing: normal;}表示将段落的单词间距设置为正常，此为默认值。

* 长度：使用 px、pt、pc、em、ex、in、cm、mm 等度量单位设置单词间距的长度，例如 p {word-spacing: 8px;} 表示将段落的单词间距设置为 8 像素。

* 百分比：例如 p {word-spacing: 200%;} 表示将段落的单词间距设置为当前单词间距的两倍。

下面的范例程序将示范不同的单词间距，如图 8-16 所示。

<\Ch08\text4.html>

```
<body>
  <p style="word-spacing: normal;">Happy Birthday to You!</p>
  <p style="word-spacing: 8px;">Happy Birthday to You!</p>
  <p style="word-spacing: 1cm;">Happy Birthday to You!</p>
</body>
```

❶ 正常的单词间距 ➤ Happy Birthday to You!
❷ 单词间距为8像素 ➤ Happy Birthday to You!
❶ 单词间距为1厘米 ➤ Happy   Birthday   to   You!

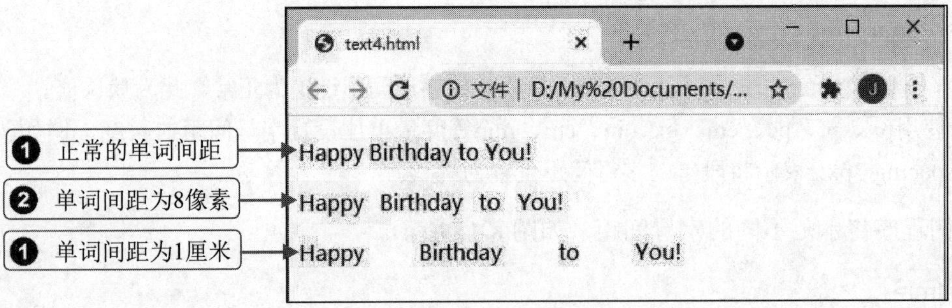

图 8-16

8-3-5 text-transform（大小写转换方式）

我们可以使用 text-transform 属性设置 HTML 元素的大小写转换方式，其语法如下：

```
text-transform:none | capitalize | uppercase | lowercase | full-width
```

* none：无（默认值）。
* capitalize：单词的第一个字母大写。
* uppercase：全部大写。
* lowercase：全部小写。
* full-width：全角。

下面的范例程序将示范不同的大小写转换方式，如图 8-17 所示。

<\Ch08\text5.html>

```html
<body>
  <p style="text-transform: none;">Happy Birthday to You!</p>
  <p style="text-transform: capitalize;">Happy Birthday to You!</p>
  <p style="text-transform: uppercase;">Happy Birthday to You!</p>
  <p style="text-transform: lowercase;">Happy Birthday to You!</p>
</body>
```

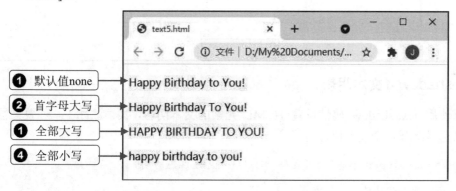

图 8-17

8-3-6 white-space（空格符）

我们可以使用 white-space 属性设置 HTML 元素的换行符、制表符/空格符、自动换行符的显示方式，其语法如下：

```
white-space: normal | pre | nowrap | pre-wrap | pre-line
```

这些设置值的显示方式如表 8-3 所示，Yes 表示会显示在网页上，No 表示不会。

表 8-3 white-space 属性设置值的显示方式

	换 行 符	制表符/空格符	自动换行符
normal	No	No	Yes
pre	Yes	Yes	No
nowrap	No	No	No
pre-wrap	Yes	Yes	Yes
Pre-line	Yes	No	Yes

下面的范例程序将会显示段落里面的换行符与空格符，如图 8-18 所示。

<\Ch08\text6.html>

```
<p style="white-space: pre;">  ← ❶ 使用pre设置值
void main()
{
    printf("Hello, world!\n");
}
 </p>
```

图 8-18

8-3-7　text-shadow（文本阴影）

我们可以使用 text-shadow 属性设置 HTML 元素的文本阴影，其语法如下，若要设置多重阴影，则以逗号隔开各个设置值即可：

```
text-shadow: none | [[ 水平位移 垂直位移 模糊 颜色 ] [,...]]
```

- none：无，此为默认值。
- 水平位移：阴影在水平方向的位移为几像素（若为负值，则表示相反方向）。
- 垂直位移：阴影在垂直方向的位移为几像素（若为负值，则表示相反方向）。
- 模糊：阴影的模糊轮廓为几像素。
- 颜色：阴影的颜色。

下面的范例程序将示范 3 种不同的文本阴影，如图 8-19 所示。

<\Ch08\text7.html>

```
<body>
    <h1 style="text-shadow: 12px 8px 5px orange;">Hello, world!</h1>
    <h1 style="text-shadow: -12px -8px 5px orange;">Hello, world!</h1>
    <h1 style="text-shadow: 10px 10px 2px cyan, 20px 20px 2px silver;">Hello,
world!</h1>
    </body>
```

图 8-19

8-3-8　text-decoration-line、text-decoration-style、text-decoration-color（文本装饰线、样式与颜色）

我们可以用下列几个属性设置 HTML 元素的文本装饰：

* text-decoration-line：设置HTML元素的文本装饰线条，其语法如下，有none（无）、underline（底线）、overline（顶线）、line-through（删除线）、blink（闪烁）等设置值，默认值为none：

```
text-decoration-line:none | [underline || overline || line-through ||
blink]
```

* text-decoration-style：设置 HTML 元素的文本装饰颜色，其语法如下，有 solid（实线）、double（双线）、dotted（点线）、dashed（虚线）、wavy（波浪）等设置值，默认值为 solid：

```
text-decoration-color: 颜色
```

* text-decoration-color：设置 HTML 元素的文本装饰颜色，其语法如下，颜色的设置值有 8-1-1 节所介绍的几种形式：

```
text-decoration-color:颜色
```

下面的范例程序将示范 3 种不同的文本装饰，如图 8-20 所示。

<\Ch08\text8.html>

```
<body>
  <h1 style="text-decoration-line: overline;
    text-decoration-style: dotted;
    text-decoration-color: red;">临江仙</h1>          ❶ 顶线、点线、红色
  <h1 style="text-decoration-line: underline;
    text-decoration-style: wavy;
    text-decoration-color: cyan;">蝶恋花</h1>         ❷ 底线、波浪、青色
  <h1 style="text-decoration-line: line-through;
    text-decoration-style: solid;
    text-decoration-color: blue;">卜算子</h1>         ❶ 删除线、实线、蓝色
</body>
```

图 8-20

8-3-9 text-decoration（文本强调标记）

text-decoration 属性是综合了 text-decoration-line、text-decoration-style、textdecoration-color 等属性的标记，其语法如下：

```
text-decoration: <text-decoration-line> || <text-decoration-style> ||
                 <text-decoration-color>
```

下面的范例程序改写自前一节的 text8.html，网页显示结果是一样的，如图 8-21 所示。

<\Ch08\text9.html>

```
<body>
  <h1 style="text-decoration: overline dotted red;">临江仙</h1>
  <h1 style="text-decoration: underline wavy cyan;">蝶恋花</h1>
  <h1 style="text-decoration: line-through solid blue;">卜算子</h1>
</body>
```

图 8-21

8-4 列表属性

8-4-1 list-style-type（项目符号与编号类型）

我们可以使用 list-style-type 属性设置列表的项目符号与编号类型，其语法如下，默认值为 disc，表示实心圆点：

```
list-style-type:disc | circle | square | none | 编号
```

◆ 项目符号：使用无顺序的图案作为项目符号，设置值如表 8-4 所示。

表 8-4　项目符号设置值及说明

设 置 值	说 明
disc（默认值）	实心圆点●
circle	空心圆点○

◆ 编号：使用有顺序的编号，设置值如表 8-5 所示。

表 8-5　编号设置值及说明

设 置 值	说 明
dimal（默认值）	从 1 开始的阿拉伯数字，例如 1、2、3、4、5、...
decimal-leading-zero	前面冠上 0 的阿拉伯数字，例如 01、02、03、...、97、98、99
lower-roman	小写罗马数字，例如 i、ii、iii、iv、v、...
upper-roman	大写罗马数字，例如 I、II、III、IV、V、...
georgian	传统乔治亚数字，例如 an、ban、gan、...、he、tan、in、in-an、...
armenian	传统亚美尼亚数字
lower-alpha、lower-latin	小写英文字母，例如 a、b、c、...、z
upper-alpha、upper-latin	大写英文字母，例如 A、B、C、...、Z
lower-greek	小写希腊字母，例如 α、β、γ、...

注：还有一些是 CSS 2.1 不支持但 CSS 3 支持的设置值，例如 hebrew（希伯来数字）、cjk-ideographic（中文数字）、hiragana（平假名）、katakana（片假名）等。

下面来看一个范例程序，其中第 10 ~ 16 行定义一个包含 5 个项目的列表，项目符号则由第 06 行的样式规则设置为 square，即实心方块，且该实心方块不会随项目文字的放大或缩小而改变大小，如图 8-22 所示。

<\Ch08\list1.html>

```
01 <!DOCTYPE html>
02 <html>
03  <head>
04   <meta charset="utf-8">
05   <style>
06    ul {list-style-type: square}        ❶ 设置项目符号为实心方块
07   </style>
08  </head>
09  <body>
10   <ul>
11    <li> 射雕英雄传 </li>
12    <li> 天龙八部 </li>
13    <li> 倚天屠龙记 </li>
14    <li> 笑傲江湖 </li>
15    <li> 鹿鼎记 </li>
16   </ul>
```

```
17   </body>
18 </html>
```

图 8-22

下面是另一个范例程序，其中第 10 ~ 16 行定义一组包含 5 个项目的列表，至于编号则由第 06 行的样式规则设置为 upper-alpha，即大写英文字母，如图 8-23 所示。

虽然 CSS3 支持 georgian、armenian、lower-latin、upper-latin、lower-greek 等特殊的编号方式，但浏览器不一定提供了具体实现，因此建议选择多数浏览器都支持的编号方式，而且要以浏览器进行实际测试。

<\Ch08\list2.html>

```
01 <!DOCTYPE html>
02 <html>
03   <head>
04     <meta charset="utf-8">
05     <style>
06       ol {list-style-type:alpha}    ❶ 设置编号
07     </style>
08   </head>
09   <body>
10     <ol>
11       <li> 射雕英雄传 </li>
12       <li> 天龙八部 </li>
13       <li> 倚天屠龙记 </li>
14       <li> 笑傲江湖 </li>
15       <li> 鹿鼎记 </li>
16     </ol>
17   </body>
18 </html>
```

图 8-23

8-4-2 list-style-image（图片项目符号）

除了使用前一节所介绍的项目符号与编号外，我们也可以使用 list-style-image 属性设置图片项目符号的图片文件名称，其语法如下，默认值为 none（无）：

```
list-style-image:none | url（图片名称）
```

下面举一个例子，其中第 10 ～ 14 行定义一个包含 3 个项目的列表，项目符号则由第 06 行的样式规则设置为 blockgrn.gif 图片文件，即 ◢，如图 8-24 所示。

<\Ch08\list3.html>

```
01 <!DOCTYPE html>
02 <html>
03   <head>
04     <meta charset="utf-8">
05     <style>
06     ul {list-style-image:url(blockgrn.gif)}   ← ❶ 设置图片项目符号
07     </style>
08   </head>
09   <body>
10     <ul>
11       <li>魔戒首部曲：魔戒现身</li>
12       <li>魔戒二部曲：双城奇谋</li>
13       <li>魔戒三部曲：王者再临</li>
14     </ul>
15   </body>
16 </html>
```

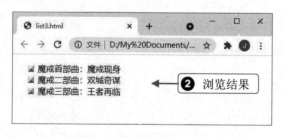

图 8-24

8-4-3 list-style-position（项目符号与编号的位置）

在默认情况下，项目符号与编号均位于项目文本块的外部，但有时我们希望将项目符号与编号纳入项目文本块，此时可以使用 list-style-position 属性设置项目符号与编号的位置，其语法如下：

```
list-style-position:outside | inside
```

◆ outside：项目符号与编号位于项目文本块的外部，此为默认值。
◆ inside：项目符号与编号位于项目文本块的内部。

下面的范例程序将示范 outside 和 inside 两个设置值的作用。

<\Ch08\list4.html>

```
01 <!DOCTYPE html>
02 <html>
03   <head>
04     <meta charset="utf-8">
05     <style>
06       ul {list-style:outside}
07       ul.compact {list-style:inside}
08     </style>
09   </head>
10   <body>
11     <ul>
12       <li> 中国台湾野鸟 </li>
13     </ul>
14     <ul class="compact">
15       <li> 黑面琵鹭最早的栖息地是韩国及中国的北方沿海，但近年来它们觅着
16           了一个新的栖息地，那就是中国宝岛台湾的曾文溪口沼泽地。</li>
17       <li> 八色鸟在每年的夏天会从东南亚地区飞到中国台湾繁殖下一代，由于
18           羽色艳丽（八种颜色），可以说是山林中的漂亮宝贝。</li>
19     </ul>
20   </body>
21 </html>
```

- 第06行针对 <ul> 元素定义一个样式规则，将项目符号放在项目文本块的外部。
- 第07行针对 class 属性为 "compact" 的 <ul> 元素定义一个样式规则，将项目符号放在项目文本块的内部。
- 第11~13行的项目符号列表将套用第 06 行所定义的样式规则。
- 第14~19行的项目符号列表将套用第 07 行所定义的样式规则，因为其 <ul> 元素的 class 属性为 "compact"。

这个范例程序的浏览结果如图 8-25 所示，仔细比较 list-style-position 属性为 outside 和 inside 的区别，两者除了项目符号的位置不同之外，间距也不相同。

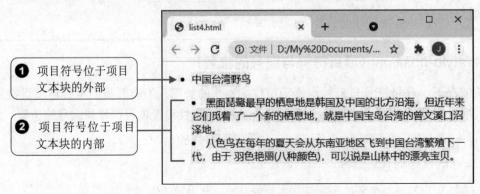

图 8-25

8-4-4　list-style（列表属性的简便表示法）

list-style 属性是综合了 list-style-type、list-style-image、list-style-position 等列表属性的简便表示法，其语法如下，若属性值不止一个，则中间以空格符隔开即可，若省略不写，则属性值会使用默认值：

```
list-style: 属性值 1 [ 属性值 2 [...]]
```

下面来看一个范例程序，由于找不到指定的图像文件 star.gif，因此会使用大写罗马数字，如图 8-26 所示。

<\Ch08\list5.html>

```
<!DOCTYPE html>
<html>
  <head>
    <meta charset="utf-8">
    <style>
      ul {list-style: url(star.gif) upper-roman;}
    </style>
  </head>
  <body>
    <ul>
      <li>魔戒首部曲：魔戒现身</li>
      <li>魔戒二部曲：双城奇谋</li>
      <li>魔戒三部曲：王者再临</li>
    </ul>
  </body>
</html>
```

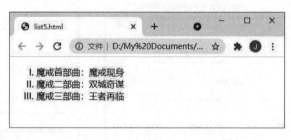

图 8-26

第 9 章

Box Model 与定位方式

9-1 Box Model

Box Model（方块模式）与定位方式（Positioning Scheme）是学习 CSS 不能错过的内容，涵盖了边界、留白、框线、正常顺序、相对定位、绝对定位、固定定位、图旁配字等重要的概念，而这些概念主导了网页的编排与显示方式。如果你过去习惯使用表格控制网页的编排，那么请你多花点时间了解这些概念，你会发现，使用 CSS 控制网页的编排与显示方式会让你更加得心应手。

Box Model 指的是 CSS 将每个 HTML 元素看成一个矩形方块，称为 Box，由内容（Content）、留白（Padding）、框线（Border）与边界（Margin）组成，如图 9-1 所示，Box 决定了 HTML 元素的显示方式，也决定了 HTML 元素彼此之间的交互方式。

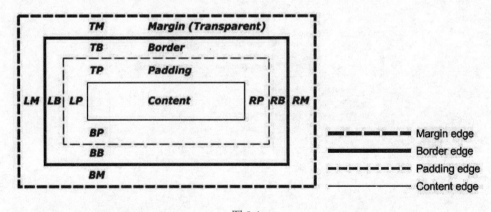

图 9-1

内容就是网页上的数据，而留白是环绕在内容四周的部分，当我们指定 HTML 元素的背景时，背景颜色或背景图片会显示在内容与留白的部分；至于框线则是加在留白外沿的线条，而且线条可以指定不同的宽度或样式（例如虚线、实线、双线等）；还有在框线之外的是边界，这个透明的区域通常用来控制 HTML 元素彼此之间的距离。

从图 9-1 中可以看到，留白、框线与边界又有上（Top）、下（Bottom）、左（Left）、右（Right）之分，因此我们使用类似 TM、BM、LM、RM 等简写来表示 Top Margin（上边界）、Bottom Margin（下边界）、Left Margin（左边界）、Right Margin（右边界），其他 TB、BB、LB、RB、TP、BP、LP、RP 以此类推。

留白、框线及边界的默认值均为0，但可以使用CSS指定留白、框线及边界在上、下、左、右各个方向的大小。此外，CSS的宽度与高度指的是内容的宽度与高度，加上留白、框线及边界后则是HTML元素的宽度与高度，以图9-2为例，内容的宽度为60像素，留白的宽度为8像素，框线的宽度为4像素，边界的宽度为8像素，则HTML元素的宽度为60＋（8＋4＋8）×2＝100像素。

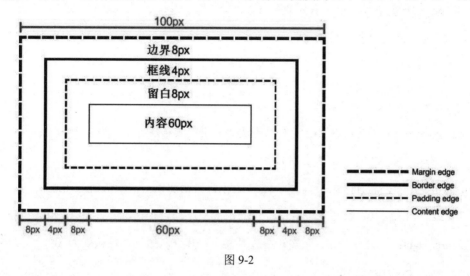

图 9-2

最后说明什么是"边界重叠"，这指的是当有两个垂直边界接触在一起时，只会留下较大的那个边界作为两者的间距，如图9-3所示。举例来说，假设有连续多个段落，那么第一段上方的间距就是第一段的上边界，而第一段与第二段的间距因为第一段的下边界与第二段的上边界重叠，只会留下较大的那个边界作为两者的间距，其他以此类推，如此一来，不同段落的间距就能维持一致。

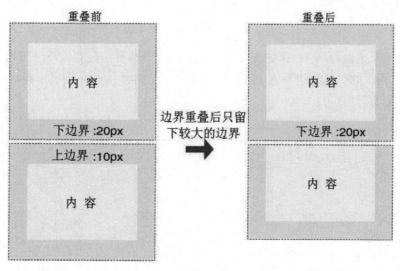

图 9-3

9-2 边界属性

我们可以使用下列属性设置 HTML 元素的边界：

◆ margin-top：设置HTML元素的上边界，其语法如下，设置值有"长度""百分比""auto"（自动）等，默认值为0：

```
margin-top: 长度 | 百分比 | auto
```

例如下面的第一个样式规则是将段落的上边界大小设置为容器宽度的10%，第二个样式规则是将段落的上边界设置为 50 像素：

```
p {margin-top: 10%}
p {margin-top: 50px}
```

◆ margin-bottom：设置 HTML 元素的下边界大小，其语法如下，默认值为 0：

```
margin-bottom: 长度 | 百分比 | auto
```

◆ margin-left：设置 HTML 元素的左边界大小，其语法如下，默认值为 0：

```
margin-left: 长度 | 百分比 | auto
```

◆ margin-right：设置 HTML 元素的右边界大小，其语法如下，默认值为 0：

```
margin-right: 长度 | 百分比 | auto
```

◆ margin：这是综合了前面四种属性的简便表示法，其语法如下，设置值可以有一到四个，中间以空格符隔开，当有一个值时，该值会套用于上下左右边界；当有两个值时，第一个值会套用于上下边界，第二个值会套用于左右边界；当有三个值时，第一个值会套用于上边界，第二个值会套用于左右边界，第三个值会套用于下边界；当有四个值时，会分别套用于右上左下边界：

```
margin: 设置值 1 [ 设置值 2 [ 设置值 3 [ 设置值 4]]]
```

下面来看一个范例程序，该范例程序将第一段的上下边界与左右边界分别设置为 1cm 和 0.5cm，而第二段采取默认的边界为 0，如图 9-4 所示。为了清楚呈现出边界，我们将段落的背景颜色设置为浅黄色。

<\Ch09\margin.html>

```
<!DOCTYPE html>
<html>
  <head>
    <meta charset="utf-8">
    <style>
      h1 {text-align: center;}
      p {background-color: lightyellow;}
    </style>
```

```
   </head>
   <body>
     <h1>醉翁亭记</h1>
     <p style="margin: 1cm 0.5cm;">环滁皆山也。其西南诸峰....。</p>
     <p>若夫日出而林霏开，云归而岩穴暝，晦明变化者，....。</p>
   </body>
 </html>
```

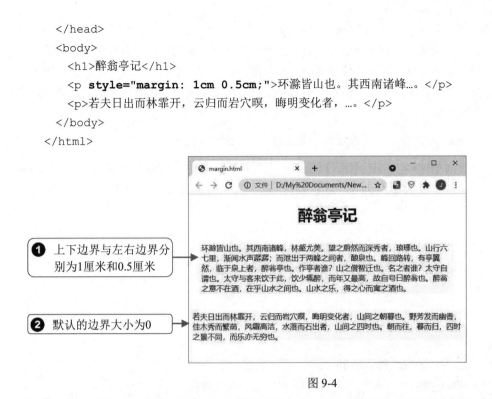

图 9-4

9-3　留白属性

我们可以使用下列属性设置 HTML 元素的留白：

◆ padding-top：设置HTML元素的上留白大小，其语法如下，设置值有"长度""百分比"
等指定方式，默认值为 0：

```
padding-top: 长度 | 百分比
```

例如下面的第一个样式规则是将段落的上留白设置为容器宽度的 2%，第二个样式规则是
将段落的上留白设置为 10 像素：

```
p {padding-top: 2%}
p {padding-top: 10px}
```

◆ padding-bottom：设置 HTML 元素的下留白大小，其语法如下，默认值为 0：

```
padding-bottom: 长度 | 百分比
```

◆ padding-left：设置 HTML 元素的左留白大小，其语法如下，默认值为 0：

```
padding-left: 长度 | 百分比
```

◆ padding-right：设置 HTML 元素的右留白大小，其语法如下，默认值为 0：

```
padding-right: 长度 | 百分比
```

◆ padding：这是综合了前面四种属性的简便表示法，其语法如下，设置值可以有一到四个，中间以空格符隔开，当有一个值时，该值会套用于上下左右留白；当有两个值时，第一个值会套用于上下留白，第二个值会套用于左右留白；当有三个值时，第一个值会套用于上留白，第二个值会套用于左右留白，第三个值会套用于下留白；当有四个值时，会分别套用于右上左下留白：

```
padding: 设置值1 [ 设置值2 [ 设置值3 [ 设置值4]]]
```

下面来看一个范例程序，该范例程序将第一段的上下留白与左右留白分别设置为 0.5 cm 和 1 cm，第二段采取预设的留白为 0，如图 9-5 所示。为了清楚呈现出留白大小，我们刻意将段落的背景颜色设置为浅黄色。

<\Ch09\padding.html>

```html
<!DOCTYPE html>
<html>
  <head>
    <meta charset="utf-8">
     <style>
       h1 {text-align: center;}
       p {background-color: lightyellow; font: 楷体;}
     </style>
  </head>
  <body>
    <h1>醉翁亭记</h1>
    <p style="padding: 0.5cm 1cm;">环滁皆山也。其西南诸峰…。</p>
    <p>若夫日出而林霏开，云归而岩穴暝，晦明变化者，…。</p>
  </body>
</html>}
```

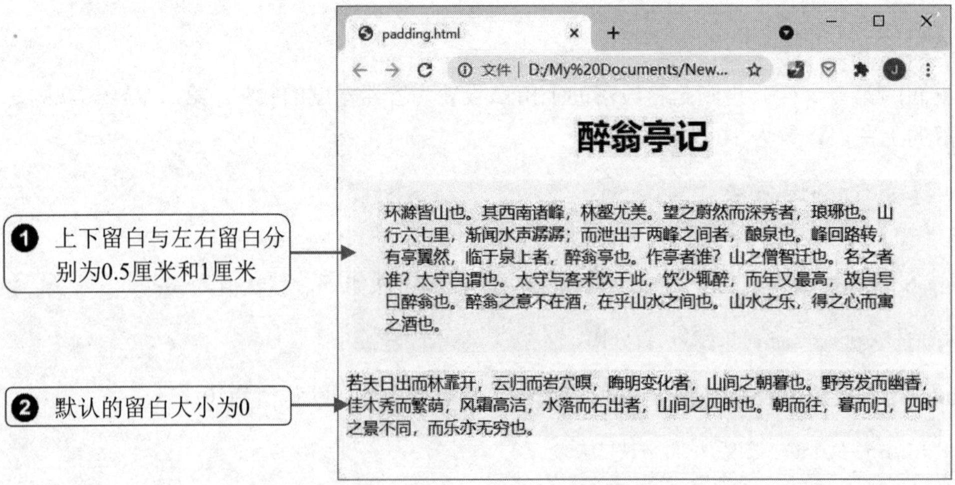

❶ 上下留白与左右留白分别为0.5厘米和1厘米

❷ 默认的留白大小为0

图 9-5

9-4　框线属性

9-4-1　border-style（框线样式）

我们可以使用下列属性设置 HTML 元素的框线样式：

◆ border-top-style：设置HTML元素的上框线样式，其语法如下。这些属性的设置值有none（不显示框线）、hidden（不显示框线）、dotted（虚线点状框线）、dashed（虚线框线）、solid（实线框线）、double（双线框线）、groove（3D立体内凹框线）、ridge（3D立体外凸框线）、inset（内凹框线）、outset（外凸框线），默认值为none，hidden的效果和none 相同，但可避免和表格元素的框线设置冲突。

```
border-top-style: 设置值
```

◆ border-bottom-style：设置 HTML 元素的下框线样式，其语法如下：

```
border-bottom-style: 设置值
```

◆ border-left-style：设置 HTML 元素的左框线样式，其语法如下：

```
border-left-style: 设置值
```

◆ border-right-style：设置 HTML 元素的右框线样式，其语法如下：

```
border-right-style: 设置值
```

◆ border-style：这是综合了前面四种属性的简便表示法，其语法如下，设置值可以有一到四个，中间以空格符隔开，当有一个值时，该值会套用于上下左右框线；当有两个值时，第一个值会套用于上下框线，第二个值会套用于左右框线；当有三个值时，第一个值会套用于上框线，第二个值会套用于左右框线，第三个值会套用于下框线；当有四个值时，会分别套用于右上左下框线：

```
border-style: 设置值1 [ 设置值2 [ 设置值3 [ 设置值4]]]
```

◆ 框线样式设置值的效果如图9-6所示（参考来源：CSS官方文件）。

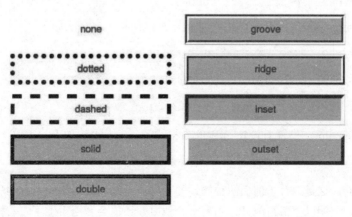

图 9-6

下面的范例程序在两张图片上分别添加虚线点状框线和双线框线，如图 9-7 所示。

<\Ch09\border1.html>

```
<body>
  <img src="cake.jpg" style="border: dotted;">
  <img src="cake.jpg" style="border: double;">
</body>
```

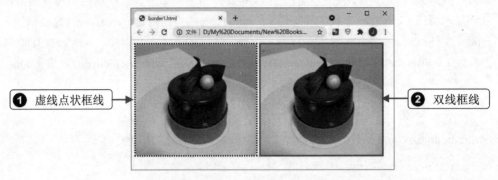

图 9-7

9-4-2　border-color（框线颜色）

我们可以使用下列属性设置 HTML 元素的框线颜色：

◆ border-top-color：设置HTML元素的上框线颜色，其语法如下，颜色的设置值有8-1-1节所介绍的几种设置方式，transparent表示透明，但仍具有宽度，默认值为color属性的值（即前景颜色）：

```
border-top-color: 颜色 | transparent
```

例如下面的几个样式规则是将段落的上框线颜色设置为红色：

```
p {border-top-color:red}
p {border-top-color: rgb(255, 0, 0);}
p {border-top-color: #ff0000;}
```

◆ border-bottom-color：设置 HTML 元素的下框线颜色，其语法如下：

```
border-bottom-color: 颜色 | transparent
```

◆ border-left-color：设置 HTML 元素的左框线颜色，其语法如下：

```
border-left-color: 颜色 | transparent
```

◆ border-right-color：设置 HTML 元素的右框线颜色，其语法如下：

```
border-right-color: 颜色 | transparent
```

◆ border-color：这是综合了前面四种属性的简便表示法，其语法如下，颜色的设置值可以有一到四个，中间以空格符隔开，当有一个值时，该值会套用于上下左右框线；当有两个值时，第一个值会套用于上下框线，第二个值会套用于左右框线；当有三个值时，第一个值会套用于上框线，第二个值会套用于左右框线，第三个值会套用于下框线；当有四个值时，会分别套用于右上左下框线：

```
border-color: 颜色1 [ 颜色2 [ 颜色3 [ 颜色4]]]
```

下面来看一个范例程序，为标题 1 与图片分别加上绿色双线框线和橘色实线框线，如图 9-8 所示。注意在设置框线颜色的同时必须设置框线样式，否则会看不到框线，因为框线样式的默认值为 none（无），也就是不显示框线。

\<\Ch09\border2.html\>

```
<!DOCTYPE html>
<html>
  <head>
    <meta charset="utf-8">
  </head>
  <body>
    <h1 style="border-style: double; border-color: green;">美味的甜点</h1>
    <img src="cake.jpg" style="border-style: solid; border-color: orange;">
  </body>
</html>
```

❶ 在标题 1四周加上绿色的双线框线

❷ 在图片四周加上橘色实线框线

图 9-8

9-4-3　border-width（框线宽度）

我们可以使用下列属性设置 HTML 元素的框线宽度：

◆ border-top-width：设置HTML元素的上框线宽度，其语法如下，设置值有thin（细）、medium（中）、thick（粗）和"长度"等，默认值为medium，而长度的度量单位可以是px、pt、pc、em、ex、in、cm、mm等：

```
border-top-width:thin | medium | thick | 长度
```

例如下面的样式规则是将段落的上框线宽度设置为粗：

```
p {border-top-width:thick}
```

- border-bottom-width：设置 HTML 元素的下框线宽度，其语法如下：

```
border-bottom-width:thin | medium | thick | 长度
```

- border-left-width：设置 HTML 元素的左框线宽度，其语法如下：

```
border-left-width:thin | medium | thick | 长度
```

- border-right-width：设置 HTML 元素的右框线宽度，其语法如下：

```
border-right-width:thin | medium | thick | 长度
```

- border-width：这是综合了前面四种属性的简便表示法，其语法如下，设置值可以有一到四个，中间以空格符隔开，当有一个值时，该值会套用于上下左右框线；当有两个值时，第一个值会套用于上下框线，第二个值会套用于左右框线；当有三个值时，第一个值会套用于上框线，第二个值会套用于左右框线，第三个值会套用于下框线；当有四个值时，会分别套用于右上左下框线：

```
border-width: 设置值 1 [ 设置值 2 [ 设置值 3 [ 设置值 4]]]
```

下面看一个范例程序，示范不同的框线宽度，如图 9-9 所示。注意在设置框线宽度的同时必须设置框线样式，否则会看不到框线，因为框线样式的默认值为 none（无），也就是不显示框线；此外，在没有设置框线颜色的情况下，默认值是网页的前景颜色，此例为黑色。

<\Ch09\border3.html>

```
<body>
  <img src="cake.jpg" style="border-style: solid; border-width: thin">
  <img    src="cake.jpg"    style="border-style:    solid;    border-width:
medium"><br>
  <img src="cake.jpg" style="border-style: solid; border-width: thick">
  <img src="cake.jpg" style="border-style: solid; border-width: 10px">
</body>
```

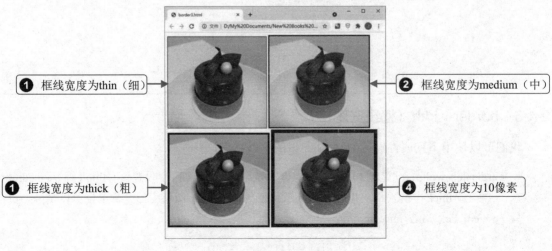

图 9-9

9-4-4　border（框线属性的简便表示法）

除了前面介绍的框线属性外，CSS 还提供了下列框线属性的简便表示法：

* border-top：设置HTML元素的上框线样式、颜色与宽度，其语法如下，属性值没有顺序之分，多个属性值的中间以空格符隔开，省略不写的属性值将会根据属性的类型而采用其默认值：

  ```
  border-top: <border-top-style> || <border-top-color> ||
  <border-top-width>
  ```

  例如下面的样式规则是将段落的上框线设置为蓝色细虚线：

  ```
  p {border-top:dashed blue thin;}
  ```

* border-bottom：设置 HTML 元素的下框线样式、颜色与宽度，其语法如下：

  ```
  border-bottom: <border-bottom-style> || <border-bottom-color>
                 || <border-bottom-width>
  ```

* border-left：设置 HTML 元素的左框线样式、颜色与宽度，其语法如下：

  ```
  border-left: <border-left-style> || <border-left-color>
               || <border-left-width 值>
  ```

* border-right：设置 HTML 元素的右框线样式、颜色与宽度，其语法如下：

  ```
  border-right: <border-right-style> || <border-right-color>
                || <border-right-width>
  ```

* border：设置 HTML 元素的框线样式、颜色与宽度，其语法如下：

  ```
  border: <border-style> || <border-color> || <border-width>
  ```

下面来看一个范例程序，该范例程序将标题 1 的四周框线设置为亮粉色、10 像素实线，如图 9-10 所示。

\<\Ch09\border4.html\>

```
<body>
  <h1 style="border: solid 10px hotpink;">蝶恋花</h1>
</body>
```

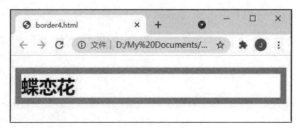

图 9-10

9-4-5　border-radius（框线圆角）

我们可以使用下列属性设置 HTML 元素的框线圆角：

◆ **border-top-left-radius**：设置HTML元素的框线左上角显示成圆角，其语法如下，设置值有 "长度" "百分比" 等：

```
border-top-left-radius: 长度 1 | 百分比 1 [ 长度 2 | 百分比 2]
```

当设置一个长度时，表示为圆角的半径；当设置两个长度时，表示为椭圆角水平方向的半径及垂直方向的半径，图9-11是CSS3官方文件针对 border-top-left-radius:55pt 25pt提供的示意图。

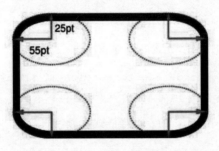

图 9-11

◆ **border-top-right-radius**：设置HTML元素的框线右上角显示成圆角，其语法如下：

```
border-top-right-radius: 长度 1 | 百分比 1 [ 长度 2 | 百分比 2]
```

◆ **border-bottom-right-radius**：设置 HTML 元素的框线右下角显示成圆角，其语法如下：

```
border-bottom-right-radius: 长度 1 | 百分比 1 [ 长度 2 | 百分比 2]
```

◆ **border-bottom-left-radius**：设置 HTML 元素的框线左下角显示成圆角，其语法如下：

```
border-bottom-left-radius: 长度 1 | 百分比 1 [ 长度 2 | 百分比 2]
```

◆ **border-radius**：这是综合了前面四种属性的简便表示法，其语法如下，设置值可以有一到四个，中间以空格符隔开。当有一个值时，该值会套用于框线四个角；当有两个值时，第一个值会套用于框线左上角和右下角，第二个值会套用于框线右上角和左下角；当有三个值时，第一个值会套用于框线左上角，第二个值会套用于框线右上角和左下角，第三个值会套用于框线右下角；当有四个值时，会分别套用于框线左上角、右上角、右下角、左下角：

```
border-radius: 设置值 1 [ 设置值 2 [ 设置值 3 [ 设置值 4]]]
```

下面来看一个范例程序，该范例程序将标题 1 的四周框线设置为半径为 **10px** 的圆角，如图 9-12 所示。

<\Ch09\border5.html>

```
<body>
  <h1 style="border: solid 10px hotpink; border-radius: 10px;">蝶恋花</h1>
</body>
```

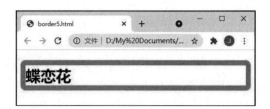

图 9-12

9-5　宽度与高度属性

9-5-1　width、height（宽度、高度）

我们可以使用 width 和 height 属性设置 HTML 元素的宽度与高度，其语法如下：

```
width: 长度 | 百分比 | auto
height: 长度 | 百分比 | auto
```

- 长度：使用px、pt、pc、em、ex、in、cm、mm等度量单位设置元素的宽度与高度，例如 width: 400px表示宽度为400像素。
- 百分比：使用百分比设置元素的宽度与高度，例如width: 50%表示宽度为容器宽度的50%，height: 75%表示高度为容器高度的75%。
- auto：由浏览器自动决定元素的宽度与高度。

下面的范例程序将段落的宽度与高度设置为 400 像素和 175 像素，如图 9-13 所示。

<\Ch09\width.html>

```
<body>
  <p style="background-color: lightyellow; width: 400px; height: 175px;">
      环滁皆山也。其西南诸峰，林壑尤美。望之蔚然而深秀者，…。</p>
</body>
```

图 9-13

9-5-2　min-width、max-width（最小宽度与最大宽度）

我们可以使用 min-width 和 max-width 属性设置 HTML 元素的最小宽度与最大宽度，其语法如下：

```
min-width: 长度 | 百分比 | auto | none
max-width: 长度 | 百分比 | auto | none
```

- 长度：使用px、pt、pc、em、ex、in、cm、mm等度量单位设置元素的最小宽度与最大宽度，例如min-width: 400px表示最小宽度为400像素。
- 百分比：使用百分比设置元素的最小宽度与最大宽度，例如 max-width: 50%表示最大宽度为容器宽度的50%。
- auto：由浏览器自动决定元素的最小宽度与最大宽度。
- none：不限制元素的最小宽度与最大宽度。

下面来看一个范例程序，该范例程序将标题 1 的最大宽度设置为 450 像素，如此一来，当浏览器窗口放大时，标题 1 的宽度仍不会超过 450 像素，如图 9-14 所示。

<\Ch09\maxwidth.html>

```
<body>
  <h1 style="background-color: lightgreen; max-width: 450px;">醉翁亭记</h1>
</body>
```

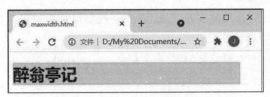

图 9-14

9-5-3　min-height、max-height（最小高度与最大高度）

我们可以使用 min-height 和 max-height 属性设置 HTML 元素的最小高度与最大高度，其语法如下：

```
min-height: 长度 | 百分比 | auto | none
max-height: 长度 | 百分比 | auto | none
```

- 长度：使用px、pt、pc、em、ex、in、cm、mm等度量单位设置元素的最小高度与最大高度，例如min-height: 200px 表示最小高度为200像素。
- 百分比：使用百分比设置元素的最小高度与最大高度，例如max-height: 75%表示最大高度为容器宽度的75%。
- auto：由浏览器自动决定元素的最小高度与最大高度。
- none：不限制元素的最小高度与最大高度。

下面来看一个范例程序，该范例程序将段落的最大高度设置为 100 像素，导致文章溢出段落的范围，如图 9-15 所示。至于要如何解决，可以使用下一节要介绍的 overflow 属性。

<\Ch09\maxheight.html>

```
<body>
  <p style="background-color: lightyellow; width: 400px; max-height:
100px;">环滁皆山也。其西南诸峰，林壑尤美。望之蔚然而深秀者，…。</p>
```

```
        </body>
```

图 9-15

9-5-4　overflow（显示或隐藏溢出的内容）

当元素的内容溢出元素的范围时，我们可以使用 overflow 属性设置显示或隐藏溢出的内容，其语法如下：

```
overflow:visible | hidden | scroll | auto
```

- visible：显示溢出的内容，此为默认值。
- hidden：隐藏溢出的内容。
- scroll：无论内容有无溢出元素的范围，都会显示滚动条。
- auto：当内容溢出元素的范围时，就会自动显示滚动条。

下面来看一个范例程序，该范例程序先将段落的最大高度设置为 100 像素，然后将 overflow 属性设置为 auto，因此，当文章超过段落的最大高度时，就会自动显示滚动条，而不会显示溢出的内容，如图 9-16 所示。

<\Ch09\overflow.html>

```
    <body>
        <p style="background-color: lightyellow; width: 400px; max-height: 100px;
overflow: auto;">环滁皆山也。其西南诸峰，林壑尤美。望之蔚然而深秀者，…。</p>
    </body>
```

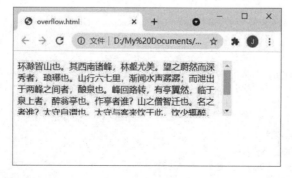

图 9-16

9-6 定位方式

在介绍定位方式（Positioning Scheme）之前，我们先来复习一下什么是"区块层级"与"行内层级"。区块层级指的是元素的内容在浏览器中会另起一行，例如\<div>、\<p>、\<pre>、\<h1>等均属于区块层级的元素，而 CSS 针对这类元素所产生的矩形方块称为 Block Box（块盒子），由内容、留白、框线与边界组成。

相反，行内层级指的是元素的内容在浏览器中不会另起一行，例如\<span>、\<i>、\<b>、\<img>、\<a>、\<sub>、\<sup>等均属于行内层级的元素，而 CSS 针对这类元素所产生的矩形方块称为 Inline Box，一样由内容、留白、框线与边界组成。

在正常顺序下，Block Box 的位置取决于它在 HTML 源代码中出现的顺序，并根据垂直顺序一一显示，而 Block Box 彼此之间的距离是以其上下边界来计算的；Inline Box 的位置是在水平方向排成一行，而 Inline Box 彼此之间的距离是以其左右留白、左右框线和左右边界来计算的。

9-6-1 display（HTML 元素的显示层级）

虽然 HTML 元素已经有默认的显示层级，但有时我们可能需要加以变更，此时可以使用 CSS 提供的 display 属性，其语法如下：

```
display: 设置值
```

常见的设置值如下：

- none：不显示元素，也不占用网页的位置，此为默认值。
- block：将元素设置为区块层级，可以设置宽度、高度、留白与边界。
- inline：将元素设置为行内层级，无法设置宽度、高度、留白与边界。
- inline-block：令区块层级元素像行内层级元素一样不换行，但可以设置宽度、高度、留白与边界。

下面的范例程序将示范如何将图片居中显示，如图 9-17 所示。

\<\Ch09\display.html>

```
01 <!DOCTYPE html>
02 <html>
03  <head>
04    <meta charset="utf-8">
05    <style>
06     img{
07       width: 40%;
08       display: block;
09       margin: 10px auto;
10     }
11    </style>
```

```
12   </head>
13   <body>
14     <img src="cake.jpg">
15   </body>
16 </html>
```

图 9-17

- 第07行将图片的宽度设置为容器宽度的 40%，而此范例程序中的容器就是网页主体，因此，当浏览器的宽度改变时，图片的宽度也会按比例缩放。
- 第08行将图片由默认的行内层级变更为区块层级。
- 第09行将上下边界与左右边界设置为 10 像素和自动，令图片居中放置。

9-6-2　top、right、bottom、left（上右下左位移量）

我们可以使用 top、right、bottom、left 等属性设置 Block Box 的上右下左位移量，其语法如下，设置值有"长度""百分比""auto"（自动）等，默认值为 auto：

```
top: 长度 | 百分比 | auto
right: 长度 | 百分比 | auto
bottom: 长度 | 百分比 | auto
left: 长度 | 百分比 | auto
```

下面来看一个范例程序，该范例程序先使用 position: absolute 属性将区块设置为绝对定位，然后使用 top: 15%、right: 20%、bottom: 30%和 left: 40%四个属性将区块的上右下左位移量设置为网页主体的 15%、20%、30%和 40%，如图 9-18 所示。

<\Ch09\top.html>

```
<!DOCTYPE html>
<html>
  <head>
    <meta charset="utf-8">         我们会在下一节介绍如何使用position
                                   属性设置Box的定位方式
    <style>
      div {background: cyan; position: absolute;
        top: 15%; right: 20%; bottom: 30%; left: 40%;}
    </style>
```

```
    </head>
    <body>
        <div></div>
    </body>
</html>
```

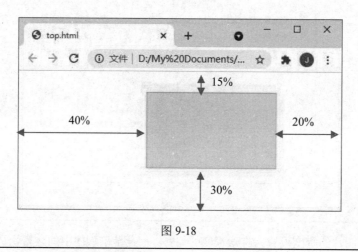

图 9-18

9-6-3 position（Box 的定位方式）

我们可以使用 position 属性设置 Box 的定位方式（Box 是 CSS 针对 HTML 元素所产生的矩形方块），其语法如下：

```
position:static | relative | absolute | fixed
```

- static：表示正常顺序，此为默认值。
- relative：表示相对定位，也就是相对于正常顺序来定位。
- absolute：表示绝对定位。
- fixed：表示固定定位，属于绝对定位的一种，它和绝对定位主要的差异在于 Box 会显示在固定的位置，不会随着内容卷动。

1. 正常顺序与相对定位

如前面所言，在正常顺序下，Block Box 的位置取决于它在 HTML 源代码中出现的顺序，并根据垂直顺序一一显示，而 Block Box 彼此之间的距离是以其上下边界来计算的。

至于 Inline Box 的位置是在水平方向排成一行，而 Inline Box 彼此之间的距离是以其左右留白、左右框线和左右边界来计算的。

截至目前，我们所介绍的例子均属于正常顺序，也就是没有特别设置定位方式。接下来，我们要介绍另一种定位方式，叫作相对定位，这是相对于正常顺序来进行定位，也就是使用 top、right、bottom、left 等属性设置 Box 的上右下左位移量。

举例来说，假设 HTML 文件中有 3 个 Inline Box，id 属性的值分别为 myBox1、myBox2、myBox3，在正常顺序下，其排列方式如图 9-19 所示，也就是在水平方向排成一行，而且不会互相重叠。

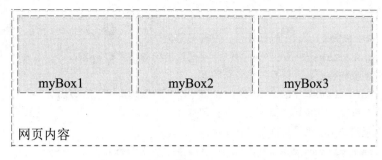

图 9-19

此时，将 myBox2 的定位方式设置为相对定位，并使用 top 属性设置 myBox2 的上边缘比在正常顺序下的位置下移 30 像素，以及使用 left 属性设置 myBox2 的左边缘比在正常顺序下的位置右移 30 像素，如下：

```
#myBox2 {
  position:relative;
  top:30px;
  left:30px
}
```

排列方式变成如图 9-20 所示，改成相对定位之后的 Box 有可能会重叠到其他 Box。

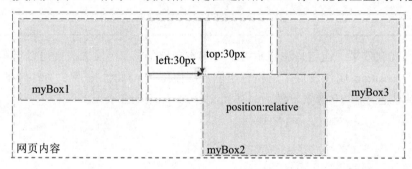

图 9-20

下面来看一个范例程序，由于没有设置 3 个注释的定位方式，故默认为正常顺序，会紧跟着词句在水平方向排成一行，如图 9-21 所示。

<\Ch09\position1.html>

```
01  <!DOCTYPE html>
02  <html>
03    <head>
04      <meta charset="utf-8">
05      <style>
06        p {display: block; line-height: 2;}
07        span {display: inline;}
08        .note {font-size: 12px; color: blue;}
09      </style>
10    </head>
```

❶ 将<p>元素设置为区块层级，行高为两倍行高

❷ 将<span>元素设置为行内层级

❶ 定义note样式规则，将文字设置为12像素、蓝色

```
11   <body>
12     <p>庭院深深深几许？ 杨柳堆烟，帘幕无重数。
13       <span class="note">注释 1：堆烟意指杨柳浓密</span></p>
14     <p>玉勒雕鞍游冶处，楼高不见章台路。
15       <span class="note">注释 2：章台路意指歌妓聚居之所</span></p>
16     <p>雨横风狂三月暮，门掩黄昏，无计留春住。</p>
17     <p>泪眼问花花不语，乱红飞过秋千去。
18       <span class="note">注释 3：乱红意指落花</span></p>
19   </body>
20 </html>
```

❹ 令<span>元素套用note样式规则

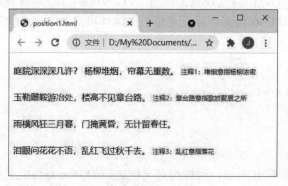

图 9-21

若要提升视觉效果，让这些注释相对于词句本身再下移 10 像素，则可以将第 08 行改写如下，先使用 position 属性设置采用相对定位，再使用 top 属性设置 3 个注释的上边缘比在正常顺序下的位置下移 10 像素，然后另存新文件为 position2.html：

```
05   <style>
06     p {display:block; line-height:2}
07     span {display:inline}
08     .note {position:relative; top:10px; font-size:12px; color:blue}
09   </style>
```

浏览结果如图 9-22 所示，仔细观察就会发现 3 个注释的位置改变了，它们均相对于词句再下移了 10 像素。

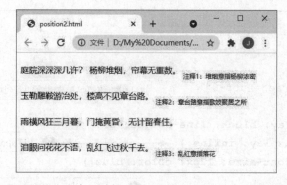

图 9-22

提示

若要让上面的 3 个注释相对于词句再上移 10 像素，则可以把 top:10px; 改为 top:-10px;，换句话说，在使用 top、right、bottom、left 等属性设置相对位移量时，不仅可以设置正值，也可以设置负值，只是负值的位移方向和正值相反。

2. 绝对定位与固定定位

前面所介绍的相对定位其实仍属于正常顺序，因为 HTML 元素的 Box 总是会在相对于正常顺序的位置，而绝对定位就不同了，它会把 HTML 元素的 Box 从正常顺序中抽离出来，显示在我们设置的位置，而正常顺序下的其他元素均会当它不存在。

绝对定位元素的位置是相对于包含该元素的区块来进行定位的，我们同样可以使用 top、right、bottom、left 等属性设置其上右下左的位移量，例如图 9-23 中的 myBox2 采用绝对定位，同时其上边缘相对于包含 myBox2 的区块下移 30 像素，而其左边缘相对于包含 myBox2 的区块右移 30 像素。

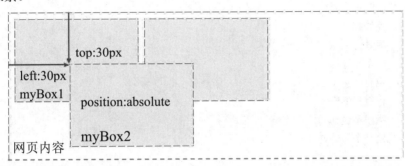

图 9-23

由于绝对定位元素是从正常顺序中抽离出来的，因此有可能会跟正常顺序下的其他元素重叠，必须加以精心调整，至于哪个元素在上、哪个元素在下，则取决于其"堆栈层级"，9-5-6 节会说明如何设置重叠顺序。

此外，还有另一种形式的绝对定位方式，叫作固定定位，它和绝对定位最大的不同在于 HMTL 元素会显示在固定的位置，不会随内容滚动。

下面来看一个范例程序，其中儿歌的歌词采用正常顺序，图片采用绝对定位，其上边缘比网页主体下移 20 像素，而其左边缘比网页主体右移 300 像素，同时会随着内容滚动（网页图片来源：Evie Shaffer from Pexels），如图 9-24 所示。

\<\Ch09\position3.html>

```
01 <!DOCTYPE html>
02 <html>
03  <head>
04    <meta charset="utf-8">
05    <style>
06 ❶  img {display: inline; position: absolute; top: 20px; left: 300px;}
```

```
07 ❷    p {display: block; width: 300px; white-space: pre-line;}
08   </style>
09   </head>
10   <body>
11     <img src="flowers.jpg">
12     <h1>妹妹背着洋娃娃</h1>
13     <p>妹妹背着洋娃娃
14        走到花园来看花
15        娃娃哭了叫妈妈
16        树上小鸟笑哈哈</p>
17     <h1>泥娃娃</h1>
18     <p>泥娃娃
19        泥娃娃
20        一个泥娃娃
21        也有那眉毛
22        也有那眼睛
23        眼睛不会眨
24        泥娃娃
25        泥娃娃
26        一个泥娃娃
27        也有那鼻子
28        也有那嘴巴
29        嘴巴不说话
30        她是个假娃娃
31        ......
32        永远爱着她</p>
33   </body>
34 </html>
```

❶ 将<img>元素设置为行内层级，采取绝对定位，上位移为20像素，左位移为300像素

❷ 将<p>元素设置为区块层级，宽度为300像素，显示换行

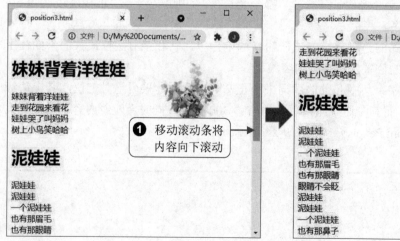

❶ 移动滚动条将内容向下滚动

❷ 图片会随着滚动

图 9-24

若要让图片显示在固定的位置，不会随着内容滚动，则可以将程序中的 position 属性设置为 fixed，改而采取固定定位，然后另存为新文件 position4.html，如图 9-25 所示。

```
05    <style>
06      img {display: inline; position: fixed; top: 20px; left: 300px;}
07      p {display: block; width: 300px; white-space: pre-line;}
08    </style>
```

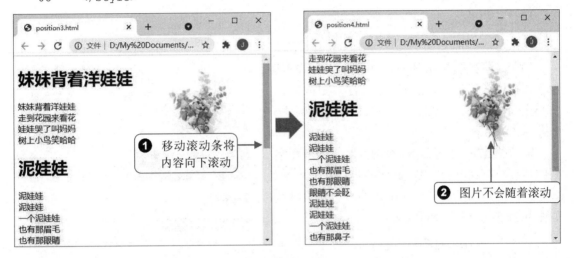

图 9-25

9-6-4　float、clear（设置图旁配字、解除图旁配字）

我们可以使用 float 属性将一个正常顺序中的元素放在容器的左侧或右侧，而容器里面的其他元素会环绕在该元素周围，其语法如下，这个效果就像排版软件中的"图旁配字"。不过，CSS 所说的图并不一定局限于图片，可以是包含任何文字或图片的 Block Box 或 Inline Box。

```
float:none | left | right
```

- none：不做图旁配字，此为默认值。
- left：将元素放在容器的左侧作为图旁配字。
- right：将元素放在容器的右侧作为图旁配字。

下面来看一个范例程序，为了让读者容易理解，这里直接使用图片来示范，也可以换用其他区块试试看。

<\Ch09\float1.html>

```
01  <!DOCTYPE html>
02  <html>
03    <head>
04      <meta charset="utf-8">
05      <title> 图旁配字 </title>
06      <style>
07        img {float:none}        将图片的图旁配字设置为none（无），
                                 此为默认值，省略不写也可以
08      </style>
09    </head>
```

```
10   <body>
11     <img src="jp2.jpg" width="300">
12     <h1> 豪斯登堡 </h1>
13     <p> 豪斯登堡位于日本九州岛，一处重现中古世纪欧洲街景的度假胜地，
14         命名由来是荷兰女王陛下所居住的宫殿豪斯登堡宫殿。</p>
15     <p> 园内风景怡人俯拾皆画，还有"ONE PIECE 航海王"的世界，
16         乘客可以搭上千阳号来一趟冒险之旅。</p>
17   </body>
18 </html>
```

浏览结果如图 9-26 所示，由于第 07 行设置图片不进行图旁配字，因此图片会在正常顺序中占有一个空间，而图片后面的文字则会根据垂直顺序一一显示出来。

若将第 07 行改写如下，令图片靠左图旁配字，则图片会放在容器的左侧（此例的容器就是网页主体），图片后面的文字会从图片的右边开始显示，如图 9-27 所示。

图 9-26

```
07      img {float:left}
```

若将第 07 行改写如下，令图片靠右图旁配字，则图片会放在容器的右侧（此例的容器就是网页主体），图片后面的文字会从图片的左边开始显示，如图 9-28 所示。

```
07      img {float:right}
```

图 9-27

图 9-28

在我们将 Box 设置为图旁配字后，紧邻着该 Box 的 Inline Box 默认会嵌入其旁边的位置执行图旁配字的操作，但有时基于实际的版面需求，我们可能不希望 Inline Box 执行图旁配字的操作，此时可以使用 clear 属性设置 Inline Box 的哪一边不要紧邻着图旁配字 Box，也就是清除该边图旁配字的操作，其语法如下：

```
clear:none | left | right | both
```

- none：不解除图旁配字，此为默认值。
- left：解除容器左侧图旁配字。

♦ right：解除容器右侧图旁配字。

♦ both：解除容器两侧图旁配字。

　　一旦我们清除 Inline Box 某一边图旁配字的动作，该 Inline Box 上方的边界就会变大，进而将 Inline Box 向下推挤，以闪过被设置为图旁配字的 Box。

　　下面来看一个范例程序，其中第 07 行设置图片左侧图旁配字，而第 15 行设置清除第二段左侧图旁配字的操作，所以第二段会被向下推挤，以闪过被设置为左侧图旁配字的图片，如图 9-29 所示。仔细比较这个范例程序的浏览结果跟前一个范例程序的浏览结果，两者主要的差别在于第二段是否解除了左侧图旁配字的操作。

<\Ch09\float2.html>

```
01 <!DOCTYPE html>
02 <html>
03  <head>
04   <meta charset="utf-8">
05   <title> 图旁配字 </title>
06   <style>
07    img {float:left;}            ❶ 将图片设置为左侧图旁配字
08   </style>
09  </head>
10  <body>
11   <img src="jp2.jpg" width="300">    ❷ 解除第二段左侧图旁配字的操作
12   <h1> 豪斯登堡 </h1>
13   <p> 豪斯登堡位于日本九州岛，一处重现中古世纪欧洲街景的度假胜地，
14       命名由来是荷兰女王陛下所居住的宫殿豪斯登堡宫殿。</p>
15   <p style="clear:left"> 园内风景怡人俯拾皆画，还有“ONE PIECE 航海王”的世界，
16       乘客可以搭上千阳号来一趟冒险之旅。</p>
17  </body>
18 </html>
```

❶ 第二段被向下推挤以闪过图片

图 9-29

9-6-5　z-index（重叠顺序）

　　由于绝对定位元素是从正常顺序中抽离出来的，因此它有可能会跟正常顺序下的其他元

素重叠。此时，我们可以使用 z-index 属性设置 HTML 元素的重叠顺序，其语法如下，默认值为 auto，"整数"的数字越大，重叠顺序就越靠上：

```
z-index:auto | 整数
```

下面的范例程序由于图片和标题 1 的 z-index 属性分别为 1、2，因此数字较大的标题 1 会重叠在图片上面，如图 9-30 所示。

<\Ch09\zindex.html>

```html
<!DOCTYPE html>
<html>
  <head>
    <meta charset="utf-8">
  </head>
<body>
    <img src="jp2.jpg" style="position: absolute; top: 10px; left: 10px;
z-index: 1;">
    <h1 style="background-color: rgba(255, 255, 0, 0.3); width: 472px;
      position: absolute; top: 100px; left: 10px; z-index: 2;">豪斯登堡</h1>
</body>
</html>
```

图 9-30

9-6-6 visibility（显示或隐藏 Box）

我们可以使用 visibility 属性设置显示或隐藏 Box，其语法如下，默认值为 visible，表示显示，hidden 表示隐藏，而 collapse 表示隐藏表格的行列：

```
visibility: visible | hidden | collapse
```

下面举一个例子，显示两个不同背景颜色的标题 1 区块，如图 9-31 所示。

```html
<h1 style="background-color:lightpink"> 临江仙 </h1>
<h1 style="background-color:lightblue"> 卜算子 </h1>
```

若在第一行加上 visibility:hidden（如下），则会隐藏第一个标题 1 区块，如图 9-32 所示。

```
<h1 style="background-color:lightpink; visibility:hidden"> 临江仙 </h1>
```

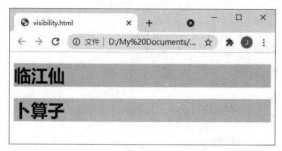 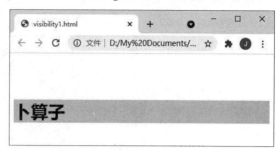

图 9-31   图 9-32

虽然第一个标题 1 区块被隐藏起来，但是页面上还是保留有空位，若要连空位都隐藏起来，则可以再加上 display:none 属性，如下：

```
<h1 style="background-color:lightpink; visibility:hidden; display:none">
    临江仙</h1>
```

页面显示如图 9-33 所示。

图 9-33

9-6-7　box-shadow（Box 阴影）

我们可以使用 box-shadow 属性设置 Box 阴影，其语法如下，若要设置多重阴影，则以逗号隔开设置值即可：

```
box-shadow:none  | [[ 水平位移 垂直位移 模糊 颜色 ] [,...]]
```

- none：无，此为默认值。
- 水平位移：阴影在水平方向的位移为几像素（若为负值，则表示相反方向）。
- 垂直位移：阴影在垂直方向的位移为几像素（若为负值，则表示相反方向）。
- 模糊：阴影的模糊轮廓为几像素。
- 颜色：阴影的颜色。

下面的范例程序将示范两种不同的 Box 阴影，如图 9-34 所示。

<\Ch09\boxshadow.html>

```
<body>
  <h1 style="width: 400px; background-color: lightpink;
    box-shadow: 10px 10px 5px lightgray;">临江仙</h1>
```

```
    <h1 style="width: 400px; background-color: lightblue;
      box-shadow: 10px 10px 5px lightgray, 20px 20px 20px lightyellow;">卜算
子</h1>
    </body>
```

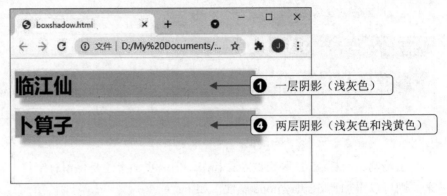

图 9-34

9-6-8　vertical-align（垂直对齐）

我们可以使用 vertical-align 属性设置行内层级元素的垂直对齐方式，其语法如下：

vertical-align:baseline | sub | super | text-top | text-bottom | middle |
top | bottom | 长度 | 百分比

- baseline：将元素对齐父元素的基准线，此为默认值。
- sub：将元素对齐父元素的下标。
- supper：将元素对齐父元素的上标。
- text-top：将元素对齐整行文字的上边缘。
- text-bottom：将元素对齐整行文字的下边缘。
- middle：将元素对齐整行文字（元素）的中间。
- top：将元素对齐整行元素的上边缘。
- bottom：将元素对齐整行元素的下边缘。
- 长度：将元素往上移指定的长度，若为负值，则表示往下移。
- 百分比：将元素往上移指定的百分比，若为负值，则表示往下移。

下面的范例程序将示范几种不同的垂直对齐方式，如图 9-35 所示。

<\Ch09\vertical1.html>

```
<!DOCTYPE html>
<html>
  <head>
    <meta charset="utf-8">
    <style>
      #img1 {vertical-align: text-top;}
      #img2 {vertical-align: text-bottom;}
```

```
      #img3 {vertical-align: middle;}
      #img4 {vertical-align: 30px;}
    </style>
  </head>
  <body>
    <p>航海王<img id="img1" src="piece1.jpg" width="100px">乔巴</p>
    <p>航海王<img id="img2" src="piece1.jpg" width="100px">乔巴</p>
    <p>航海王<img id="img3" src="piece1.jpg" width="100px">乔巴</p>
    <p>航海王<img id="img4" src="piece1.jpg" width="100px">乔巴</p>
  </body>
</html>
```

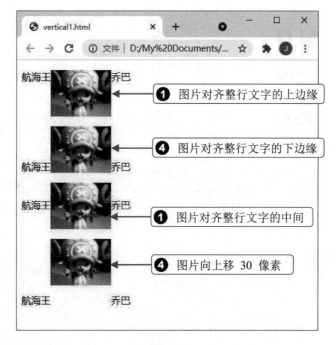

图 9-35

下面来看另一个范例程序，将示范如何使用 vertical-align:sub 和 vertical-align:super 设置下标和上标，如图 9-36 所示。要注意的是，这两个设置值不会改变元素的文字大小，若有需要，则可以搭配 font-size 属性设置文字大小。

<\Ch09\vertical2.html>

```
<!DOCTYPE html>
<html>
  <head>
    <meta charset="utf-8">
  </head>
  <body>
    <h1>H<span style="vertical-align: sub;">2</span>O</h1>
```

```
        <h1>H<span style="vertical-align: sub; font-size: 16px;">2</span>O</h1>
        <h1>X<span style="vertical-align:s upper;">2</span>Y</h1>
        <h1>X<span style="vertical-align:s upper; font-size: 16px;">2</span>Y
</h1>
    </body>
  </html>
```

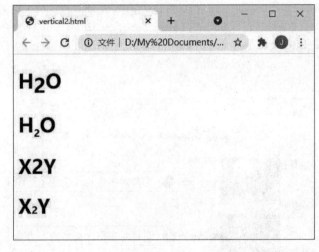

图 9-36

第 **10** 章

背景、渐层与表格

10-1 背景属性

10-1-1 background-image（背景图片）

我们可以使用 background-image 属性设置 HTML 元素的背景图片，其语法如下，默认值为 none（无），若要设置多张背景图片，则以逗号隔开设置值即可：

```
background-image: none | url（图片名称）
```

下面是一个例子，第 06 行将网页主体的背景图片设置为 flowers.jpg，由于 flowers.jpg 图片比较小，无法填满网页，所以默认会自动在水平及垂直方向重复排列以填满网页，而得到如图 10-1 所示的浏览结果。

\<\Ch10\bg1.html\>

```
01 <!DOCTYPE html>
02 <html>
03   <head>
04     <meta charset="utf-8">
05   </head>
06   <body style="background-image: url(flowers.jpg);">
07   </body>
08 </html>
```

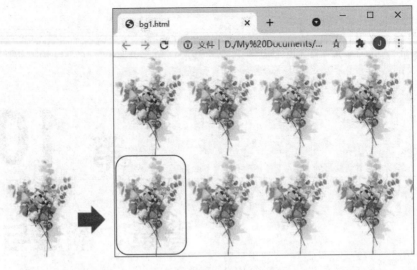

图 10-1

我们也可以结合背景颜色与背景图片。下面来看一个范例程序，该范例程序结合了原木色的背景颜色和条纹的背景图片 line.png（24bit 透明 PNG 格式），如图 10-2 所示。

<\Ch10\bg2.html>

```
<body style="background-color: burlywood; background-image: url(line.png);">
</body>
```

浏览结果如图 10-2 所示，条纹图片的透明颜色部分会显示出原木色的背景颜色。

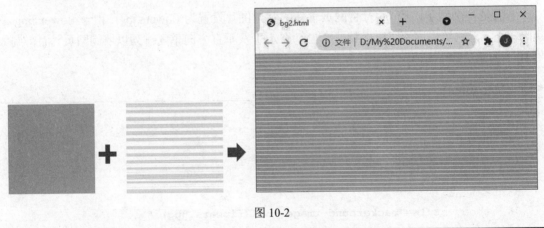

图 10-2

我们还可以设置多张背景图片。下面来看一个范例程序，结合 line.png 和 bg02.gif 两张背景图片，仔细观察如图 10-3 所示的浏览结果，可以看到 bg02.gif 上面压着细细的白色条纹。

<\Ch10\bg3.html>

```
<body style="background-image: url(line.png), url(bg02.gif);">
</body>
```

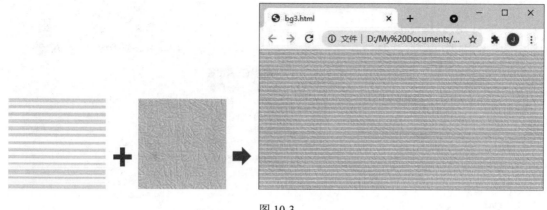

图 10-3

下面再看另一个范例程序，该范例程序将示范如何设置表格的背景图片，如图 10-4 所示。

<\Ch10\bg4.html>

```
<!DOCTYPE html>
<html>
  <head>
    <meta charset="utf-8">
    <style>
      .head {background-image: url(bg01.gif);}   /* 设置标题栏的背景图片 */
      .odd {background-image: url(bg02.gif);}        /* 设置奇数行的背景图片 */
      .even {background-image: url(bg03.gif);}   /* 设置偶数行的背景图片 */
    </style>
  </head>
  <body>
    <table>
      <tr class="head">
        <th>歌曲名称</th>
        <th>演唱者</th>
      </tr>
      <tr class="odd">
        <td>阿密特</td>
        <td>张惠妹</td>
      </tr>
      <tr class="even">
        <td>大艺术家</td>
        <td>蔡依林</td>
      </tr>
      <tr class="odd">
        <td>我愿意</td>
        <td>王菲</td>
      </tr>
      <tr class="even">
        <td>浪子回头</td>
        <td>茄子蛋</td>
```

```
    </tr>
    <tr class="odd">
     <td>光年之外</td>
     <td>邓紫棋</td>
    </tr>
    <tr class="even">
      <td>想幸福的人</td>
      <td>杨丞琳</td>
    </tr>
   </table>
  </body>
</html>
```

图 10-4

10-1-2 background-repeat（背景图片重复排列方式）

当我们使用 background-image 属性设置 HTML 元素的背景图片时，默认会自动在水平及垂直方向重复排列背景图片，以填满设置的元素，但有时我们可能不希望重复排列或只在某个方向重复排列，此时可以借助 background-repeat 属性，其语法如下，默认值为 repeat：

```
background-repeat: repeat | no-repeat | repeat-x | repeat-y | space | round
```

此外，CSS 3 允许使用多张背景图片，若要设置多张背景图片的重复排列方式，则以逗号隔开设置值即可。

◆ repeat：在水平及垂直方向重复排列背景图片，以填满设置的元素。下面来看一个范例程序，将区块的背景图片设置为 f.gif（这是一个粉红色的花朵图案），浏览结果如图10-5所示。仔细观察会发现，虽然花朵图案会在水平及垂直方向重复排列，直到填满整个区块，不过，此举无法保证右边界和下边界的花朵图案能够完整地显示出来。

<\Ch10\bgrepeat.html>

```
<div style="border: solid 1px pink; background-image: url(f.gif);
  background-repeat: repeat;">
  <h1>临江仙</h1>
  <h1>蝶恋花</h1>
</div>
```

图 10-5

◆ no-repeat：不重复排列背景图片。下面举一个例子。

```
<div style="border: solid 1px pink; background-image: url(f.gif);
  background-repeat: no-repeat;">
  <h1>临江仙</h1>
  <h1>蝶恋花</h1>
</div>
```

页面显示如图10-6所示。

◆ repeat-x：在水平方向重复排列背景图片。下面举一个例子。

```
<div style="border: solid 1px pink; background-image: url(f.gif);
  background-repeat: repeat-x;">
  <h1>临江仙</h1>
  <h1>蝶恋花</h1>
</div>
```

页面显示如图10-7所示。

图 10-6

图 10-7

◆ repeat-y：在垂直方向重复排列背景图片。下面举一个例子。

```
<div style="border: solid 1px pink; background-image: url(f.gif);
  background-repeat: repeat-y;">
  <h1>临江仙</h1>
  <h1>蝶恋花</h1>
</div>
```

页面显示如图10-8所示。

◆ space：在水平和垂直方向重复排列背景图片，同时调整背景图片的间距，使其填满整个区块并完整显示出来。下面举一个例子。

```
<div style="border: solid 1px pink; background-image: url(f.gif);
  background-repeat: space;">
  <h1>临江仙</h1>
  <h1>蝶恋花</h1>
</div>
```

页面显示如图10-9所示。

图 10-8   图 10-9

- round：在水平和垂直方向重复排列背景图片，同时调整背景图片的大小，使其填满整个区块并完整显示出来。下面举一个例子，拿round跟repeat和space两个设置值的浏览结果进行比较，这样可以更清楚它们之间的差异。

```
<div style="border: solid 1px pink; background-image: url(f.gif);
    background-repeat: round;">
    <h1>临江仙</h1>
    <h1>蝶恋花</h1>
</div>
```

页面显示如图10-10所示。

图 10-10

10-1-3　background-position（背景图片起始位置）

有时为了增添变化，我们希望设置背景图片从 HTML 元素的哪个位置开始显示，而不是千篇一律地从左上方开始显示，此时可以使用 background-position 属性，其语法如下，默认值为 0%，也就是从 HTML 元素的左上方开始显示背景图片：

```
background-position: [ 长度 | 百分比 | left | center | right]
                     [ 长度 | 百分比 | top | center | bottom]
```

此外，CSS 3 允许使用多张背景图片，若要设置多张背景图片的起始位置，则以逗号隔开即可。

background-position 属性有下列几种设置值：

- 长度：使用px、pt、pc、em、ex、in、cm、mm 等度量单位设置背景图片从 HTML 元素的哪个位置开始显示。下面来看一个范例程序。

<\Ch10\bgposition1.html>

```
<body>
 <div style="border: solid 1px pink; width: 500px;
      background-image: url(flowers.jpg);          ❶ 背景图片为flowers.jpg
      background-repeat: no-repeat;                ❹ 不要重复排列
      background-position: 9cm 1.5cm;">

                                                   ❶ 从区块的水平方向9厘米及
                                                      垂直方向1.5厘米处开始显示
  <pre>
泥娃娃　泥娃娃　一个泥娃娃
也有那眉毛　也有那眼睛
眼睛不会眨
泥娃娃　泥娃娃　一个泥娃娃
也有那鼻子　也有那嘴巴
嘴巴不说话
她是个假娃娃
不是个真娃娃
她没有亲爱的妈妈
......
永远爱着她</pre>
 </div>
</body>
```

页面显示如图 10-11 所示。

图 10-11

◆ 百分比：使用区块宽度与高度的百分比设置背景图片从HTML元素的哪个位置开始显示，例如0% 0%表示左上角，50% 50%表示正中央，100% 100%表示右下角。下面来看一个范例程序。

<\Ch10\bgposition2.html>

```
<body>
 <div style="border: solid 1px pink; width: 500px;
      background-image: url(flowers.jpg);          ❶ 背景图片为 flowers.jpg
      background-repeat: no-repeat;                ❹ 不要重复排列
```

```
    background-position: 100% 100%;">
```

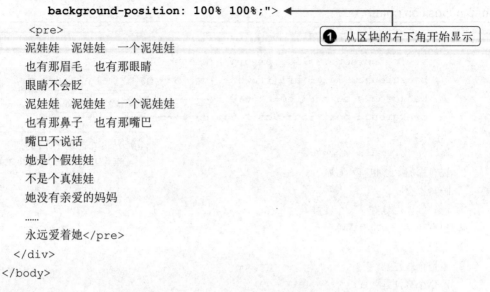

```
  <pre>
泥娃娃　泥娃娃　一个泥娃娃
也有那眉毛　也有那眼睛
眼睛不会眨
泥娃娃　泥娃娃　一个泥娃娃
也有那鼻子　也有那嘴巴
嘴巴不说话
她是个假娃娃
不是个真娃娃
她没有亲爱的妈妈
……
永远爱着她</pre>
  </div>
 </body>
```

❶ 从区块的右下角开始显示

页面显示如图 10-12 所示。

图 10-12

- left | center | right | top | center | bottom：使用 left、center、right 三个水平方向起始点及 top、center、bottom 三个垂直方向起始点设置背景图片从 HTML 元素的哪个位置开始显示，其组合如图10-13所示，若在设置起始点时遗漏了第二个值，则默认为 center。下面来看一个范例程序。

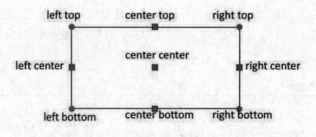

图 10-13

注：center 会以图片中心为对齐基准点，其他值则以图片边缘为对齐基准点。

<\Ch10\bgposition3.html>

```
<body>
  <div style="border: solid 1px pink; width: 500px;
      background-image: url(flowers.jpg);
      background-repeat: no-repeat;
      background-position: right top;">
   <pre>
泥娃娃　泥娃娃　一个泥娃娃
也有那眉毛　也有那眼睛
眼睛不会眨
泥娃娃　泥娃娃　一个泥娃娃
也有那鼻子　也有那嘴巴
嘴巴不说话
她是个假娃娃
不是个真娃娃
她没有亲爱的妈妈
......
永远爱着她</pre>
  </div>
</body>
```

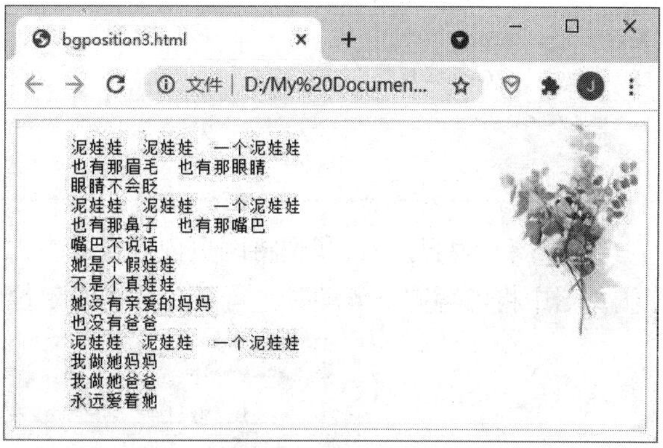

① 背景图片为 flowers.jpg

④ 不要重复排列

① 从区块的右上方开始显示

页面显示如图 10-14 所示。

图 10-14

10-1-4　background-attachment（背景图片是否随内容滚动）

我们可以使用 background-attachment 属性设置背景图片是否随内容滚动，其语法如下，默认值为 scroll，表示背景图片会随内容滚动，而 fixed 表示背景图片不会随内容滚动：

```
background-attachment: scroll | fixed
```

下面来看一个范例程序。

<\Ch10\bgattachment.html>

```
<!DOCTYPE html>
<html>
  <head>
  <meta charset="utf-8">
  <style>
    body {
      background-image: url(flowers.jpg);
      background-repeat: no-repeat;
      background-position: right top;
      background-attachment: fixed;
    }
```

① 背景图片为flowers.jpg

④ 不要重复排列

① 从网页的右上方开始显示

④ 背景图片在固定位置

```
        p {white-space: pre-line;}
    </style>
</head>
<body>
    <h1>妹妹背着洋娃娃</h1>
    <p>妹妹背着洋娃娃
        走到花园来看花
        娃娃哭了叫妈妈
        树上小鸟笑哈哈</p>
    <h1>泥娃娃</h1>
    <p>泥娃娃
        ......
        永远爱着她</p>
</body>
</html>
```

在这个范例程序中，我们将网页内容设计得比较长，浏览结果如图 10-15 所示。当我们试着在浏览器中将内容向下滚动时，背景图片在固定位置，依然显示在右上方，不会随着内容滚动。

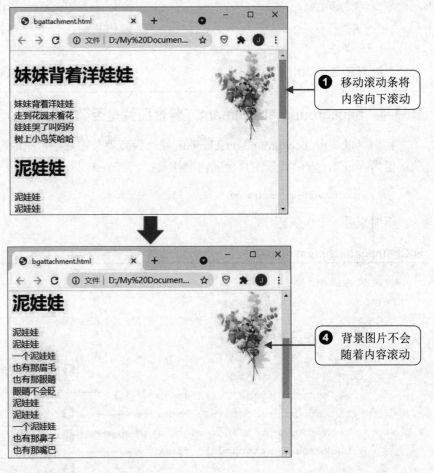

图 10-15

此外，CSS 3 允许使用多张背景图片，若要设置多张背景图片是否随内容滚动，以逗号隔开设置值即可。

10-1-5 background-clip（背景显示区域）

我们可以使用 background-clip 属性设置背景颜色或背景图片的显示区域，其语法如下，若要设置多张背景图片的显示区域，则以逗号隔开设置值即可：

```
background-clip: border-box | padding-box | content-box
```

- border-box：背景会描绘到框线的部分，此为默认值。
- padding-box：背景会描绘到留白的部分。
- content-box：背景会描绘到内容的部分。

下面来看一个范例程序。为了展现 background-clip 属性的效果，我们在标题 1 区块使用 border 属性设置宽度为 30 像素、半透明的框线，以及使用 padding 属性设置宽度为 20 像素的留白，然后将 background-clip 属性设置为 content-box，令背景图片描绘到内容的部分，于是得到如图 10-16 所示的浏览结果。

<\Ch10\bgclip.html>

```
01   <body>
02     <h1 style="border: solid 30px rgba(255,153,255,0.5); padding:20px;
03      background-image: url(f.gif); background-clip: content-box;">临江仙
</h1>
04   </body>
```

图 10-16

若将 background-clip 属性设置为 padding-box，令背景图片描绘到留白的部分，则会得到如图 10-17 所示的浏览结果。

```
02     <h1 style="border: solid 30px rgba(255,153,255,0.5); padding:20px;
03      background-image: url(f.gif); background-clip: padding-box;">临江仙
</h1>
```

若将 background-clip 属性设置为 border-box，令背景图片描绘到框线的部分，则会得到如图 10-18 的浏览结果。

```
02     <h1 style="border: solid 30px rgba(255,153,255,0.5); padding:20px;
```

```
03        background-image: url(f.gif); background-clip: border-box;">临江仙
</h1>
```

图 10-17

图 10-18

10-1-6　background-origin（背景显示位置基准点）

我们可以使用 background-origin 属性设置背景颜色或背景图片的显示位置的基准点，其语法如下：

```
background-origin: border-box | padding-box | content-box
```

- border-box：背景从框线的部分开始描绘。
- padding-box：背景从留白的部分开始描绘，此为默认值。
- content-box：背景从内容的部分开始描绘。

下面来看一个范例程序。为了展现 background-origin 属性的效果，我们在标题 1 使用 border 属性设置宽度为 30 像素、半透明的框线，以及使用 padding 属性设置宽度为 20 像素的留白，然后将 background-origin 属性设置为 content-box，令背景图片从内容的部分开始描绘，于是得到如图 10-19 所示的浏览结果。

<\Ch10\bgorigin.html>

```
01    <body>
02      <h1 style="border: solid 30px rgba(255,153,255,0.5); padding: 20px;
03          background-image: url(f.gif); background-repeat: no-repeat;
04          background-origin: content-box;">临江仙</h1>
05    </body>
```

图 10-19

若将 background-origin 属性设置为 padding-box，令背景图片从留白的部分开始描绘，则会得到如图 10-20 所示的浏览结果。

```
02    <h1 style="border: solid 30px rgba(255,153,255,0.5); padding: 20px;
03        background-image: url(f.gif); background-repeat: no-repeat;
04        background-origin: padding-box;">临江仙</h1>
```

若将 background-origin 属性设置为 border-box，令背景图片从框线的部分开始描绘，则会得到如图 10-21 所示的浏览结果。

```
02    <h1 style="border: solid 30px rgba(255,153,255,0.5); padding: 20px;
03        background-image: url(f.gif); background-repeat: no-repeat;
04        background-origin: border-box;">临江仙</h1>
```

图 10-20   图 10-21

10-1-7 background-size（背景图片大小）

我们可以使用 background-size 属性来设置背景图片的大小，其语法如下，默认值为 auto（自动），若要设置多张背景图片的大小，则以逗号隔开设置值即可：

```
background-size: [ 长度 | 百分比 | auto] | contain | cover
```

- [长度 | 百分比 | auto]：使用px、pt、pc、em、ex、in、cm、mm等度量单位或百分比设置背景图片的宽度与高度，例如background-size:100px 50px表示宽度与高度为100像素和50像素。
- contain：背景图片的大小刚好符合HTML元素的区块范围。
- cover：背景图片的大小覆盖整个HTML元素的区块范围。

下面来看一个范例程序。该范例程序将两个标题 1 分组成一个区块，为了彰显出区块范围，先使用 border 属性设置 1 像素的蓝色外框，再使用 background-size 属性设置该区块的背景图片大小为 auto，浏览结果如图 10-22 所示，此时的背景图片为原图大小。

<\Ch10\bgsize.html>

```
<body>
  <div style=" border: solid 1px blue; background-image: url(f2.gif);
    background-repeat: no-repeat; background-size: auto;">
    <h1>临江仙</h1>
    <h1>蝶恋花</h1>
```

```
    </div>
    </body>
```

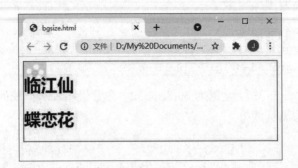

图 10-22

若将 background-size 属性设置为 100px auto，令背景图片的宽度为 100 像素、高度为 auto（自动），也就是高度按原图比例自动缩放，则会得到如图 10-23 所示的浏览结果。

若将 background-size 属性设置为 contain，令背景图片的大小刚好符合区块范围，则会得到如图 10-24 的浏览结果。

图 10-23   图 10-24

若将 background-size 属性设置为 cover，令背景图片的大小覆盖整个区块范围，则会得到如图 10-25 的浏览结果。

图 10-25

10-1-8 background（背景属性的简便表示法）

background 属性是综合了 background-color、background-image、background-repeat、background-attachment、background-position、background-clip、background-origin、background-size

等背景属性的简便表示法，其语法如下，若要设置多张背景图片的背景属性，则以逗号隔开设置值即可：

> background：属性值 1 [属性值 2 [属性值 3 [...]]]

这些属性值中间以空格符隔开，没有顺序之分，只有背景图片大小是以"/"符号隔开的，跟随在背景图片起始位置的后面，默认值则要视各自的属性而定。

下面是一些例子：

```
01 body {background:rgba(255, 0, 0, 0.3);}
02 body {background:url("flowers.gif") no-repeat fixed;}
03 body {background:url("flowers.gif") no-repeat 50% 50%;}
04 h1 {background:url("flowers.gif") no-repeat right bottom;}
05 div {background:url("bg03.gif") no-repeat padding-box;}
06 div {background:url("bg03.gif") no-repeat left top / 100px 200px;}
```

◆ 第01行设置网页主体的背景颜色为红色并加上透明度参数0.3。
◆ 第02行设置网页主体的背景图片为flowers.gif，不要重复排列，不会随内容滚动。
◆ 第03行设置网页主体的背景图片为flowers.gif，不要重复排列，从正中央开始显示。
◆ 第04行设置标题 1区块的背景图片为bg02.gif，不重复排列，从右下角开始显示。
◆ 第05行设置<div>区块的背景图片为bg03.gif，不重复排列，背景图片从留白的部分开始。
◆ 第06行设置<div>区块的背景图片为bg03.gif，不重复排列，从左上方处开始显示，背景图片的宽度与高度为100像素和200像素。

10-2　渐变属性

10-2-1　linear-gradient()（线性渐变）

我们可以使用 linear-gradient()设置线性渐变，其语法如下：

> linear-gradient(角度 | 方向 , 颜色停止点 1 , 颜色停止点 2, ...)

◆ 角度|方向：角度指的是线性渐变的角度，例如90deg（90度）表示从左到右，0deg（0度）表示从下往上。除了角度之外，也可以使用to [left | right] || [top | bottom]来设置线性渐变的方向，例如to left表示从右往左渐变，to top表示从下往上渐变。
◆ 颜色停止点：包括颜色的值和位置，中间以空格符隔开（例如yellow 0%表示起点为黄色，orange 100%表示终点为橘色）。

下面来看一个范例程序，将示范 3 种不同的线性渐变效果，如图 10-26 所示。

<\Ch10\gradient1.html>

```
    <h1 style="background: linear-gradient(0deg, yellow, orange);">春晓</h1>
    <h1 style="background: linear-gradient(to top right, red, white, blue);">
送别</h1>
    <h1 style="background: linear-gradient(90deg, yellow 0%, orange 100%);">
红豆</h1>
```

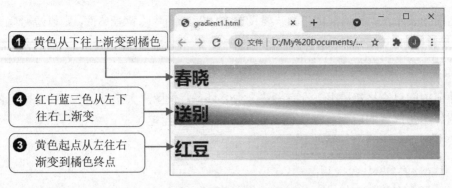

图 10-26

10-2-2　radial-gradient()（放射状渐变）

我们可以使用 radial-gradient()设置放射状渐变，其语法如下：

```
radial-gradient（形状 大小 位置，颜色停止点 1，颜色停止点 2，...）
```

- 形状：渐变的形状可以是circle（圆形）或ellipse（椭圆形）。
- 大小：以表10-1所示的设置值设置渐变的大小。

表 10-1　大小设置值及说明

设 置 值	说　　明
长度	以度量单位设置圆形或椭圆形的半径
最近的边	从圆形或椭圆形的中心点到区块最近边的距离作为半径
最远的边	从圆形或椭圆形的中心点到区块最远边的距离作为半径
最近的角	从圆形或椭圆形的中心点到区块最近角的距离作为半径
最远的角	从圆形或椭圆形的中心点到区块最远角的距离作为半径

- 位置：在at后面加上left、right、bottom、center设置渐变的位置。
- 颜色停止点：包括颜色的值和位置，中间以空格符隔开（例如yellow 0%表示起点为黄色，orange 100%表示终点为橘色。

下面来看一个范例程序，将示范两种不同的放射状渐层效果，如图 10-27 所示。

<\Ch10\gradient2.html>

```
        <h1 style="background: radial-gradient(circle, yellow, orange);">春晓
</h1>
        <h1 style="background: radial-gradient
(at right, white, lightgreen);">送别</h1>
```

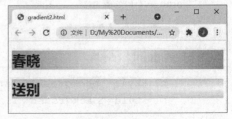

图 10-27

10-2-3 repeating-linear-gradient()、repeating-radial-gradient()（重复渐变）

我们可以使用 repeating-linear-gradient() 设置重复线性渐变,其语法和 linear-gradient() 相同。

此外,我们也可以使用 repeating-radial-gradient() 设置重复放射状渐变,其语法和 radial-gradient() 相同。

下面来看一个范例程序,将示范几种不同的重复渐层效果,如图 10-28 所示。也可以试着自己变换不同的颜色停止点,看看效果有何不同。

<\Ch10\gradient3.html>

```html
<h1 style="background: repeating-linear-gradient(to right, yellow 0%,
    orange 20%);">春晓</h1>
<h1 style="background: repeating-linear-gradient(to top right, red 0%,
    white 25%, blue 50%);">送别</h1>
<h1 style="background:repeating-radial-gradient(orange, yellow 20px,
    orange 40px);">红豆</h1>
<h1 style="background:repeating-radial-gradient(circle, red, yellow,
    lightgreen 100%, yellow 150%, red 200%);">杂诗</h1>
```

图 10-28

10-3　表格属性

10-3-1　caption-side（表格标题位置）

我们可以使用 caption-side 属性来设置表格标题元素的位置,其语法如下,默认值为 top,表示标题位于表格上方,而 bottom 表示标题位于表格下方:

```
caption-side:top | bottom
```

下面来看一个范例程序,将示范如何将标题位于表格下方,如图 10-29 所示。

<\Ch10\table1.html>

```
<!DOCTYPE html>
<html>
  <head>
    <meta charset="utf-8">
    <style>
      caption {caption-side: bottom;}
      th {background-color: #99ccff; padding: 5px}
      td {background-color: #ddeeff; padding: 5px; text-align: center;}
    </style>
  </head>
  <body>
    <table>
     <caption>热门点播</caption>
     <tr>
       <th>歌曲名称</th><th>演唱者</th>
     </tr>
     <tr>
       <td>阿密特</td><td>张惠妹</td>
     </tr>
     <tr>
       <td>大艺术家</td><td>蔡依林</td>
     </tr>
     <tr>
    </table>
  </body>
</html>
```

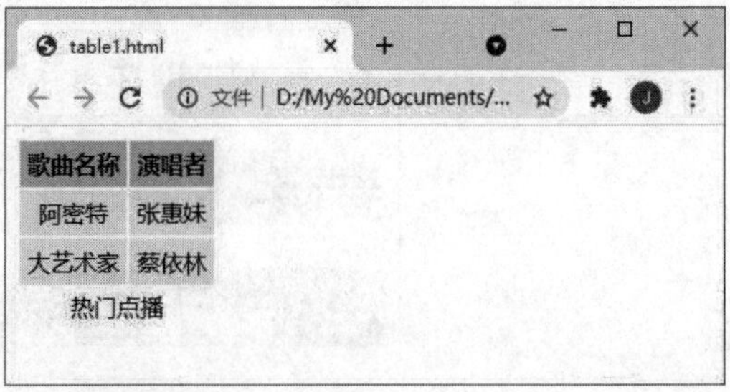

图 10-29

10-3-2　border-collapse（表格框线模式）

我们可以使用 border-collapse 属性来设置表格元素的框线模式，其语法如下：

```
border-collapse:separate | collapse
```

◆ separate："框线分开"模式，此为默认值。

◆ collapse："框线重叠"模式。

下面来看一个范例程序，该范例程序将表格设置为"框线分开"模式，所以表格与单元格之间的框线会分隔开来，且显示红色和蓝色的框线，如图 10-30 所示。

<\Ch10\table2.html>

```
01 <!DOCTYPE html>
02 <html>
03   <head>
04     <meta charset="utf-8">
```

```
05    <style>
06    table {border: 2px solid red; border-collapse: seperate;}
07    th, td {border: 2px solid blue;}
08    </style>
09  </head>
10  <body>
11    <table>
12      <caption>热门点播</caption>
13      <tr>
14        <th>歌曲名称</th><th>演唱者</th>
15      </tr>
16      <tr>
17        <td>阿密特</td><td>张惠妹</td>
18      </tr>
19      <tr>
20        <td>大艺术家</td><td>蔡依林</td>
21      </tr>
22    </table>
23  </body>
24 </html>
```

图 10-30

若将第 06 行改写如下，指定表格采用"框线重叠"模式：

```
06    table {border:2px solid red; border-collapse:collapse;}
```

浏览结果会变成如图 10-31 所示，表格与单元格之间的框线会重叠在一起，显示的框线是蓝色的。

图 10-31

10-3-3　table-layout（表格版面编排方式）

我们可以使用 table-layout 属性来设置表格元素的版面编排方式，其语法如下，默认值为 auto（自动），表示单元格的宽度取决于其内容的长度，fixed（固定）表示单元格的宽度取决于表格的宽度、列的宽度及框线：

```
table-layout:auto | fixed
```

举例来说，假设我们将<table2.html>中第 06 行改写如下，指定表格宽度为 140 像素，版面编排方式为 fixed（固定），然后另存为<table3.html>：

```
06        table {border:2px solid red; width: 140px; table-layout: fixed;}
```

浏览结果会变成如图 10-32 所示，单元格的宽度取决于表格的宽度、列的宽度和框线。

图 10-32

10-3-4　empty-cells（显示或隐藏空白单元格）

我们可以使用 empty-cells 属性来设置在"框线分开"模式下是否显示空白单元格的框线与背景，其语法如下，默认值为 show，表示显示，而 hide 表示隐藏：

```
empty-cells:show | hide
```

下面来看一个范例程序，其中第 21 ~ 23 行定义一行空白单元格，由于第 07 行加上了 empty-cells: show，故浏览结果会显示此行空白单元格的框线与背景，如图 10-33 所示。若改为 empty-cells: hide，则浏览结果会隐藏空白单元格的框线与背景，如图 10-34 所示。

<\Ch10\table4.html>

```
01 <!DOCTYPE html>
02 <html>
03   <head>
04     <meta charset="utf-8">
05     <style>
06       table {border: 2px solid red;}
07       th, td {border: 2px solid blue; empty-cells: show;}
08     </style>
09   </head>
10   <body>
```

```
11   <table>
12    <tr>
13     <th>歌曲名称</th><th>演唱者</th>
14    </tr>
15    <tr>
16     <td>阿密特</td><td>张惠妹</td>
17    </tr>
18    <tr>
19     <td>大艺术家</td><td>蔡依林</td>
20    </tr>
21    <tr>
22    <td></td><td></td>
23    </tr>
24   </table>
25  </body>
26 </html>
```

图 10-33

图 10-34

10-3-5　border-spacing（表格框线间距）

我们可以使用 border-spacing 来设置"线框分开"模式下的表格框线间距，其语法如下：

```
border-spacing: 长度
```

下面来看一个范例程序，将表格框线间距设置为 10 像素，如图 10-35 所示。

<\Ch10\table5.html>

```
<!DOCTYPE html>
<html>
  <head>
    <meta charset="utf-8">
    <style>
      table {border: 2px solid red; border-spacing: 10px;}
      th, td {border:2px solid blue}
    </style>
  </head>
  <body>
    <table>
```

```
      <caption>热门点播</caption>
      <tr>
        <th>歌曲名称</th>
        <th>演唱者</th>
      </tr>
      <tr>
        <td>阿密特</td>
        <td>张惠妹</td>
      </tr>
      <tr>
        <td>大艺术家</td>
        <td>蔡依林</td>
      </tr>
    </table>
  </body>
</html>
```

图 10-35

第 **11** 章

变形、转场与媒体查询

11-1 变形处理

CSS 3 针对变形处理提供了数个属性，如 transform、transform-origin、transform-box、transform-style、perspective、perspective-origin、backface-visibility 等。本节将介绍 transform 和 transform-origin 两个属性，至于其他属性详细的规格，有兴趣的读者可以参考 CSS 3 官方文件 http://www.w3.org/TR/css3-transforms-1/ 和 http://www.w3.org/TR/css3-transforms-2。

11-1-1 transform（2D、3D 变形处理）

我们可以使用 transform 属性进行位移、缩放、旋转、倾斜等变形处理，其语法如下，默认值为 none（无），表示不进行变形处理，而变形函数又有 2D 和 3D 之分，如表 11-1 和表 11-2 所示。

```
transform:none | 变形函数
```

表 11-1　2D 变形函数的变形处理

2D 变形函数	变形处理
translate(x[, y]) translateX(x) translateY(y)	根据参数 x 指定的水平差距和参数 y 指定的垂直差距进行坐标转移（即位移），如果没有指定参数 y，就采用 0；translateX(x) 相当于 translate(x, 0)；translateY(y) 相当于 translate(0, y)
scale(x[, y]) scaleX(x) scaleY(y)	根据参数 x 指定的水平缩放倍率和参数 y 指定的垂直缩放倍率进行缩放，如果没有指定参数 y，就采用和参数 x 相同的值；scaleX(x) 相当于 scale(x, 1)；scaleY(y) 相当于 scale(1, y)
rotate(angle)	以 transform-origin 属性的值（默认为正中央）为原点往顺时针方向旋转参数 angle 指定的角度，例如 rotate(90deg) 会以正中央为原点往顺时针方向旋转 90 度

（续表）

2D 变形函数	变形处理
skew(angleX[, angleY]) skewX(angleX) skewY(angleY)	分别在 X 轴及 Y 轴方向倾斜参数 angleX 和参数 angleY 指定的角度，如果没有指定参数 angleY，就采用 0；skewX(angleX)相当于 skew(angleX, 0)；skewY(angleY)相当于 skew(0, angleY）
matrix(a, b, c, d, e, f)	根据参数指定的矩阵进行变形处理，该矩阵为 $\begin{array}{ccc} a & c & e \\ b & d & f \\ 0 & 0 & 1 \end{array}$

表 11-2　3D 变形函数的变形处理

3D 变形函数	变形处理
translate3d(x, y, z）、translateZ(z)	3D 位移
scale3d(x, y, z, angle）、scaleZ(z)	3D 缩放
rotate3d(x, y, z, angle）、rotateX(angle)、rotateY(angle)、rotateZ(angle)	3D 旋转
perspective()	3D 透视投影
matrix3d()	3D 变形处理

下面来看一个范例程序，其中区块只设置了高度、宽度、背景颜色和前景颜色，尚未指定任何变形处理，浏览结果如图 11-1 所示。

<\Ch11\transform.html>

```
01 <!doctype html>
02 <html>
03  <head>
04   <meta charset="utf-8">
05   <title> 变形处理 </title>
06   <style>
07    div {
08     width: 200px; height: 50px;
09     color: white; background-color: darkturquoise;
10    }
11   </style>
12  </head>
13  <body>
14   <div></div>
15  </body>
16 </html>
```

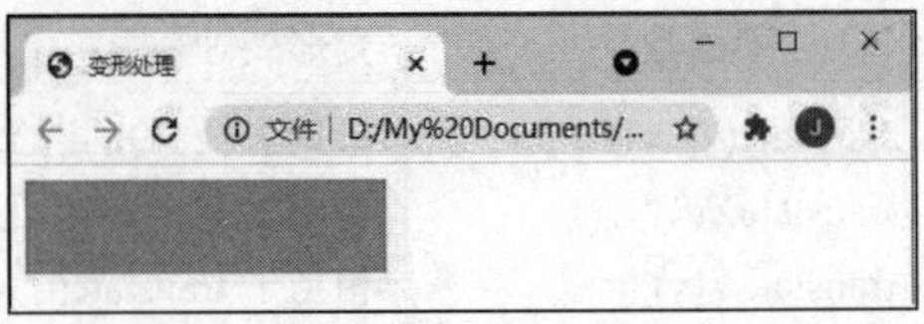

图 11-1

若在第 06 ~ 11 行加入下面的 translate()变形函数，将区块水平位移 100 像素（100px）和垂直位移 50 像素（50px），浏览结果如图 11-2 所示，红色虚线表示区块在位移之前的位置。

```
<style>
 div {
   width: 200px; height: 50px;
```

```
    color: white; background-color: darkturquoise;
    transform: translate(100px, 50px);  /* 位移量也可以是负值，表示相反方向 */
  }
</style>
```

若在第 06~11 行加入下面的 scale()变形函数，将区块水平缩放 0.5 倍和垂直缩放 0.5 倍，浏览结果如图 11-3 所示，红色虚线表示区块在缩放之前的位置。

```
<style>
  div {
    width: 200px; height: 50px;
    color: white; background-color: darkturquoise;
    transform: scale(0.5, 0.5);
  }
</style>
```

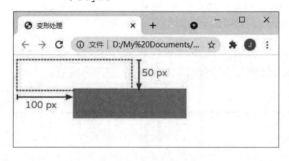 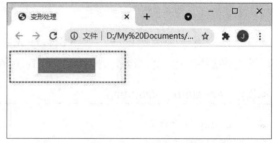

图 11-2   图 11-3

若在第 06~11 加入下面的 skew()变形函数，将区块以正中央为原点往左水平倾斜 20 度，浏览结果如图 11-4 所示，红色虚线表示区块在倾斜之前的位置。

```
<style>
  div {
    width: 200px; height: 50px;
    color: white; background-color: darkturquoise;
    transform: skew(20deg, 0);  /* 度数也可以是负值，表示相反方向 */
  }
</style>
```

若在第 06 ~ 11 加入下面的 rotate()变形函数，将区块以正中央为原点往顺时针方向旋转 5 度，浏览结果如图 11-5 所示，红色虚线表示区块在旋转之前的位置。

```
<style>
  div {
    width: 200px; height: 50px;
    color: white; background-color: darkturquoise;
    transform: rotate(20deg, 0);  /* 度数也可以是负值，表示相反方向 */
  }
</style>
```

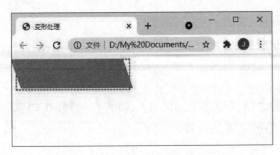

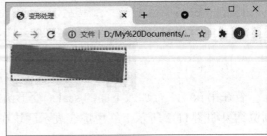

图 11-4   图 11-5

11-1-2　transform-origin（变形处理的原点）

我们可以使用 transform-origin 属性设置变形处理的原点，其语法如下，第一个值为水平方向的位置，第二个值为垂直方向的位置，默认值为 50% 50%，表示正中央：

```
transform-origin:[长度 | 百分比 | left | center | right]
                 [长度 | 百分比 | top | center | bottom]
```

下面来看一个范例程序，该范例程序先将区块的变形处理原点设置为左下角，然后往顺时针方向旋转 30 度，浏览结果如图 11-6 所示，红色虚线表示区块在旋转之前的位置。

<\Ch11\transformorigin.html>

```
<!doctype html>
<!DOCTYPE html>
<html>
  <head>
    <meta charset="utf-8">
    <title>变形处理</title>
    <style>
      div {
        width: 200px; height: 50px;
        color: white; background-color: darkturquoise;
        transform-origin: left bottom;        /* 将变形处理原点设置为左下角 */
        transform: rotate(30deg);             /* 往顺时针方向旋转 30 度 */
      }
    </style>
  </head>
  <body>
    <div></div>
  </body>
</html>
```

图 11-6

11-2　转场效果

转场（Transition）指的是以动画的方式改变属性的值，也就是让元素从一种样式转换成另一种样式。例如，当鼠标指针移到按钮时，按钮的背景颜色会从红色逐渐转换成绿色；或者当鼠标指针移到图片时，图片会从小逐渐变大。

CSS 3 针对转场效果提供了数个属性，下面进一步说明。

1. transition-property

transition-property 属性用来设置要进行转场的属性，其语法如下：

```
transition-property: none | all | 属性
```

- none（无）：没有属性要进行转场。
- all（全部）：所有属性都要进行转场，此为默认值。
- 属性：只有指定的属性要进行转场，例如 transition-property: color, background-color表示要进行转场的是 color和 background-color 两个属性。

2. transition-timing-function

transition-timing-function 属性用来设置转场的变化方式，其语法如下：

```
transition-timing-function: ease | ease-in | ease-out | ease-in-out | linear
```

- ease：开始到结束采取逐渐加速到中间再逐渐减速，此为默认值。
- ease-in：开始到结束采取由慢到快的速度。
- ease-out：开始到结束采取由快到慢的速度。
- ease-in-out：开始到结束采取由慢到快再到慢的速度。
- linear：开始到结束采取均匀的速度，例如 transition-timing-function: linear 表示以均匀的速度进行转场。

3. transition-duration

transition-duration 属性用来设置完成转场所需要的时间，其语法为下：

```
transition-duration: 时间
```

转场的持续时间以 s（秒）或 ms（毫秒）为单位，例如 transition-duration: 5s 表示要在 5 秒内完成转场。

4. transition-delay

transition-delay 属性用来设置开始转场的延迟时间，其语法如下：

```
transition-delay: 时间
```

转场的延迟时间以 s（秒）或 ms（毫秒）为单位，例如 transition-delay: 200ms 表示要先等 200 毫秒才开始转场。

5. transition

transition 属性是前面 4 个属性的速记，其语法如下：

```
transition: <transition-property> || <transition-timing-function> ||
            <transition-duration> || <transition-delay>
```

属性值的中间以空格符隔开，省略不写的属性值会使用默认值，若有两个时间，则前者为完成时间，后者为延迟时间。若要设置多个属性的转场效果，则中间以逗号隔开。

下面来看一个范例程序，该范例程序先将超链接的外观设置成黄底黑字，然后设置当鼠标指针移到超链接时，会以动画的方式逐渐转换成绿底白字，如图 11-7 所示。

注意，transition: background-color 3s 0s, color 2s 1s; 表示要进行转场的是 background-color 和 color 两个属性，其中 background-color 3s 0s 表示要在 3 秒内转换背景颜色，没有延迟时间，而 color 2s 1s 表示要先等 1 秒才开始转场，而且要在 2 秒内转换前景颜色。

<\Ch11\transition.html>

```html
<!DOCTYPE html>
<html>
  <head>
    <meta charset="utf-8">
    <title>转场效果</title>
    <style>
      /*将超链接的外观设置成黄底黑字*/
      a {
        width: 75px; padding: 10px;
        text-decoration: none;
        background-color: yellow; color: black;
        border-radius: 10px;
      }

      /*当鼠标指针移到超链接时，就以动画的方式逐渐转换成绿底白字*/
      a:hover {
        background-color: green; color: white;
        transition: background-color 3s 0s, color 2s 1s;
      }
    </style>
  </head>
  <body>
    <a href="login.html">登录系统</a>
  </body>
</html>
```

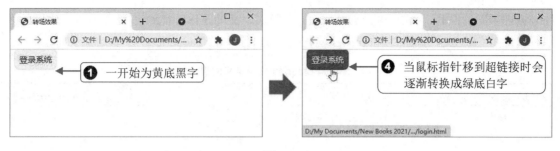

图 11-7

11-3　媒体查询

HTML 和 CSS 均允许网页设计人员针对不同的媒体类型量身定做不同的样式，常见的媒体类型如表 11-3 所示，默认值为 all。

表 11-3　常见的媒体类型

媒体类型	说　　明
all（默认值）	全部
screen	屏幕（例如浏览器）
print	打印设备（包含使用打印预览功能所产生的文件，例如 PDF 文件）
speech	语音合成器

我们可以将媒体查询编写在<link>元素的 media 属性中，或将媒体查询编写在<style>元素的@import 指令或@media 指令中。例如下面的语句使用<link>元素的 media 属性设置当媒体类型为 screen 时，就套用 screen.css 文件所定义的样式表；而当媒体类型为 print 时，就套用 print.css 文件所定义的样式表：

```
<link rel="stylesheet" type="text/css" media="screen" href="screen.css">
<link rel="stylesheet" type="text/css" media="print" href="print.css">
```

例如下面的语句使用 @media 指令设置当媒体类型为 screen 时，就将标题 1 显示为绿色；而当媒体类型为 print 时，就将标题 1 显示为红色：

```
@media screen {
  h1 {color: green;}
}
@media print {
  h1 {color: red;}
}
```

例如下面的语句使用@import 指令设置当媒体类型为 screen 时，就套用 screen.css 文件的样式表：

```
@import url("screen.css") screen;}
```

随着越来越多的用户通过移动设备上网，网页设计人员经常需要根据 PC 或移动设备的特征来设计不同的样式，CSS 3 的 Media Queries 模块定义的媒体特征如表 11-4 所示，详细的规格可以参考 CSS 3 官方文件（http://www.w3.org/TR/css3-mediaqueries/）。

表 11-4　Media Queries 模块定义的媒体特征

特征与设置值	说　　明	min/max prefixes
width：长度	可视区域的宽度（包含滚动条）	Yes
height：长度	可视区域的高度（包含滚动条）	Yes
device-width：长度	设备屏幕的宽度	Yes
device-height：长度	设备屏幕的高度	Yes
orientation：portrait | landscape	设备的方向（portrait 表示垂直，landscape 表示水平）	No
aspect-ratio：比例	可视区域的长宽比（例如 16/9 表示 16:9）	Yes
device-aspect-ratio：比例	设备屏幕的长宽比（例如 1280/720 表示水平及垂直方向为 1280 像素和 720 像素）	Yes
color：正整数或 0	设备屏幕每个颜色的比特数，0 表示非彩色设备	Yes
color-index：正整数或 0	设备屏幕的颜色索引的位数，0 表示非彩色设备	Yes
resolution：分辨率	设备屏幕的分辨率，以 dpi（dots per inch）或 dpcm（dots per centimeter）为单位	Yes
pointer：none | coarse | fine any-pointer：none | coarse | fine	用户是否有指向设备，none 表示无；coarse 表示精确度较差，例如触控屏幕；fine 表示精确度较好，例如鼠标	No
hover：none | hover any-hover：none | hover	是否能将鼠标指针停留在元素上，none 表示不能，hover 表示能	No

注：在 min/max prefixes 字段中，Yes 表示可以加上前缀 min-或 max-取得特征的最小值或最大值，例如 min-width 表示可视区域的最小宽度，而 max-width 表示可视区域的最大宽度。

下面来看一个范例程序，其中编写了 3 个媒体查询：

- 第06~08行：当可视区域小于等于480像素时（例如手机），就将网页背景设置为亮粉色。
- 第10~12行：当可视区域介于481~768像素时（例如平板电脑），就将网页背景设置为橘色。
- 第14~16行：当可视区域大于等于769像素时（例如台式机或笔记本电脑），就将网页背景设置为深天空蓝色。

这些媒体查询使用 and 运算符连接多个媒体特征，表示在它们均成立的情况下才套用指定的样式。

<\Ch11\media.html>

```
01 <!DOCTYPE html>
02 <html>
03   <head>
04     <meta charset="utf-8">
05     <style>
06       @media screen and(max-width:480px){
07         body {background: hotpink;}
```

```
08        }
09
10        @media screen and(min-width: 481px) and (max-width: 599px){
11          body {background: orange;}
12        }
13
14        @media screen and (min-width: 769px) {
15          body { background: deepskyblue;}
16        }
17      </style>
18  </head>
19  <body>
20  </body>
21 </html>
```

浏览结果如图 11-8～图 11-10，当浏览器宽度小于等于 480 像素时，网页背景为亮粉色，随着浏览器宽度超过 480 像素和 768 像素，就会变成橘色和深天空蓝色。

图 11-8   图 11-9

图 11-10

此外，我们也可以根据不同的设备套用不同的样式表（根据硬件设备的实际情况）。以下面的语句为例，第 01 行设置当可视区域小于等于 480 像素时（例如手机），就套用 S.css 样式表；第 02、03 行设置当可视区域介于 481~768 像素时（例如平板电脑），就套用 M.css 样式表；而第 04、05 行设置当可视区域大于等于 769 像素时（例如台式机或笔记本电脑），就套用 L.css 样式表。

```
01 <link rel="stylesheet" type="text/css" href="S.css" media="screen">
02 <link rel="stylesheet" type="text/css" href="M.css" media="screen and
03    (min-width: 481px) and (max-width:768px)">
04 <link rel="stylesheet" type="text/css" href="L.css" media="screen and
05    (min-width: 769px)">
```

第 12 章

JavaScript 的基本语法

12-1　编写第一个 JavaScript 程序

JavaScript 是一种应用广泛的浏览器端 Script，大多数浏览器均内建 JavaScript 解释器。JavaScript 和 HTML、CSS 可以说是网页设计的黄金组合，其中 JavaScript 用来定义网页的行为，例如实时更新社群网站动态、实时更新地图、广告轮播等。

12-1-1　方式一：嵌入 JavaScript 程序

我们可以使用<script>元素在 HTML 文件中嵌入 JavaScript 程序。下面来看一个范例程序，该范例程序会在对话框中显示"Hello, JavaScript"，如图 12-1 所示。

<\Ch12\JShello1.html>

```
01 <!DOCTYPE html>
02 <html>
03  <head>
04    <meta charset="utf-8">
05    <title>我的网页</title>
06    <script language="javascript">
07     <!--
08       alert("Hello, JavaScript!");
09     -->
10    </script>
11  </head>
12  <body>
13  </body>
14 </html>
```

❶ 嵌入JavaScript程序

图 12-1

- 第 06~10 行 JavaScript 程序代码区块前后分别以起始标签<script>和结束标签</script>标记，由于大多数浏览器默认的 Script 为 JavaScript，因此 language="javascript"属性可以省略不写。
- 第 07、09 行的注释标签是针对不支持 JavaScript 的浏览器所设计的，一旦遇到这种浏览器，JavaScript 程序代码就会被当成注释，而不会产生错误，由于目前大多数浏览器都内建了 JavaScript 解释器，因此注释标签也可以省略不写。
- 第 08 行调用 JavaScript 的内部函数 alert()在网页上显示对话框，而且该函数的参数会显示在对话框中，此例为"Hello, JavaScript!"。

我们通常将 JavaScript 程序代码区块放在 HTML 文件的标头，也就是放在<head>元素里面，而且是放在<meta>、<title>等元素的后面，确保 JavaScript 程序代码在网页显示出来之前已经完全下载到浏览器。

当然，也可以视实际情况将 JavaScript 程序代码区块放在 HTML 文件的其他位置，只是要记住一个原则，就是 HTML 文件的加载顺序是由上至下、由左至右，先加载的程序语句会先执行。举例来说，我们可以将 JShello1.html 的 JavaScript 程序代码移到 HTML 文件的主体（如 JShello2.html），执行结果是相同的。

<\Ch12\JShello2.html>

```
<!DOCTYPE html>
<html>
  <head>
    <meta charset="utf-8">
    <title>我的网页</title>
  </head>
  <body>
    <script language="javascript">
     <!--
       alert("Hello, JavaScript!");
     -->
    </script>
  </body>
</html>
```

12-1-2　方式二：使用 JavaScript 事件处理程序

除了前一节所介绍的方式之外，我们也可以利用 HTML 元素的事件属性设置由 JavaScript 编写的事件处理程序。

下面来看一个范例程序，该范例程序会通过<body>元素的 onload 事件属性设置当浏览器发生 load 事件时（即载入网页），调用 JavaScript 的内部函数 alert()，在对话框中显示"Hello, JavaScript!"，如图 12-2 所示。

有关其他事件的类型以及如何编写事件处理程序，在第 14 章会进一步说明。

<\Ch12\JShello3.html>

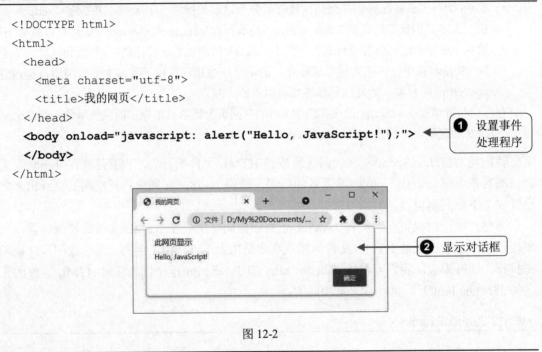

```
<!DOCTYPE html>
<html>
  <head>
    <meta charset="utf-8">
    <title>我的网页</title>
  </head>
  <body onload="javascript: alert("Hello, JavaScript!");">    ❶ 设置事件处理程序
  </body>
</html>
```

❷ 显示对话框

图 12-2

12-1-3　方式三：加载外部的 JavaScript 程序

我们可以将 JavaScript 程序放在独立的外部文件，然后使用<script>元素的 src 属性设置外部的 JavaScript 文件路径，将 JavaScript 程序加载到 HTML 网页。

下面来看一个范例程序，将 JavaScript 程序放在 FirstJavaScript.js 文件中，扩展名.js 是要让 JavaScript 解释器识别，然后在 HTML 文件中加载 JavaScript 程序，如图 12-3 所示。

<\Ch12\FirstJavaScript.js>

```
alert("Hello, JavaScript!");
```

<\Ch12\JShello4.html>

```
<!DOCTYPE html>
<html>
  <head>
    <meta charset="utf-8">
```

```
        <title>我的网页</title>
        <script src="FirstJavaScript.js" language="javascript"></script>
    </head>
    <body>
    </body>
</html>
```

❶ 加载外部JavaScript程序

❷ 显示对话框

图 12-3

12-2　JavaScript 程序代码编写惯例

在介绍 JavaScript 程序代码编写惯例之前，我们先来讨论什么叫作"程序"（Program）。所谓程序，是由一行一行的"程序语句"或"语句"（Statement）组成的，而程序语句或语句又是由"关键字"（Keyword）、"特殊字符"（Special Character）或"标识符"（Identifier）组成的。

- 关键字：又称为"保留字"（Reserved Word），是由 JavaScript 定义的，包含特定的意义与用途，程序设计人员必须遵守 JavaScript 的规定来使用关键字，否则会产生错误。举例来说，function 是 JavaScript 定义了用来声明函数的关键字，所以不能使用 function 声明一般的变量。

- 特殊字符：JavaScript 常用的特殊字符不少，例如用来标记程序语句结尾的分号（;）、标记字符串的单引号（'）或双引号（"）、标记注释的双斜线（//）或/* */、函数调用的一对小括号（()）等。

- 标识符：除了关键字和特殊字符之外，程序设计人员还可以自行定义新的单词，以用于变量或函数的名称，例如 intSalary、strUserName 等，这些新单词就叫作标识符。标识符不一定要合乎英文语法，但要合乎 JavaScript 的命名规则，而且必须区分英文字母的大小写。

原则上，程序语句是程序内最小的可执行单元，而多个程序语句可以组成函数、流程控制等较大的可执行单元（也称为程序区块）。JavaScript 程序代码编写惯例涵盖了空白、缩排、注释、命名规则等，虽然不是硬性规定，但遵循这些惯例可以提高程序的可读性，让程序更易于调试与维护。

1. 英文字母大小写

JavaScript 和 CSS 一样会区分英文字母的大小写，这点和 HTML 不同，例如用来声明函数的关键字 function 一定要全部小写，而 ID 和 id 是两个不同的变量，因为大写的 ID 和小写的 id 不同。

此外，诸如分号（;）、单引号（'）、双引号（"）、小括号、中括号、大括号、//、/* */、空格等特殊字符都是半角符号，注意不要错用全角符号。

2. 程序语句结尾加上分号，一行一条程序语句

JavaScript 并没有硬性规定每条程序语句的结尾一定要加上分号（;）以及一行一条语句，不过遵循这个惯例有利于程序的阅读和维护。例如将下面 3 条程序语句写成 3 行就比全部写在同一行更易于阅读。

```
var x = 1;
var y = 2;
var z = 3;


var x = 1; var y = 2; var z = 3;
```

3. 空格符

JavaScript 会自动忽略多余的空格符，例如"x=1;"和"x = 1;"的意义是相同的：

- 建议在运算符的前后加上一个空白，例如"c = (a + b) * (a - b);"就比"c=(a+b)*(a-b);"易于阅读。
- 建议在逗号的后面加上一个空格符，例如"write(x, y)"。

4. 缩排

程序区块每增加一个缩排层级就加上两个空格符，不建议使用 Tab 键。

5. 注释

JavaScript 提供了两种注释符号，其中//为单行注释符号，/* */为多行注释符号。当 JavaScript 解释器遇到//符号时，会忽略从//符号到该行结尾之间的程序语句而不加以执行；而当解释器遇到/* */符号时，会忽略从/*符号到*/符号之间的所有程序语句而不加以执行，例如：

```
// 这是单行注释
/* 这是
   多行注释 */
```

6. 命名规则

当要自定义标识符时（例如变量名称、函数名称等），需遵守以下规则：

- 第一个字符可以是英文字母或下画线(_)，其他字符可以是英文字母、阿拉伯数字、ISO-8859-1 字符、Unicode 字符、下画线（_）或货币符号（$），而且英文字母要区分大小写。
- 不能使用 JavaScript 关键字、内部函数的名称或内部对象的名称。
- 变量名称与函数名称建议采取在单词中间大写，也就是以小写字母开头，之后每换一个单词就以大写开头，例如 userPhoneNumber、studentID、showMessage。
- 常数名称采取全部大写和单词间以下画线隔开，例如 PI、TAX_RATE。

- 类名称建议采取前缀大写，也就是以大写字母开头，之后每换一个单词就以大写开头，例如 ClubMember。
- 事件处理函数名称以 on 开头，例如 onclick()。

7. 关键字

JavaScript 常用关键字如表 12-1 所示。

表 12-1　常用关键字

关 键 字	关 键 字	关 键 字	关 键 字
break	case	catch	class
continue	const	default	delete
do	else	export	extends
finally	for	function	if
import	in	instanceof	interface
new	package	private	protected
public	return	super	switch
this	throw	try	typeof
var	void	while	with

12-3　类型

类型（Type）指的是数据的种类，JavaScript 将数据分为几种类型，例如 10 是数值，"Hello, world!"是字符串类型的数据，而 true（真）或 false（假）是布尔类型的数据。

不过，JavaScript 和诸如 C、C++、Java、C#等强类型（Strongly Typed）程序设计语言不同，它属于弱类型（Weakly Typed）程序设计语言。程序设计人员在声明变量的时候无须指定数据类型，即使变量一开始先用来存储数值类型的数据，之后改用来存储字符串或布尔等不同类型的数据，也不会发生语法错误。

JavaScript 的数据类型分为基本类型（Primitive Type）与对象类型（Object Type）。基本类型指的是单纯的值（例如数值、字符串等），因为不是对象类型，也就没有提供方法（Method）；而对象类型会引用某个数据结构，里面包含数据以及用来操作数据的方法，如表 12-2 所示。

表 12-2　基本类型和对象类型

分　类	说　明
基本类型	数值（number），例如 1、3.14、−5、−0.32
	字符串（string），例如"Today is Monday. "、"生日"
	布尔（boolean），例如 true 或 false
	undefined（未定义），例如声明了变量，但没有给变量赋值
	null（空值），表示没有值或没有对象
对象类型	例如函数（function）、数组（array）、对象（object）等

12-3-1　数值

JavaScript的数值都是以IEEE 754 Double格式来表示的（64位双倍精确浮点数）。正数范围是 $4.94065645841246544 \times 10^{-324} \sim 1.79769313486231570 \times 10^{308}$，负数范围是 $-1.79769313486231570 \times 10^{308} \sim -4.94065645841246544 \times 10^{-324}$。

例如 1、100、3.14、-2.48 等都属于数值类型，也可以使用科学记数法表示，如 1.2e5、1.2E5 表示 1.2×10^5，3.84e-3、3.84E-3 表示 3.84×10^{-3}，注意不能使用千分位符号，例如 1,000,000 是不合法的。

此外，JavaScript 提供了以下几个特殊的数值：

♦ NaN：即 Not a Number（非数值），表示不当作数值运算，例如除数为 0、将数值除以字符串等。

♦ Infinity：正无穷大，例如将正数除以 0。

♦ -Infinity：负无穷大，例如将负数除以 0。

除了十进制数值之外，JavaScript 也接受二进制、八进制、十六进制数值，如下：

♦ 二进制数值：在数值的前面冠上前缀 0b 或 0B 进行区分，例如 0b1100 或 0B1100 就相当于 12。

♦ 八进制数值：在数值的前面冠上前缀 0o 或 0O 进行区分，例如 0o11 或 0O11 就相当于 9。

♦ 十六进制数值：在数值的前面冠上前缀 0x 或 0X 进行区分，例如 0x1A 或 0X1A 就相当于 26。

12-3-2　字符串

"字符串"指的是由字母、数字、文字或符号组成的单词、词组或句子。JavaScript 针对字符串提供了 string 类型，并规定字符串的前后必须加上双引号（"）或单引号（'），但两者不可混用，例如：

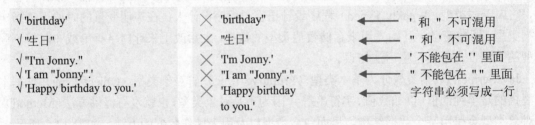

对于一些无法直接输入的字符，例如换行、Tab 键或者诸如双引号（"）、单引号（'）、反斜杠（\）等特殊字符，我们可以使用"转义字符"（Escaped Character）来表示，如表 12-3 所示。

表 12-3　转义字符

转义字符	说　　明	转义字符	说　　明
\'	单引号	\b	退格键
\"	双引号	\f	换页
\\	反斜杠	\r	回车
\n	换行	\t	制表符

（续表）

转义字符	说　　明	转义字符	说　明
\xNN	Latin-1 字符（NN 为十六进制表示法），例如\x41 表示 A		
\uNNNN	Unicode 字符（NNNN 为十六进制表示法），例如\u0041 表示 A		

12-3-3　布尔

布尔类型只有 true（真）和 false（假）两种逻辑值，当要表示的数据只有对与错、是与否、有或没有等两种选择时，就可以使用布尔类型。

布尔类型经常被用来表示表达式成立与否或某个情况满足与否，例如 1<2 会得到 true，表示 1 小于 2 是真的，而 1 > 2 会得到 false，表示 1 大于 2 是假的。当布尔值和数值进行运算时，true 会被转换成 1，false 会被转换成 0，例如 1 + true 会得到 2。

12-3-4　undefined

undefined 表示未定义值，例如没有声明返回值的函数会返回 undefined。

12-3-5　null

null 表示空值、没有值或没有对象。举例来说，假设声明一个函数来返回语文考试的分数，但执行过程中却有成功获得语文分数，此时函数会返回 null，表示没有对应的值存在。

12-4　变量

在程序执行的过程中，往往需要存储一些数据，此时可以使用变量（Variable）来存储这些数据。

举例来说，假设要编写一个程序，根据半径计算圆面积，已知公式为圆周率×半径×半径，那么我们可以使用一个变量来存储半径，而且变量的值可以变更，这样就能计算不同半径的圆面积，例如半径为 10 的圆面积是 3.14159×10×10，结果为 314.159，而半径为 5 的圆面积是 3.14159×5×5，结果为 78.53975。

在为变量命名时，需遵守 12-2 节提出的命名规则，其中比较重要的是第一个字符可以是英文字母、下画线（_）或货币符号（$），其他字符可以是英文字母、下画线、货币符号或数字，英文字母要区分大小写，而且不能使用 JavaScript 的关键字以及内部函数、内部对象等的名称。

我们可以使用 var 关键词来声明变量，JavaScript 属于动态类型程序语言，所以在声明变量时无须指定类型。以下面的程序语句为例，第一条语句声明一个名为 userName 的变量，第二条语句使用赋值运算符（=）将变量的值设置为"小丸子"，此时 JavaScript 解释器会自动将变量视为字符串类型：

```
var userName;
userName = "小丸子 ";
```

这两条语句可以合并成一条语句，也就是在声明变量的同时给它赋值以设置初始值：

```
var username = "小丸子";
```

此外，我们也可以一次声明多个变量，中间以逗号隔开，例如：

```
var x, y, z;
```

建议在第一次声明变量时记得写出 var 关键词，不要省略不写，日后存取此变量时就无须重复写出 var 关键词。养成使用变量之前先声明的好习惯，对于学习其他程序设计语言是有帮助的。

12-5 常数

常数（Constant）和变量一样可以用来存储数据，差别在于常数不能重复声明，也不能重复赋值，正因为这些特点，我们可以使用常数存储一些不会随着程序的执行而改变的数据。

举例来说，假设要编写一个程序，根据半径计算圆面积，已知公式为圆周率×半径×半径，那么我们可以使用一个常数来存储圆周率 3.14159，这样就能以常数代替一长串的数字，减少重复输入的麻烦。

在开始使用常数之前，我们要声明常数，例如下面的第一条程序语句声明一个名为 PI 的常数，第二条程序语句声明 ID1 和 ID2 两个常数，中间以逗号隔开：

```
const PI = 3.14159;
const ID1 = 1, ID2 = 2;
```

下面来看一个范例程序，将会显示半径为 10 的圆面积，如图 12-4 所示。其中第 06 行将圆周率 PI 声明为常数，日后若需要变更 PI 的值，例如将 3.14159 变更为 3.14，则只需修改第 06 行即可。

<\Ch12\const.html>

```
01 <!DOCTYPE html>
02 <html>
03   <head>
04     <meta charset="utf-8">
05     <script>
06       const PI = 3.14159;            // 将圆周率 PI 声明为常数
07       var radius = 10;               // 将半径设置为 10
08       var area = PI * radius * radius;   // 计算圆面积
09       alert(area);                   // 显示圆面积
10     </script>
11   </head>
12   <body>
13   </body>
14 </html>
```

图 12-4

12-6　运算符

运算符（Operator）是一种用来进行运算的符号，而操作数（Operand）是运算符进行运算的对象，我们将运算符与操作数组成的语句称为表达式（Expression），例如 10 + 20 是一个表达式，其中+是加号，而 10 和 20 是操作数。

12-6-1　算术运算符

算术运算符可以用来进行加、减、乘、除、取余等算术运算，JavaScript 提供如表 12-4 所示的算术运算符。

表 12-4　算术运算符

运　算　符	语　　法	说　　明	范　　例	返　回　值
+（加法）	x + y	x 加上 y	5 + 3	8
−（减法）	x − y	x 减去 y	5 − 3	2
*（乘法）	x * y	x 乘以	5 * 3	15
/（除法）	x / y	x 除以 y	5 / 3	1.6666666666666667
			5 / 0	NaN
%（余数）	x % y	x 除以 y 的余数	5 % 3	2
			5.21 % 3	2.21
**（指数）	x ** y	x 的 y 次方	5 ** 2	25

◆ +运算符也可以用来表示正值，例如+5 表示正整数 5；−运算符也可以用来表示负值，例如−5 表示负整数 5。

◆ 当−、*、/、%、**等运算符的任一操作数为字符串时，JavaScript 解释器会试着将字符串转换成数值，例如"50" − "10"会得到 40，因为字符串"50"和字符串"10"会先被转换成数值 50 和数值 10，然后进行减法运算。

◆ 当数值和布尔值进行算术运算时，true 会被转换成 1，而 false 会被转换成 0，例如 10 + true 会得到 11，10 + false 会得到 10。

◆ + 运算符也可以用来连接字符串，下一节将进一步说明。

12-6-2　字符串运算符

字符串运算符（+）可以用来将两个字符串连接为一个新的字符串，例如"abc" + "de"会得到"abcde"，而 3 + "abc"会得到"3abc"，3 + "10"会得到"310"，因为数值 3 会先被转换成字符串"3"，然后将两个字符串接成一个字符串。

12-6-3　递增/递减运算符

递增运算符（++）可以用来将操作数的值加 1，其语法如下，第一种形式的递增运算符出现在操作数的前面，表示运算结果为操作数递增之后的值，第二种形式的递增运算符出现在操作数的后面，表示运算结果为操作数递增之前的值：

```
++操作数
操作数++
```

例如：

```
var X = 10;        //声明一个名为 X、初始值为 10 的变量
alert(++X);        // 先将变量 X 的值递增 1，再显示出来而得到 11
var Y = 5;         //声明一个名为 Y、初始值为 5 的变量
alert(Y++);        //先显示变量 Y 的值为 5，再将变量 Y 的值递增 1
```

递减运算符（--）可以用来将操作数的数值减 1，其语法如下，第一种形式的递减运算符出现在操作数前面，表示运算结果为操作数递减之后的值，第二种形式的递减运算符出现在操作数后面，表示运算结果为操作数递减之前的值：

```
--操作数
操作数--
```

例如：

```
var X = 10;        //声明一个名称 X、初始值为 10 的变量
alert(--X);        //先将变量 X 的值递减 1，再显示出来而得到 9
var Y = 5;         //声明一个名为 Y、初始值为 5 的变量
alert(Y--);        //先显示变量 Y 的值为 5，再将变量 Y 的值递减 1
```

12-6-4　比较运算符

比较运算符可以用来比较两个操作数的大小或相等与否，若结果为真，则返回 true，否则返回 false。JavaScript 提供了如表 12-5 所示的比较运算符，参与比较的操作数可以是数值、字符串、布尔值或对象。

表 12-5　比较运算符

运　算　符	语　法	范　例	返　回　值
==（等于）	x == y	若 x 的值等于 y，则返回 true，否则返回 false，例如(18 + 3) == 21 会返回 true，而 5 == "5" 也会返回 true，因为"5" 会先被转换成数值 5	

（续表）

运　算　符	语　法	范　例	返　回　值
!= （不等于）	x != y	若 x 的值不等于 y，则返回 true，否则返回 false，例如(18 + 3) != 21 会返回 false	
< （小于）	x < y	若 x 的值小于 y，则返回 true，否则返回 false，例如(18 + 3) < 21 会返回 false	
<= （小于等于）	x <= y	若 x 的值小于等于 y，则返回 true，否则返回 false，例如 (18 + 3) <= 21 会返回 true	
> （大于）	x > y	若 x 的值大于 y，则返回 true，否则返回 false，例如(18 + 3) > 21 会返回 false	
>= （大于等于）	x >= y	若 x 的值大于等于 y，则返回 true，否则返回 false，例如 (18 + 3) >= 21 会返回 true	
=== （严格等于）	x === y	若 x 的值和类型等于 y，则返回 true，否则返回 false，例 如 5 === "5"会返回 false，因为类型不同	
!=== （严格等于）	x !=== y	若 x 的值和类型不等于 y，则返回 true，否则返回 false，例如 5 !=== "5"会返回 true，因为类型不同	

当两个字符串在比较是否相等时，字母大小写会被视为不同，例如"ABC" == "aBC"和 "ABC" === "aBC" 均会返回 false；当两个字符串在比较大小时，大小顺序取决于其 Unicode 编码，例如"ABC" > "aBC"会返回 false，因为"A"的 Unicode 编码为 41，而"a"的 Unicode 编码 为 61。

16-6-5　逻辑运算符

逻辑运算符可以用来针对比较表达式或布尔值进行逻辑运算，JavaScript 提供了如表 12-6 所示的逻辑运算符。

表 12-6　逻辑运算符

运　算　符	语　法	说　明
&& （逻辑 AND）	x && y	将 x 和 y 进行"逻辑与"运算，若两者的值均为 true（即两个条件均成立），则返回 true，否则返回 false
|| （逻辑 OR）	x || y	将 x 和 y 进行"逻辑或"运算，若两者的值至少有一个为 true（即至少有一个条件成立），则返回 true，否则返回 false
! （逻辑 NOT）	! x	将 x 进行"逻辑非"运算（将值转换成相反值），若 x 的值为 true，则返回 false，否则返回 true

我们可以根据两个操作数的值，将逻辑运算符的运算结果归纳如表 12-7 所示。

表 12-7　逻辑运算符的运算结果

x	y	x && y	x || y	!x
true	true	true	true	false
true	false	false	true	false
false	true	false	true	true
false	false	false	false	true

下面是一些例子：

```
(5 > 4) && (3 > 2)   // 5 > 4 为 true，3 > 2 为 true，true && true 会得到 true
(5 > 4) && (3 < 2)   // 5 > 4 为 true，3 < 2 为 false，true && false 会得到 false
(5 > 4) || (3 < 2)   // 5 > 4 为 true，3 < 2 为 false，true || false 会得到 true
(5 < 4) || (3 < 2)   // 5 < 4 为 false，3 < 2 为 false，false || false 会得到 false
!(5 > 4)             // 5 > 4 为 true，!true 会得到 false
!(5 < 4)             // 5 < 4 为 false，!false 会得到 true
!((5 > 4) && (3 > 2))   // (5 > 4) && (3 > 2) 为 true，!true 会得到 false
!((5 > 4) || (3 < 2))   // (5 > 4) || (3 < 2) 为 true，!true 会得到 false
```

12-6-6　位运算符

位（Bit）运算符可以用来进行 AND、OR、XOR、NOT、SHIFT 等位运算，JavaScript 提供了如表 12-8 所示的位运算符。由于位运算需要二进制运算的基础，建议初学者了解即可。

表 12-8　位运算符

运　算　符	语　法	说　明
& （按位与，AND）	x & y	将 x 和 y 的每位进行位"与"运算，只有两者对应的位都为 1，位与的结果才是 1，否则是 0，例如 10 & 6 会得到 2，因为 10 的二进制值是 1010，6 的二进制值是 0110，所以 1010 & 0110 会得到 0010，即 2
| （按位或，OR）	x | y	将 x 和 y 的每位进行位"或"运算，只有两者对应的位都为 0，位或运算的结果才是 0，否则是 1，例如 10 | 6 会得到 14，因为 1010 | 0110 会得到 1110，即 14
^ （按位异或，XOR）	x ^ y	将 x 和 y 的每位进行位"异或"运算，只有两者对应的位一个为 1，另一个为 0，位异或的结果才是 1，否则是 0，例如 10 ^ 6 会得到 12，因为 1010 ^ 0110 会得到 1100，即 12
~ （按位取反，NOT）	~表达式	将 x 的每位进行位"取反"运算，当对应的位为 1 时，位取反运算的结果为 0，当对应的位为 0 时，位取反运算的结果为 1，例如~10 会得到–11，因为 10 的二进制值是 1010，~10 的二进制值是 0101，而 0101 在 2's 补码表示法中就是–11
<<	x << y （向左移位）	将 x 的每位左移动数值 y 所指定的位数，空余的位数以 0 填充，例如 9 << 2 会得到 36，因为 1001 向左移位 2 位会得到 100100，即 36

（续表）

运　算　符	语　　法	说　　明
>>	x >> y （向右移位）	将 x 的每位右移动数值 y 所指定的位数，空余的位数以最高位的值来填充，例如 9 >> 2 会得到 2，因为 1001 向右移位 2 位会得到 0010，即 2，而–9 >> 2 会得到–3，因为最高位用来表示正负号的位被保留了
>>>	x >>> y （向右无号移位）	将 x 的每位右移动数值 y 所指定的位数，空余的位数以 0 填充，例如 19 >> 2 会得到 4，因为 1001 向右移位 2 位会得到 0100，即 4，而–9 >> 2 会得到–3，因为最高位用来表示正负号的位被保留了。对于非负数值来说，无号右移和有号右移的结果相同

12-6-7　赋值运算符

赋值运算符可以用来给变量赋值，JavaScript 提供了如表 12-9 所示的赋值运算符。

表 12-9　赋值运算符

运　算　符	语　　法	说　　明
=	x = y;	将 y 赋值给 x，也就是把 y 的值设置给 x
+=	x += y;	相当于 "x = x + y"，+为加号或字符串连接运算符
–=	x –= y;	相当于 "x = x - y;"，–为减法运算符
*=	x *= y;	相当于 "x = x * y;"，*为乘法运算符
/=	x /= y;	相当于 "x = x / y;"，/为除法运算符
%=	x %= y;	相当于 "x = x % y;"，%为余数运算符
&=	x &= y;	相当于 "x = x & y;"，&为位与（AND）运算符
|=	x |= y;	相当于 "x = x | y;"，|为位或（OR）运算符
^=	x ^= y;	相当于 "x = x ^ y;"，^为位异或（XOR）运算符
<<=	x <<= y;	相当于 "x = x << y;"，<<为向左移位运算符
>>=	x >>= y;	相当于 "x = x >> y;"，>>为向右移位运算符
>>>=	x >>>= y;	相当于 "x = x >>> y;"，>>>为向右无符号移位运算符

12-6-8　条件运算符

?: 条件运算符是一个三元运算符，其语法如下，若条件运算式的结果为 true，则返回表达式 1 的值，否则返回表达式 2 的值：

条件表达式 ?表达式 1 :表达式 2

例如 10 > 2 ? "Yes" : "No"会返回"Yes"。

12-6-9　类型运算符

typeof 类型运算符可以返回数据的类型，例如 typeof("生日")、typeof(-35.789)、typeof(true）会返回"string"、"number"、"boolean"。

12-6-10 运算符的优先级

当表达式中有多种运算符时，JavaScript 会按照如表 12-10 所示的优先级执行运算符，优先级高者先执行，相同者则按出现的顺序从左到右依次执行。若要改变默认的优先级，则可以加上小括号，JavaScript 就会优先执行小括号内的表达式。

表 12-10 运算符的优先级

类　　型		运　算　符
对象成员访问运算符	**高**	.、[]
函数调用、创建对象		()、new
单目运算符		!、~、-、+、++、--
乘/除/余数/指数运算符		*、/、%、**
加/减运算符		+、-
移位运算符		<<、>>、>>>
比较运算符		<、>、<=、>=
等于运算符		==、!=、===、!==
位与（AND）运算符		&
位异或（XOR）运算符		^
位或（OR）运算符		|
逻辑与（AND）运算符		&&
逻辑或（OR）运算符		||
条件运算符		?:
赋值运算符	**低**	=、*=、/=、%=、+=、-=、<<=、>>=、>>>=、&=、^=、|=

以 25 < 10 + 3 * 4 表达式为例，首先执行乘法运算，3 * 4 得到 12，接着执行加法运算，10 + 12 得到 22，最后执行比较运算，25 < 22 得到 false。

若要改变默认的优先级，则可以加上小括号，JavaScript 会优先执行小括号内的表达式，以 25 <（10 + 3）* 4 为例，因为小括号内的表达式优先处理，10 + 3 得到 13，接着执行乘法运算，13 * 4 得到 52，继续执行比较运算，25 < 52 得到 true。

12-7　流程控制

前面介绍的范例程序都是相当简单的程序，所谓"简单"，指的是程序的执行顺序只会自上而下，不会"转弯"或跳转，但事实上大部分程序并不会简单地按顺序执行，它们会根据不同的情况进行"转弯"或跳转，以提高程序的处理效率和灵活性，于是就需要流程控制（Flow Control）来帮助程序设计人员控制程序的执行方向。

JavaScript 的流程控制分成以下两种类型：

◆ 选择结构：用于检查条件表达式，然后根据条件表达式的结果执行不同的程序语句。JavaScript 中选择结构的语句有 if、switch。

◆ 循环结构：循环结构可以重复执行循环体内的程序语句，JavaScript 中循环结构的语句有 for、while、do...while、for...in。

12-7-1　if

if 可以根据条件表达式的结果为 true 或 false 执行不同的程序语句，又分为 if...、if...else...、if...else if... 等形式。

1. if...（如果 ...就 ...）

if 的语法如下，若条件表达式的结果为 true，则执行 if 语句区块中的程序语句，换句话说，若条件表达式的结果为 false，则不执行 if 语句区块中的程序语句：

```
if (条件表达式) {
    程序语句;
}
```

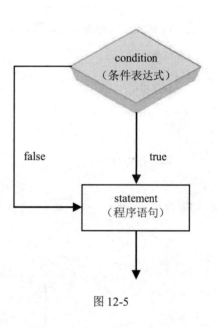

大括号用来标记 if 语句区块中的程序语句的开头与结尾，若 if 语句区块中的程序语句只有一行，则大括号可以省略不写，如下：

```
if (条件表达式) 程序语句;
```

流程结构如图 12-5 所示。

下面来看一个范例程序，若输入的数字大于等于 60，则条件表达式（X >= 60）会返回 true，于是执行 if 语句区块中的程序语句，显示"及格！"；相反，若输入的数字小于 60，则条件表达式（X >= 60）会返回 false，于是跳出 if 结构，因而不会显示"及格！"，如图 12-6 所示。

图 12-5

`<\Ch12\if1.html>`

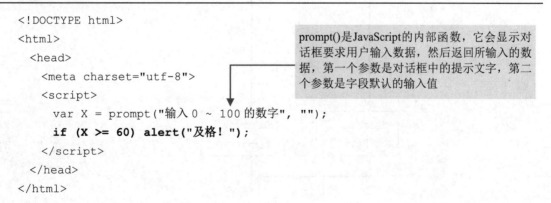

```
<!DOCTYPE html>
<html>
  <head>
    <meta charset="utf-8">
    <script>
      var X = prompt("输入 0 ~ 100 的数字", "");
      if (X >= 60) alert("及格! ");
    </script>
  </head>
</html>
```

prompt()是JavaScript的内部函数，它会显示对话框要求用户输入数据，然后返回所输入的数据，第一个参数是对话框中的提示文字，第二个参数是字段默认的输入值

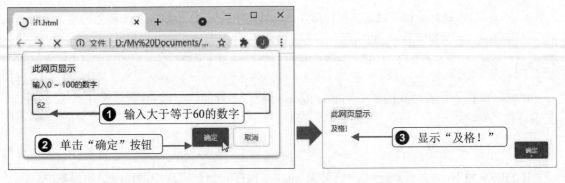

图 12-6

2. if...else...（如果...就...否则...）

```
if (条件表达式)
{
    程序语句 1；
}
else
{
    程序语句 2；
}
```

流程结构如图 12-7 所示。

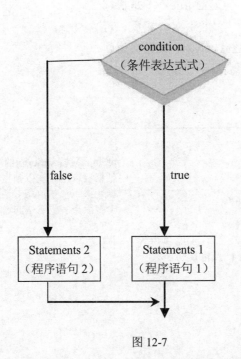

图 12-7

下面来看一个范例程序，若输入的数字大于等于 60，则条件表达式 (X >= 60)会返回 true，于是执行 if 语句区块中的程序语句，显示"及格！"；相反，若输入的数字小于 60，则条件表达式(X >= 60)会返回 false，于是执行 else 语句区块中的程序语句，因而会显示"不及格！"，如图 12-8 所示。

<\Ch12\if2.html>

```
<!DOCTYPE html>
<html>
  <head>
    <meta charset="utf-8">
    <script>
      var X = prompt("输入 0 ~ 100 的数字", "");
      if (X >= 60)
        alert("及格！");
      else
        alert("不及格！");
    </script>
  </head>
</html>
```

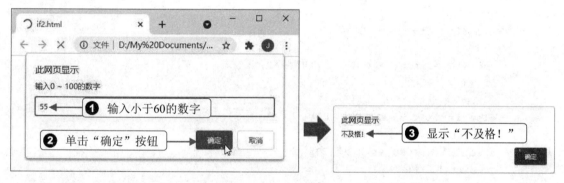

图 12-8

3. if...else if...（如果...就...否则，如果...就...否则...）

if...else if 的语法如下，一开始先检查条件表达式 1，若结果为 true，则执行程序语句 1，否则检查条件表达式 2，若结果为 true，则执行程序语句 2，……，以此类推，若所有条件表达式的结果均为 false，则执行程序语句 N+1，所以程序语句 1~程序语句 N+1 只有一组会被执行。

```
if (条件表达式1)
{
    程序语句 1;
}
else if (条件表达式2)
{
    程序语句 2;
}
…
else
{
```

我们会在下一节介绍如何使用position属性设置 Box 的定位方式

```
    程序语句 N+1;
}
```

if..else if 就是嵌套的 if...else，看似复杂，不过实用性也很高，因为 if...else if 可以用于判断和处理多个条件表达式，而 if 和 if...else 只能判断和处理一个条件表达式。

除了 if 之外，接下来要介绍的 switch、for、while、do...while 等也都能使用嵌套结构，只是层次尽量不要太多，而且要利用缩排来提高程序的可读性。

下面来看一个范例程序，该范例程序要求用户输入 0 ～ 100 的数字，如果数字大于等于 90，就出现显示着"优等！"的对话框；如果数字大于等于 80 小于 90，就出现显示着"甲等！"的对话框；如果数字大于等于 70 小于 80，就出现显示着"乙等！"的对话框；如果数字大于等于 60 小于 70，就出现显示着"丙等！"的对话框，否则出现显示着"不及格！"的对话框，如图 12-9 所示。

<\Ch12\if3.html>

```html
<!DOCTYPE html>
<html>
  <head>
    <meta charset="utf-8">
    <script>
      var X = prompt("输入 0 ～ 100 的数字", "");
      if (X >= 90)
        alert("优等！");
      else if (X < 90 && X >= 80)
        alert("甲等！");
      else if (X < 80 && X >= 70)
        alert("乙等！");
      else if (X < 70 && X >= 60)
        alert("丙等！");
      else
        alert("不及格！");
    </script>
  </head>
</html>
```

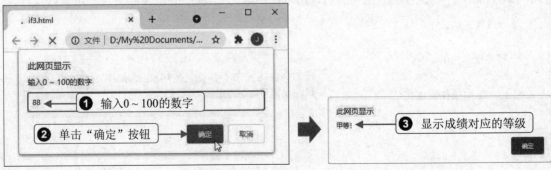

图 12-9

12-7-2　switch

switch 选择结构可以根据表达式的值去执行不同的程序语句，其语法如下，首先将表达式当作比较对象，接下来按序比较它是否等于哪个 case 后面的值，若是，则执行该 case 区块中的程序，然后执行 break 指令跳出 switch 选择结构；若否，则执行 default 区块中的程序语句，然后执行 break 指令跳出 switch 选择结构。

switch 选择结构的 case 区块或 default 区块的后面都要加上 break 指令，用来跳出 switch 选择结构。至于 if...else 结构则不需要加上 break 指令，因为在 if 区块或 else 区块执行完毕后，就会自动跳出 if...else 结构。

```
switch(表达式)
{
    case 值1:
        程序语句 1;
        break;
    case 值2:
        程序语句2;
        break;
    ......
    case 值N:
        程序语句 N;
        break;
    default:
        程序语句 N+1;
        break;
}
```

下面来看一个范例程序，该范例程序要求用户输入 1 ～ 5 的数字，然后显示对应的英文"ONE""TWO""THREE""FOUR""FIVE"，否则出现显示着"您输入的数字超过范围！"的对话框，如图 12-10 所示。

<\Ch12\switch.html>

```
01 <!DOCTYPE html>
02 <html>
03   <head>
04     <meta charset="utf-8">
05     <script>
06       var number = prompt("输入1 ~ 5的数字", "");
07       switch(number) {
08         case "1":              //当输入1时
09           alert("ONE");
10           break;
11         case "2":              //当输入2时
12           alert("TWO");
13           break;
14         case "3":              //当输入3时
15           alert("THREE");
```

```
16          break;
17        case "4":                    //当输入 4 时
18          alert("FOUR");
19          break;
20        case "5":                    //当输入 5 时
21          alert("FIVE");
22          break;
23        default:                     //当输入 1 ~ 5 以外的数字时
24          alert("您输入的数字超过范围！");
25          break;
26      }
27    </script>
28  </head>
29 </html>
```

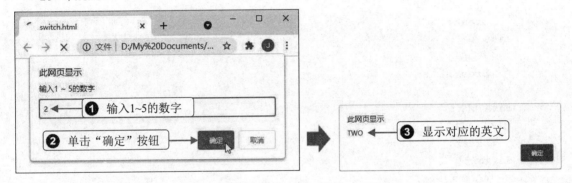

图 12-10

这个范例程序输入的数字为 2，它会被当作 switch 结构的比较对象（第 07 行），接下来按序比较它是否等于哪个 case 后面的值，发现等于 case "2"（第 11 行），于是执行 case "2" 区块中的程序语句，显示"TWO" （第 12 行），然后执行 break 指令跳出 switch 选择结构（第 13 行），不会再去执行第 14 ~ 26 行的程序语句。

12-7-3 for

for 循环可以重复执行循环体内的程序语句，其语法如下，由于我们通常会用变量来控制 for 循环的执行次数，因此 for 循环又称为计数循环，而此变量称为计数器：

```
for（初始化表达式；条件表达式；迭代器）
{
    程序语句；
}
```

程序在开始执行 for 循环时，会先通过初始化表达式初始化循环计数器，接着检查条件表达式的值，若返回值为 false，则跳离 for *循*环，若返回值为 true，则执行 for 循环体内的程序语句，完毕后跳回 for 处执行迭代器将计数器加以更新，接着再检查条件表达式的值，……，如此周而复始，直到条件表达式的值为 false 才结束循环，若要在中途强制跳出循环，则可以使用 break 指令。

流程结构如图 12-11 所示。

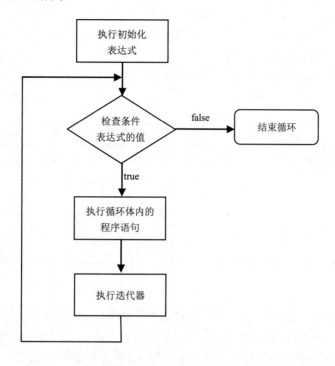

图 12-11

下面来看一个范例程序，该范例程序会计算 1~10 的整数总和，然后显示计算结果为 55，如图 12-12 所示。

<\Ch12\for.html>

```
01    <script>
02      var total = 0;
03      for (var i = 1; i <= 10; i++) {
04        total = total + i;
05      }
06      alert(total);
07    </script>
```

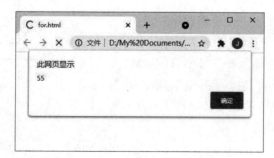

图 12-12

- ◆ 第 02 行：声明变量 total 用来存放总和，初始值设置为 0。
- ◆ 第 03~05 行：var i = 1;声明变量 i 作为计数器，初始值设置为 1，而 i <= 10;是条件表达式，只要变量 i 小于等于 10 就会重复执行循环体内的程序语句，全于 i++则是作为迭代器，循环每重复一次就将变量 i 的值递增 1。
- ◆ 这个 for 循环的执行次数为 10 次，针对每一次的执行，第 04 行 total = total + i; 左右两边的 total 和 i 的值如表 12-11 所示。

表 12-11　每次循环左右两边的 total 和 i 的值

循环次数	右边的 total	i	左边的 Total	循环次数	右边的 total	i	左边的 Total
第一次	0	1	1	第六次	15	6	21
第二次	1	2	3	第七次	21	7	28
第三次	3	3	6	第八次	28	8	36
第四次	6	4	10	第九次	36	9	45
第五次	10	5	15	第十次	45	10	55

12-7-4　while

有别于 for 循环以计数器控制循环的执行次数，while 循环以条件表达式是否成立作为执行循环的依据，只要条件表达式成立，就会继续执行循环，所以又称为条件式循环。

while 循环的语法如下，在进入 while 循环时，会先检查条件表达式，若结果为 false，则表示不成立，结束循环，若结果为 true，则表示成立，执行循环体内的程序语句，然后返回循环的开头，再度检查条件表达式，……，如此周而复始，直到条件表达式的结果为 false 才结束循环。若要在中途强制跳出循环，则可以使用 break 指令。

while 循环的条件表达式弹性很大，只要条件表达式的返回值为 false，就会结束循环，无须具体限制循环执行的次数。

```
while (条件表达式)
{
    程序语句;
}
```

流程结构如图 12-13 所示。

下面来看一个范例程序，该范例程序要求用户猜数字，正确的数字为 6，若用户输入的数字比 6 大，则显示"太大了！请重新输入！"，要求继续猜；若输入的数字比 6 小，则显示"太小了!,请重新输入!"，要求继续猜；若输入的数字是 6,则显示"答对了!"，如图 12-14 和图 12-15 所示。

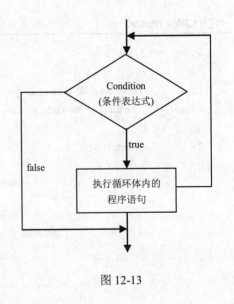

图 12-13

\<\Ch12\while.html\>

```
<!DOCTYPE html>

<html>
```

```
<head>
  <meta charset="utf-8">
  <script>
    var number = prompt('输入 1 ~ 10 的数字', '');
    while (number != 6) {
      if (number > 6) {
        alert('太大了！请重新输入！');
        number = prompt('输入 1 ~ 10 的数字', '');
      }
      else if (number < 6) {
        alert('太小了！请重新输入！');
        number = prompt('输入 1 ~ 10 的数字', '');
      }
    }
    alert('答对了！');
  </script>
</head>
</html>
```

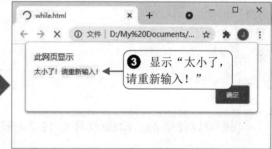

图 12-14

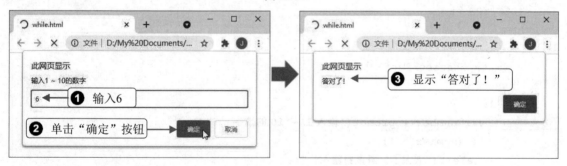

图 12-15

12-7-5　do...while

do...while 循环也是以条件表达式是否成立作为循环执行与否的根据，其语法如下：

```
do
{
```

```
    程序语句；
} while (条件表达式);
```

在进入 do…while 循环时，会先执行循环体内的程序语句，完毕后碰到 while，再检查条件表达式是否成立，若条件表达式的结果为 false，则表示不成立，结束循环，若结果为 true，则表示成立，再度执行循环体内的程序语句，……，如此周而复始，直到条件表达式的结果为 false，结束循环。若要在中途强制跳出循环，则可以使用 break 指令。

do…while 循环和 while 循环类似，主要的差别在于前者能够确保循环体内的程序语句至少会被执行一次，即使条件表达式式不成立。

流程结构如图 12-16 所示。

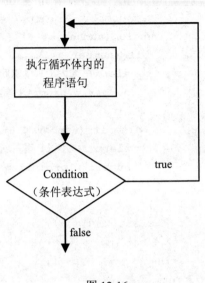

图 12-16

当编写循环时，需要留意循环的结束条件，避免陷入无限循环，例如下面的程序语句就是一个无限循环，程序会一直执行循环无法结束，此时只能通过关闭浏览器来终止这个程序：

```
do
{
    alert("Hello!");
} while(1);
```

我们可以使用 do…while 循环将 12-7-4 节的范例程序改写如下，执行结果是相同的。

<\Ch12\do.html>

```html
<!DOCTYPE html>
<html>
  <head>
    <meta charset="utf-8">
    <script>
      do {
        var number = prompt('输入 1 ~ 10 的数字', '');
        if (number > 6)
          alert("太大了！请重新输入！");
        else if (number < 6)
          alert("太小了！请重新输入！");
      } while(number != 6)
      alert("答对了！");
    </script>
  </head>
</html>
```

12-7-6　for...in

for...in 循环是专门设计给数组或集合等对象使用的 for 循环，可以用来获取对象的全部属性，然后针对每个属性执行指定的程序语句，其语法如下，其中变量用来暂时存储属性的键（Key）。若要在中途强制跳出 for...in 循环，则可以使用 break 指令。

```
for (变量 in 对象)
{
    程序语句;
}
```

数组或集合和变量一样可以用来存放数据，不同的是一个变量只能存放一个数据，而一个数组或集合可以存放多个数据。有关数组的存取方式，我们会在 13-3-8 节进一步说明。

下面来看一个范例程序，一开始先声明一个名为 Students 的数组并设置初始值，里面总共有 3 个元素，初始值分别为"小丸子"、"小玉"、"花轮"，然后使用 for...in 循环显示数组各个元素的值，如图 12-17 所示。

<\Ch12\forin.html>

```
<script>
    //声明包含 3 个元素的数组
    var Students = new Array("小丸子", "小玉", "花轮");
    for (var i in Students) {
      alert(Students[i]);
    }
</script>
```

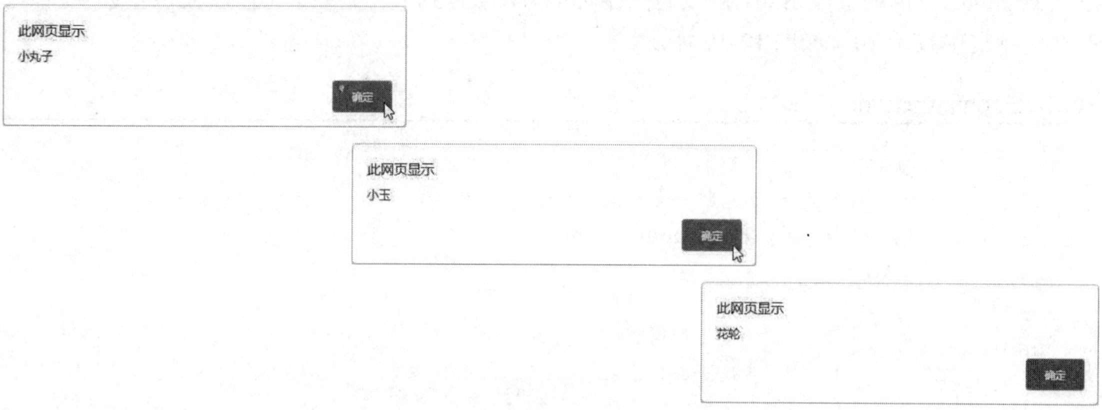

图 12-17

注意，for(var i in Students)程序语句中的变量 i 代表的是 Students 数组的下标，在第一次执行这条程序语句时，变量 i 代表的是数组第 1 个元素的下标 0，而 Students[i]为 Students[0]，于是在对话框中显示"小丸子"；在第二次执行这条程序语句时，变量 i 代表的是数组第 2 个元素的下标 1，而 Students[i]为 Students[1]，于是在对话框中显示"小玉"；在第三次执行这个程序语句时，变量 i 代表的是数组第 3 个元素的下标 2，而 Students[i]为 Students[2]，于是在对话框中显示"花轮"，由于这是最后一个元素，因此在显示完毕后便会结束 for...in 循环。

12-7-7 break 与 continue

在编写循环后，程序就会按照设置将循环执行完毕，不会中途跳出循环。不过，有时我们可能需要在循环体内检查某些条件表达式，一旦成立就强制跳出循环，此时可以使用 break 指令。

下面的范例程序的执行结果会显示 6，因为第 03 ~ 06 行的 for 循环并没有执行到 10 次，当第 04 行检查到变量 i 大于 3 时，就会执行 break 指令强制跳出循环，所以第 05 行只执行了 3 次，也就是变量 total 的值为 1+2+3=6，如图 12-18 所示。

<\Ch12\break.html>

```
01    <script>
02      var total = 0;
03      for (var i = 1; i <= 10; i++) {
04        if (i > 3) break;
05        total += i;
06      }
07      alert(total);
08    </script>
```

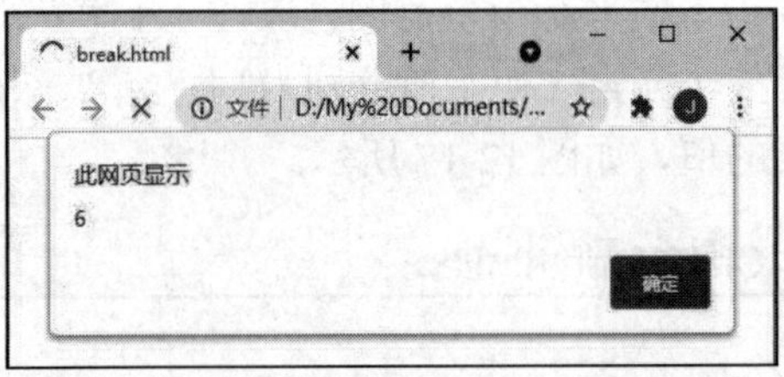

图 12-18

此外，JavaScript 还提供了另一个经常用于循环体内的 continue 指令，它的作用是跳过当前轮次的循环中尚未执行的程序语句，直接返回循环的开头执行下一轮次的循环。

下面的范例程序的执行结果会显示 10，因为在执行到第 03 行时，只要 i 小于 10，就会跳过 continue;后面的程序语句，直接返回循环的开头，直到 i 大于等于 10，才会执行第 04 行，即在对话框中显示 10，如图 12-19 所示。

<\Ch12\continue.html>

```
01    <script>
02      for (var i = 1; i <= 10; i++) {
03        if (i < 10) continue;
04        alert(i);
05      }
06    </script>
```

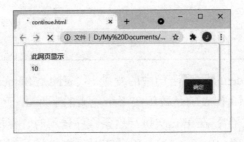

图 12-19

12-8　函数

函数（Function）是将一段具有某种功能的程序语句写成独立的程序单元，然后给予特定名称，供后续程序调用，以提高程序的重复使用性及可读性。有些程序设计语言把函数称为"方法"（Method）、"过程"（Procedure）或"子程序"（Subroutine），例如 JavaScript 和 Python 是将对象所有提供函数称为方法。

函数可以执行通用操作，也可以处理事件，前者称为"通用函数"（General Function），后者称为"事件函数"（Event Function）。举例来说，我们可以针对网页上某个按钮的 onclick 属性编写事件函数，假设该事件函数的名为 showMsg()，一旦用户单击这个按钮，就会调用 showMsg()事件函数，如图 12-20 所示。

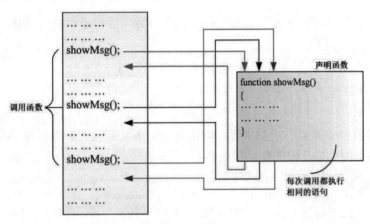

图 12-20

原则上，事件函数通常处于闲置状态，直到为了响应用户或系统所触发的事件时才会被调用；相反，通用函数与事件无关，程序设计人员必须自行编写程序代码来调用通用函数。

12-8-1　用户自定义函数

JavaScript 的内部函数通常是针对常见的用途所提供的，不一定能够满足所有需求，若要自定义一些功能，则要自行定义函数。

我们可以使用 function 关键字声明函数，其语法如下：

```
function 函数名称(参数 1, 参数 2,…)
{
    程序语句；
    Return 返回值；
}
```

◆ 函数名称的命名规则和变量相同，建议采用"动词+名词"、单词中大写的格式，例如 showMessage、getArea。

◆ 参数（parameter）用来传递数据给函数，可以有 0 个、1 个或多个。若没有参数，则小括号仍要保留；若有多个参数，则中间以逗号隔开。

◆ 函数主体用来执行操作，可以有 1 条或多条程序语句。

◆ {}用来标记函数的开头与结尾。

◆ 返回值是函数执行完毕的结果，可以有 0 个、1 个或多个，会返回给调用函数的地方，可以使用 return 语句。若没有返回值，则 return 语句可以省略不写，此时会返回默认的 undefined；若有多个返回值，则可以使用数组或对象。

下面的范例程序声明一个名为 sum、有两个参数、有一个返回值的函数，它会返回两个参数的总和：

```
function sum(a, b)
{
    Return a + b;
}
```

下面的程序语句声明一个名为 showMsg、没有参数、没有返回值的函数：

```
function showMsg() {
    var userName = prompt("请输入您的大名", "");
    alert(userName + "您好！欢迎光临！");
}
```

注意，一般函数必须调用才会执行，调用语法如下，若没有参数，则小括号仍需保留；若有参数，则参数的个数及顺序都必须正确：

函数名称(参数 1，参数 2,…);

下面来看一个范例程序，其中第 07 ~ 10 行声明一个名为 showMsg、没有参数、没有返回值的函数，第 12 行调用该函数，如此一来，当用户载入网页时，就会显示对话框要求输入姓名，进而显示欢迎信息，如图 12-21 所示，若将第 12 行省略不写，则该函数将不会被执行。

<\Ch12\func1.html>

```
01 <!DOCTYPE html>
02 <html>
03  <head>
04    <meta charset="utf-8">
05    <script>
06     //声明函数
07     function showMsg() {
08      var userName = prompt("请输入您的大名", "");
09      alert(userName + "您好！欢迎光临！");
10     }
11     //调用函数
12     showMsg();
13    </script>
14  </head>
15  <body>
```

```
16    </body>
17  </html>
```

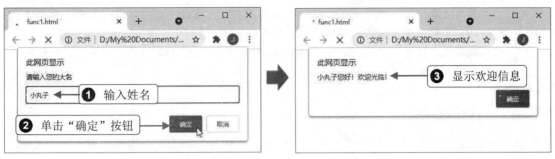

图 12-21

我们也可以在 HTML 程序代码中调用函数。下面来看一个范例程序，范例程序会通过 <body>元素的 onload 事件属性设置当浏览器发生 load 事件时（即加载网页），就调用 showMsg() 方法，页面显示如图 12-22 所示。

<\Ch12\func2.html>

```
01  <!DOCTYPE html>
02  <html>
03    <head>
04      <meta charset="utf-8">
05      <script>
06        //声明函数
07        function showMsg() {
08          var userName = prompt("请输入您的大名", "");
09          alert(userName + "您好！欢迎光临！");
10        }
11      </script>
12    </head>
13    <body onload="javascript: showMsg();">
14    </body>
15  </html>
```

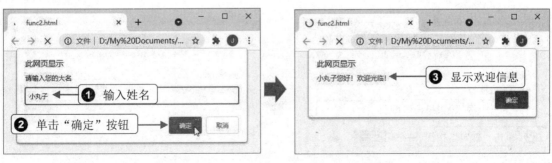

图 12-22

注 意

- 当函数内没有 return 指令或 return 指令后面没有任何值时，我们习惯说该函数没有返回值，但严格来说，该函数其实返回了默认的 undefined。
- 当函数有返回值时，return 指令通常编写在函数的结尾，若编写在函数的中间，则后面的程序语句不会被执行。

12-8-2 函数的参数

我们可以通过参数把数据传递给函数，若有多个参数，则中间以逗号隔开即可。在调用有参数的函数时，要注意参数的个数及顺序均不能弄错，若没有给参数赋值，则参数的值默认为 undefined。

下面来看一个范例程序，当浏览器加载网页时，会出现对话框要求用户输入摄氏温度，然后转换为华氏温度，再将结果显示出来，如图 12-23 所示。我们将转换的操作编写成名为 Convert2F 的函数，同时有一个名为 degreeC 的参数（第 07 行），然后根据公式将参数由摄氏温度转换为华氏温度（第 08 行），再将结果显示出来（第 09 行）。

`<\Ch12\func3.html>`

```
01 <!DOCTYPE html>
02 <html>
03   <head>
04     <meta charset="utf-8">
05     <script>
06       //声明名为 C2F、参数为 degreeC 的函数
07       function C2F(degreeC) {
08        var degreeF = degreeC * 1.8 + 32;
09        alert("摄氏" + degreeC + "度可以转换为华氏" + degreeF + "度");
10       }
11       var temperature = prompt("请输入摄氏温度", "");
12       //调用函数时要将摄氏温度作为参数传入
13       C2F(temperature);
14     </script>
15   </head>
16 </html>
```

图 12-23

12-8-3 函数的返回值

在函数内的程序语句执行完毕之前，程序的控制权都不会离开函数，不过，有时我们可能需要提早离开函数，返回调用函数的地方，此时可以使用 return 指令；或者，当我们需要从函数返回数据时，可以使用 return 指令，后面加上返回值。注意，return 指令和返回值不可以分行编写。

举例来说，我们可以将 func3.html 改写如下，执行结果是相同的。由于 C2F() 函数的 return degreeF = degreeC * 1.8 + 32;语句（第 07 行）会返回摄氏温度转换为华氏温度的结果，因此在第 10 行调用 C2F() 函数并将返回值赋值给变量 result，然后在第 11 行调用 alert() 函数将结果显示出来。

当我们希望从函数返回数据时，可以使用 return 关键字，举例来说，我们可以将前一节的 <\Ch12\func3.html>改写如下，执行结果将维持不变，如图 12-24 所示。

<\Ch12\func4.html>

```
01 <!DOCTYPE html>
02 <html>
03   <head>
04     <meta charset="utf-8">
05     <script>
06     function C2F(degreeC) {
07       return degreeF = degreeC * 1.8 + 32;  //返回转换完毕的结果
08     }
09     var temperature = prompt("请输入摄氏温度", "");
10     var result = C2F(temperature);             //将返回值赋值给变量 result
11     alert("摄氏" + temperature + "度可以转换为华氏" + result + "度");
12     </script>
13   </head>
14 </html>
```

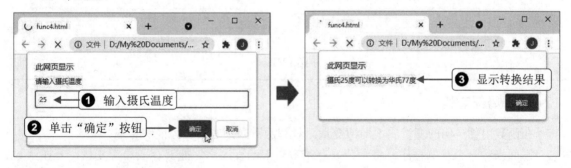

图 12-24

12-9 变量的作用域

变量的作用域（Scope）指的是程序内的哪些语句能够存取变量，常见的有"全局变量"（Global Variable）和"局部变量"（Local Variable）。

12-9-1 全局变量

在函数外部声明的变量属于全局变量，程序中的所有语句都能存取。

下面来看一个范例程序，将示范函数内部和外部的程序语句都能存取全局变量。

<\Ch12\global.html>

```
<!DOCTYPE html>
<html>
  <head>
    <meta charset="utf-8">
    <script>
     function showMsg() {
       alert(msg);
     }
     var msg = 'Hello';          ❶ 声明全局变量
     showMsg();          ❷ 调用函数，在函数内显示全局变量的值，结果如图12-25左图所示
     alert(msg);          ❸ 在函数外部显示全局变量的值，结果如图12-25右图所示
    </script>
  </head>
  <body>
  </body>
</html>
```

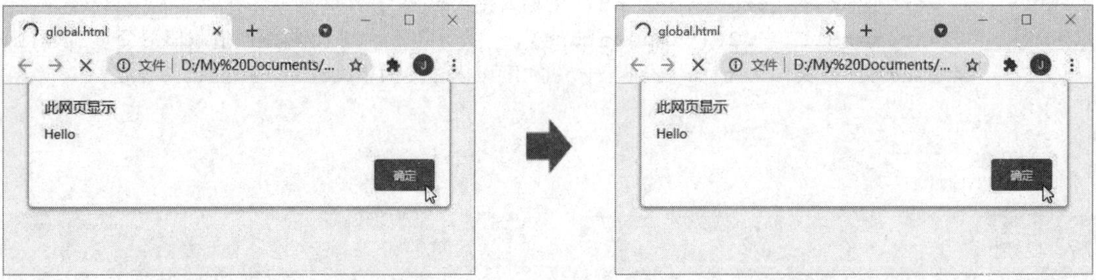

图 12-25

12-9-2 局部变量

在函数内部声明的变量属于局部变量，只有函数内部的语句才能够存取。

下面来看一个范例程序，将示范只有函数内部的程序语句能够存取局部变量，若在函数外部显示局部变量的值，则会发生错误，因为函数执行完毕就会移除局部变量。只要开启浏览器内建的开发者工具（例如在 Chrome 浏览器按 [F12] 键），就可以看到如图 12-26 所示的错误信息，提示变量 msg 尚未定义。

<\Ch12\local.html>

```
<script>
  function showMsg() {
```

```
        var msg = 'Hello';
        alert(msg);
    }
    showMsg();
    alert(msg);
</script>
```

❶ 调用函数，在函数内部显示局部变量的值，结果如图12-26左图所示

❷ 在调用函数外部显示全局变量的值，结果如图12-26右图所示

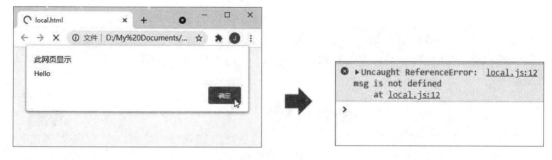

图 12-26

注 意

变量的声明周期

在执行函数时，解释器会创建局部变量，待函数执行完毕就会将其删除；相反，在声明全局变量时，解释器会创建全局变量，待整个程序执行完毕才会将其删除。因此，全局变量越多，占用的内存就越多，我们应该尽量以局部变量取代全局变量。

最后讨论一种情况，若函数内部声明了与全局变量同名的局部变量，会怎么样呢？下面来看一个范例程序，该范例程序在函数外部声明一个名为 msg、值为"Hello"的全局变量（第11 行），又在函数内部声明一个名为 msg、值为"Good"的局部变量（第 07 行），显然两者同名，这会发生命名冲突吗？

执行结果是先显示 Good，再显示 Hello，没有发生命名冲突，这是因为在执行函数时遇到与全局变量同名的局部变量，会引用函数内部的局部变量，而忽略全局变量，我们将这个特点称为遮蔽效应。

<\Ch12\shadow.html>

```
01 <!DOCTYPE html>
02 <html>
03   <head>
04     <meta charset="utf-8">
05     <script>
06       function showMsg() {
07         var msg = 'Good';
08         alert(msg);
09       }
10
11       var msg = 'Hello';
```

❶ 声明全局变量

```
12      showMsg();◄      ➋  调用函数，先声明局部变量，然后在函数内显
13      alert(msg);           示全局变量的值，结果如图12-27左图所示
14    </script>
                         ➌  显示全局变量的值，结果如图12-27右图所示
15  </head>
16  <body>
17  </body>
18  </html>
```

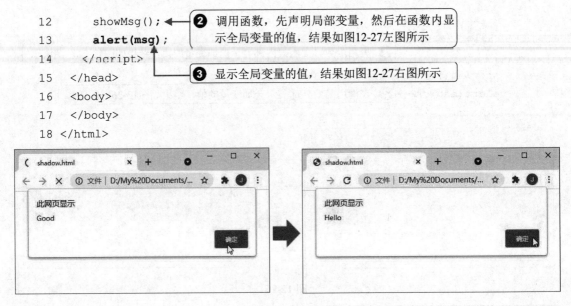

图 12-27

第 13 章

对　象

13-1　认识对象

在开始介绍对象之前，我们先来说明面向对象（Object Oriented）的概念。面向对象是软件开发过程中极具影响性的突破，越来越多的程序设计语言强调其面向对象的特性，JavaScript也不例外。

面向对象的优点是对象可以在不同的应用程序中被重复使用，Windows 操作系统本身就是一个面向对象的例子，用户在 Windows 操作系统中所看到的东西，包括窗口、按钮、对话框、菜单、滚动条、窗体、控件、数据库等均属于对象，可以将这些对象放进自己编写的应用程序，然后视实际情况变更对象的属性或字段（例如标题栏的文字、按钮的大小、窗口的大小与位置等），而不必再为了这些对象编写冗长的程序代码。

下面来解释几个相关的名词。

- 对象（Object）或实例（Instance）就像在日常生活中所看到的各个物体，例如房子、计算机、手机、冰箱、汽车、电视等，对象可能又是由许多子对象组成的，比如，计算机是一个对象，而计算机又是由 CPU、主存储器、硬盘、主板等子对象组成；又比如，Windows操作系统中的窗口是一个对象，而窗口又是由标题栏、菜单栏、工具栏、状态栏等子对象组成的。在 JavaScript 中，对象是数据与程序代码的组合，它可以是整个应用程序或整个应用程序的一部分。

- 属性（Property）或字段（Field）用来描述对象的特质，比如，计算机是一个对象，而计算机的 CPU 等级、主存储器容量、硬盘容量、制造厂商等用来描述计算机的特质，就是这个对象的属性（见图 13-1）；又比如，Windows 操作系统中的窗口是一个对象，而它的大小、位置等用来描述窗口的特质，就是这个对象的属性。

- 方法（Method）用来执行对象的操作，比如，计算机是一个对象，而开机、关机、执行应用程序等操作就是这个对象的方法；又比如，JavaScript 的 document 对象提供了 write()方法，可以让网页设计人员将指定的字符串写入 HTML 文件。

◆ 事件（Event）是在某些情况下发出特定的警告信号，比如，当发动汽车却没有关好车门时，汽车会发出哔哔声警告，这就是一个事件；又比如，当用户单击网页上的按钮时，就会产生一个 click 事件，然后网页设计人员可以针对该事件编写处理程序，例如将数据传回 Web 服务器。

◆ 类（Class）是对象的分类，就像对象的蓝图，隶属于相同类的对象具有相同的属性、方法与事件，但属性的值则不一定相同。比如，假设汽车是一个类，它有品牌、颜色、型号等属性及开门、关门、发动等方法，那么一辆白色 BMW 520 汽车就是隶属于汽车类的一个对象或实例，其品牌属性的值为 BMW，颜色属性的值为白色，型号属性的值为 520。除了这些属性之外，它还有开门、关门、发动等方法，至于其他车种（例如 BENZ），则为汽车类的其他对象或实例，如图 13-2 所示。

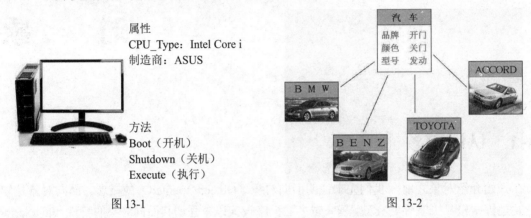

图 13-1　　　　　　　　　　　　　　　　　　图 13-2

对 JavaScript 来说，对象是属性、方法与事件的集合，代表某个东西，例如网页上的窗体、图片、表格、超链接等元素，通过这些对象，网页设计人员就可以访问网页上某个元素的属性与方法。

举例来说，JavaScript 有一个名称为 window 的对象，代表一个浏览器窗口（Window）、标签页（Tab）或框架（Frame），而 window 对象有一个名称为 status 的属性，代表浏览器窗口的状态栏文字，假设要将状态栏文字设置为"欢迎光临 ~~~~"，那么可以写成 window.status = "欢迎光临~~~~";，其中小数点（.）用来访问对象的属性与方法，页面显示如图 13-3 所示。

<\Ch13\status.html>

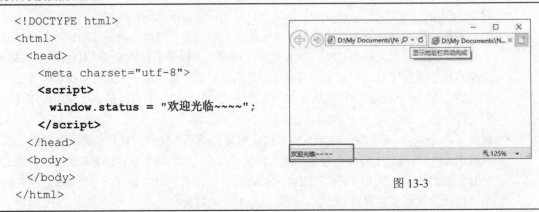

```
<!DOCTYPE html>
<html>
  <head>
    <meta charset="utf-8">
    <script>
      window.status = "欢迎光临~~~~";
    </script>
  </head>
  <body>
  </body>
</html>
```

图 13-3

我们在前一章已经介绍过 JavaScript 的核心部分，包括类型、变量、运算符、流程控制、函数等，本章将着重介绍 JavaScript 在浏览器端的应用，也就是如何利用 JavaScript 让静态的 HTML 文件具有动态效果，其中最重要的就是 window 对象。

事实上，JavaScript 的对象均隶属于 window 对象，包括我们在前一章所声明的变量、函数及 alert()、prompt()等函数也隶属于 window 对象，由于它是"全局对象"，同时也是默认对象，因此 window 关键字可以省略不写。举例来说，当我们调用 alert()、prompt()等函数时，可以只写出 alert()、prompt()，而不必写出 window.alert()、window.prompt()，这类函数就是所谓的"全局函数"。

window 对象包含许多子对象，这些子对象可以归纳为以下 3 种类型：

- 标准内建对象：指的是真正属于 JavaScript 内建的对象，与网页、浏览器或其他环境无关，也就是说，无论我们使用 JavaScript 实现任何应用（不限定是网页程序设计），都可以通过这些对象访问数据或进行运算，包括 Array、Boolean、Date、Error、Function、Global、Math、Number、Object、RegExp、String 等对象。
- 环境对象：我们可以通过环境对象访问浏览器或用户屏幕的信息，包括 location、screen、navigator、history 等对象。
- document 对象：这个对象代表的是 HTML 文件本身，我们可以通过它访问 HTML 文件的元素，包括窗体、图片、表格、超链接等。

提　示

JavaScript 与 HTML 5 API

除了内建的对象之外，JavaScript 还可以通过 HTML 5 提供的 API（Application Programming Interface，应用程序编程接口）编写出许多强大的功能，例如绘图、影音多媒体、拖曳操作、地理定位、跨文件通信、后台执行等。

13-2　window 对象

如前一节所言，window 对象代表一个浏览器窗口、标签页或框架，JavaScript 的对象均隶属于 window 对象，我们可以通过这个对象访问浏览器窗口的相关信息，例如状态栏的文字、窗口的位置、高度与宽度等，同时也可以通过这个对象进行打开窗口、关闭窗口、移动窗口、滚动窗口、调整窗口大小、启动定时器、打印网页等操作。

window 对象常用的属性如表 13-1 所示。

表 13-1　window 对象常用的属性

属　性	说　明
closed	返回窗口是否已经关闭，true 表示是，false 表示否
devicePixelRatio	返回屏幕的设备像素比
document	指向窗口中的 document 对象

（续表）

属　　性	说　　明
fullScreen	返回窗口是否为全屏幕显示，true 表示是，false 表示否
history	指向 history 对象
innerHeight	返回窗口中网页内容的高度，包含水平滚动条（以像素为单位）
innerWidth	返回窗口中网页内容的宽度，包含水平滚动条（以像素为单位）
location	指向 location 对象
name	取得或设置窗口的名称
navigator	指向 navigator 对象
outerHeight	返回窗口的总高度，包括工具栏、滚动条等（以像素为单位）
outerWidth	返回窗口的总宽度，包括工具栏、滚动条等（以像素为单位）
parent	指向父窗口
screen	指向 screen 对象
screenX	返回窗口左上角在屏幕上的 X 轴坐标
screenY	返回窗口左上角在屏幕上的 Y 轴坐标
self	指向 window 对象本身
status	窗口的状态栏文字
top	指向顶层窗口

window 对象常用的方法如表 13-2 所示。

表 13-2　window 对象常用的方法

方　　法	说　　明
alert(msg)	显示包含参数 msg 所设置的文字的警告对话框，如图 13-4 所示 此网页显示 及格! 确定 图 13-4
prompt(msg, [input])	显示包含参数 msg 所设置的文字的输入对话框，参数 input 为默认的输入值，可以省略不写，如图 13-5 所示  此网页显示 输入1 ~ 10的数字 2 确定　取消 图 13-5

（续表）

方　　法	说　　明
confirm(msg)	显示包含参数 msg 所设置的文字的确定对话框。若用户单击"确定"按钮，则返回 true；若用户单击"取消"按钮，则返回 false，如图 13-6 所示  此网页显示 确定要结束程序？ 确定　取消 图 13-6
moveBy(deltaX, deltaY)	移动窗口位置，X 轴位移为 deltaX，Y 轴位移为 deltaY
moveTo(x, y)	移动窗口至屏幕上坐标为（x, y）的位置
resizeBy(deltaX, deltaY)	调整窗口大小，宽度变化量为 deltaX，高度变化量为 deltaY
resizeTo(x, y)	调整窗口至宽度为 x，高度为 y
scrollBy(deltaX, deltaY)	调整滚动条，X 轴位移为 deltaX，Y 轴位移为 deltaY
scrollTo(x, y)	调整滚动条，令网页内坐标为（x, y）的位置显示在左上角
open(uri, name, features)	打开一个内容为 url、名为 name、外观为 features 的窗口，返回值为新窗口的 window 对象
close()	关闭窗口
focus()	令窗口获取焦点
print()	打印网页
setInterval(exp, time)	启动定时器，以参数 time 所设置的时间周期性地执行参数 exp 所设置的表达式，参数 time 的单位为千分之一秒
clearInterval()	停止 setInterval() 所启动的定时器
setTimeOut(exp, time)	启动定时器，当参数 time 所设置的时间到达时，执行参数 exp 所设置的表达式，参数 time 的单位为千分之一秒
clearTimeOut()	停止 setTimeOut() 所启动的定时器

open() 方法的外观参数如表 13-3 所示。

表 13-3　open() 方法的外观参数

外观参数	说　　明
copyhistory=1 或 0	是否复制浏览历程记录
directories=1 或 0	是否显示导航条
fullscreen=1 或 0	是否全屏幕显示
location=1 或 0	是否显示网址栏
menubar=1 或 0	是否显示菜单栏
status=1 或 0	是否显示状态栏
toolbar=1 或 0	是否显示工具栏
scrollbars=1 或 0	当文件内容超过窗口时，是否显示滚动条

（续表）

外观参数	说　明
resizable=1 或 0	是否可以改变窗口大小
height=n	窗口的高度，n 为像素数
width=n	窗口的宽度，n 为像素数

下面来看一个范例程序，当用户单击"打开新窗口"超链接时，会打开一个新窗口，而且新窗口的内容为<new.html>，高度为 200 像素，宽度为 400 像素（见图 13-7）；当用户单击"关闭新窗口"超链接时，会关闭刚才打开的新窗口；当用户单击"关闭本窗口"超链接时，会关闭原来的窗口。

\<\Ch13\open.html>

```html
<!DOCTYPE html>
<html>
  <head>
    <meta charset="utf-8">
    <script>
      var myWin = null;
      //打开新窗口
      function openNewWindow() {
        myWin = window.open("new.html", "myWin", "height=200, width=400");
      }
      //关闭新窗口
      function closeNewWindow() {
        if (myWin) myWin.close();
      }
      //关闭本窗口
      function closeThisWindow() {
        window.close();
      }
    </script>
  </head>
  <body>
    <a href="javascript: openNewWindow();">打开新窗口</a>
    <a href="javascript: closeNewWindow();">关闭新窗口</a>
    <a href="javascript: closeThisWindow();">关闭本窗口</a>
  </body>
</html>
```

❶ 将open()方法所返回的window对象（即新窗口）赋值给变量myWin

❷ 若新窗口存在，则调用close()方法关闭新窗口

❸ 调用close()方法关闭本窗口

❹ 设置超链接所链接的函数

\<\Ch13\new.html>

```html
<!DOCTYPE html>
<html>
  <head>
```

```
    <meta charset="utf-8">
  </head>
  <body>
    这是高度为 200 像素、宽度为 400 像素的新窗口
  </body>
</html>
```

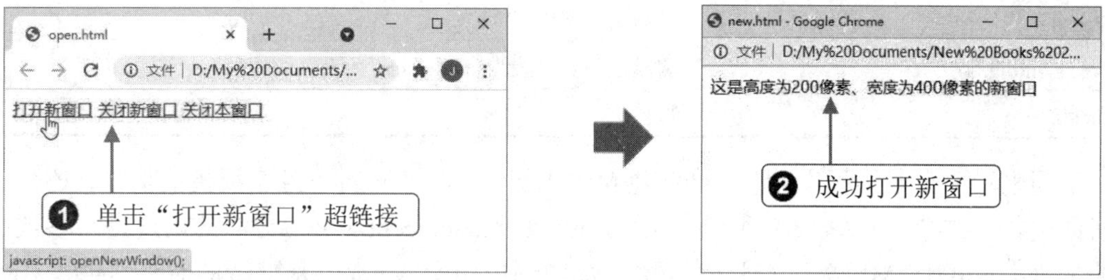

图 13-7

13-3　标准内部对象

13-3-1　Number 对象

我们可以通过 Number 对象新建数值类型的变量,例如下面的程序语句使用 new 关键字创建一个名为 X、值为 123.456 的变量:

```
var X = new Number(123.456);
```

事实上,这种写法并不常见,我们通常会直接写成如下形式:

```
var X = 123.456;
```

Number 对象的属性如表 13-4 所示。

表 13-4　Number 对象的属性

属　　性	说　　明
MAX_VALUE	返回 JavaScript 的最大数值,约为 1.7976931348623157e+308
MIN_VALUE	返回 JavaScript 的最小数值,约为 5e–324
NaN	返回 NaN(Not a Number)
NEGATIVE_INFINITY	返回–Infinity
POSITIVE_INFINITY	返回 Infinity

Number 对象的方法如表 13-5 所示。

表 13-5　Number 对象的方法

方　　法	说　　明
isNaN(x)	判断参数 x 是否为 NaN,true 表示是,false 表示否
isFinite(x)	判断参数 x 是否为有限数值,true 表示是,false 表示否

（续表）

方　　法	说　　明
isInteger(x)	判断参数 x 是否为整数，true 表示是，false 表示否
toExponential()	转换为科学记数表示法
toFixed(digits)	将小数点后面的精确位数设置为参数 digits 所设置的位数
toString()	转换为字符串
toPrecision(digits)	将精确位数设置为参数 digits 所设置的位数
valueOf()	取值

下面来看一个范例程序，除了会在浏览器中显示 Number 对象各个属性的值外，还会示范如何调用各个方法，如图 13-8 所示。注意，window.document.write()方法的用途是将参数所设置的字符串写入 HTML 文件，然后显示在浏览器中，由于 window 是默认的对象，因此 window 关键字可以省略不写。

<\Ch13\number.html>

```
<script>
  document.write(Number.MAX_VALUE + "<br>");
  document.write(Number.MIN_VALUE + "<br>");
  document.write(Number.NaN + "<br>");
  document.write(Number.NEGATIVE_INFINITY + "<br>");
  document.write(Number.POSITIVE_INFINITY + "<br>");
  document.write("100 是 NaN 吗？" + Number.isNaN(100) + "<br>");
  document.write("100 是有限数值吗？" + Number.isFinite(100) + "<br>");
  document.write("100 是整数吗？" + Number.isInteger(100) + "<br>");
  var X = new Number(123.456);
  document.write(X + "转换为科学记数表示法得到" + X.toExponential() + "<br>");
  document.write(X + "取到小数点后面两位得到" + X.toFixed(2) + "<br>");
  document.write(X + "转换为字符串得到" + X.toString() + "<br>");
  document.write(X + "设置为 8 位精确位数得到" + X.toPrecision(8) + "<br>");
  document.write(X + "取值得到" + X.valueOf() + "<br>");
</script>
```

图 13-8

13-3-2　Boolean 对象

我们可以通过 Boolean 对象新建布尔类型的变量，例如下面的程序语句使用 new 关键字创建一个名为 X、值为 false 的变量：

```
var X = new Boolean(false);
```

同样，这种写法并不常见，我们通常会直接写成如下形式：

```
var X = false;
```

当以第一种方式新建布尔类型的变量时，只有在参数为 false、0、null 或 undefined 的情况下，才会得到值为 false 的变量，否则都会得到值为 true 的变量。

13-3-3　String 对象

我们可以通过 String 对象新建字符串类型的变量，例如下面的程序语句使用 new 关键字新建一个名为 X、值为"JavaScript 程序设计"的变量：

```
var X = new String("JavaScript 程序设计");
```

同样，这种写法并不常见，我们通常会直接写成如下形式：

```
var X = "JavaScript 程序设计 ";
```

String 对象有一个属性 length 用来表示字符串的长度，以变量 X 为例，它的值为"JavaScript 程序设计"，因此，它的长度 X.length 会返回 14，如图 13-9 所示。

```
alert(X.length);
```

图 13-9

String 对象常用的方法如表 13-6 所示。

表 13-6　String 对象常用的方法

方　　法	说　　明
charAt(index)	返回字符串中索引为 index 的字符，举例来说，假设变量 X 的值为"JavaScript 程序设计"，则 X.charAt(0) 会返回字符 J，X.charAt(5) 会返回字符 c（注：第一个字符的索引为 0，第二个字符的索引为 1，其他以此类推）
charCodeAt(index)	返回字符串中索引为 index 的字符编码，举例来说，假设变量 X 的值为"JavaScript 程序设计"，则 X.charAt(0)会返回字符 J 的字符编码 74，X.charAt(5)会返回字符 c 的字符编码 99
indexOf(str, start)	从索引为 start 处开始寻找子字符串 str，找到的话，就返回索引，否则返回–1，若 start 省略不写，则从头开始寻找

（续表）

方　法	说　明
lastIndexOf(str)	寻找了字符串 str 最后的索引
match(str)	寻找子字符串 str，返回值为字符串，不是索引
search(str)	用途和 indexOf()相同，找到的话，就返回索引，否则返回–1。举例来说，假设变量 X 的值为"JavaScript 程序设计"，则 X.indexOf("a")会返回 1，X.lastIndexOf("a")会返回 3，X.match("a")会返回"a"，X.search("a")会返回 1
concat(str)	将字符串本身与参数 str 所指定的字符串连接，举例来说，假设变量 X 的值为"JavaScript 程序设计"，则 X.concat("一级棒")会返回"JavaScript 程序设计一级棒"
replace(str1, str2)	将寻找到的子字符串 str1 用 str2 取代
split(str)	根据参数 str 进行分割，将字符串转换为 Array 对象，举例来说，假设变量 X 的值为"JavaScript 程序设计"，则 X.split("a")会返回 J,v,Script 程序设计
substr(index, length)	从索引 index 处提取长度为 length 的子字符串
substring(i1, i2)	提取索引 i1～i2 的子字符串，举例来说，假设变量 X 的值为"JavaScript 程序设计"，则 X.substr(1, 5)会返回"avaSc"，也就是从索引 1 处提取 5 个字符，而 X.substring(1, 5)会返回"avaS"，也就是提取索引 1 到索引 4 的子字符串
toLowerCase()	将字符串转换为小写英文字母
toUpperCase()	将字符串转换为大写英文字母

除了前述方法之外，String 对象也提供了如表 13-7 所示的格式编排方法，可以将字符串输出为对应的 HTML 元素，其中 str 为字符串对象的内容。

表 13-7　其他格式编排方法

方　法	说　明
big()	返回<big>str</big> 标签字符串
bold()	返回str 标签字符串
fixed()	返回<tt>str</tt> 标签字符串
fontcolor(fcolor)	返回<font color="fcolor">str</font> 标签字符串
fontsize(fsize)	返回<font size="fsize">str</font> 标签字符串
italics()	返回<i>str</i> 标签字符串
link(uri)	返回<a href="uri">str</a> 标签字符串
small()	返回<small>str</small> 标签字符串
strike()	返回<strike>str</strike> 标签字符串
sub()	返回_{str} 标签字符串
sup()	返回^{str} 标签字符串

下面来看一个范例程序，将示范如何调用 String 对象的方法。

<\Ch13\string.html>

```
<!DOCTYPE html>
<html>
```

```
<head>
  <meta charset="utf-8">
  <script>
   var X = new String("JavaScript");
❶ document.write("big(): " + X.big() + "<br>");
❷ document.write("bold(): " + X.bold() + "<br>");
❸ document.write("fixed(): " + X.fixed() + "<br>");
❹ document.write("fontcolor('red'): " + X.fontcolor("red") + "<br>");
❺ document.write("fontsize(7): " + X.fontsize(7) + "<br>");
❻ document.write("italics(): " + X.italics() + "<br>");
❼ document.write("link('https://developer.mozilla.org'): " +
X.link("https://developer.mozilla.org") + "<br>");
❽ document.write("small(): " + X.small() + "<br>");
❾ document.write("strike(): " + X.strike() + "<br>");
❿ document.write("sub(): " + X.sub() + "<br>");
⓫ document.write("sup(): " + X.sup() + "<br>");
⓬ document.write(X + "转换为全部小写字母得到" + X.toLowerCase() + "<br>");
⓭ document.write(X + "转换为全部大写字母得到" + X.toUpperCase() + "<br>");
  </script>
</head>
</html>
```

页面显示如图 13-10 所示。

图 13-10

❶ 设置字符串为大写　　❷ 设置字符串为粗体　　❸ 设置字符串为固定宽度字符

❹ 设置字符串为红色　　❺ 设置字符串为7 级别大小　　❻ 设置字符串为斜体

❼ 设置字符串为超链接　　❽ 设置字符串为小字体　　❾ 设置字符串为删除线

❿ 设置字符串为下标　　⓫ 设置字符串为上标　　⓬ 设置字符串为全部小写

⓭ 设置字符串为全部大写

13-3-4　Function 对象

我们可以通过 Function 对象新建用户自定义函数，例如下面的程序语句使用 new 关键字新建一个名为 Sum、有两个参数 X 与 Y 的函数，这个函数会返回参数 X 与 Y 的总和：

```
var Sum = new Function("X", "Y", "return(X + Y)");
```

同样，这种写法并不常见，我们通常会直接写成如下形式：

```
function Sum(X, Y)
{
    return(X + Y);
}
```

事实上，任何 JavaScript 函数都是一个 Function 对象。

13-3-5　Object 对象

我们可以通过 Object 对象新建用户自定义对象，例如下面的程序语句使用 new 关键字新建一个名为 objEmployee 的对象，然后新增 ID、name、age 和 country 四个属性，同时给这四个属性分别赋值为"A110001"、"小丸子"、20、"上海市"：

```
var objStudent = new Object();
objStudent.ID = "A110001";
objStudent.name = "小丸子";
objStudente.age = 20;
objStudent.county = "上海市";
```

13-3-6　Math 对象

Math 对象提供了和数学运算相关的属性与方法（见表 13-8 和表 13-9），比较特别的是，当我们要使用 Math 对象的属性与方法时，并不需要先以 new 关键字新建 Math 对象。举例来说，Math 对象有一个名为 PI 的属性，表示圆周率，若要访问这个属性，则直接引用 Math.PI 即可，无须新建 Math 对象。

表 13-8　Math 对象提供的和数学运算相关的属性

属　　性	说　　明
Math.E	自然数 $e = 2.718281828459045$
Math.LN2	以 e 为底 2 的对数，$\ln 2 = 0.6931471805599453$
Math.LN10	以 e 为底 10 的对数，$\ln 10 = 2.302585092994046$
Math.LOG2E	以 2 为底 e 的对数，$\log_2 e = 1.4426950408889633$
Math.LOG10E	以 10 为底 e 的对数，$\log_{10} e = 0.4342944819032518$
Math.PI	圆周率 $\pi = 3.141592653589793$
Math.SQRT1_2	1/2 的平方根 $= 0.7071067811865476$
Math.SQRT2	2 的平方根 $= 1.4142135623730951$

表 13-9　Math 对象提供的和数学运算相关的方法

方　法	说　明
Math.abs(num)	返回参数 num 的绝对值
Math.acos(num)	返回参数 num 的反余弦函数
Math.asin(num)	返回参数 num 的反正弦函数
Math.atan(num)	返回参数 num 的反正切函数
Math.ceil(num)	返回大于等于参数 num 的整数
Math.cos(num)	返回参数 num 的余弦函数，num 为弧度
Math.exp(num)	返回自然数 e 的 num 次方
Math.floor(num)	返回小于等于参数 num 的整数
Math.log(num)	返回以 e 为底的对数
Math.max(n1,n2)	返回 n1 和 n2 中的较大值
Math.min(n1,n2)	返回 n1 和 n2 中的较小值
Math.pow(n1,n2)	返回 n1 的 n2 次方
Math.random()	返回 0 ~ 1.0 的随机数
Math.round(num)	返回参数 num 的四舍五入值
Math.sin(num)	返回参数 num 的正弦函数，num 为弧度
Math.sqrt(num)	返回参数 num 的平方根
Math.tan(num)	返回参数 num 的正切函数，num 为弧度

下面来看一个范例程序，将示范如何访问 Math 对象的属性与方法。

<\Ch13\math.html>

```
<script>
    document.write("E 的值为" + Math.E + "<br>");
    document.write("LN2 的值为" + Math.LN2 + "<br>");
    document.write("LN10 的值为" + Math.LN10 + "<br>");
    document.write("LOG2E 的值为" + Math.LOG2E + "<br>");
    document.write("LOG10E 的值为" + Math.LOG10E + "<br>");
    document.write("PI 的值为" + Math.PI + "<br>");
    document.write("SQRT1_2 的值为" + Math.SQRT1_2 + "<br>");
    document.write("SQRT2 的值为" + Math.SQRT2 + "<br>");
    document.write("-100 的绝对值为" + Math.abs(-100) + "<br>");
    document.write("5 和 25 的较大值为" + Math.max(5, 25) + "<br>");
    document.write("5 和 25 的较小值为" + Math.min(5, 25) + "<br>");
    document.write("2 的 10 次方为" + Math.pow(2, 10) + "<br>");
    document.write("1.56 的四舍五入值为" + Math.round(1.56) + "<br>");
    document.write("2 的平方根为" + Math.sqrt(2) + "<br>");
</script>
```

页面显示如图 13-11 所示。

图 13-11

13-3-7　Date 对象

Date 对象提供了和日期时间运算相关的方法，常见的方法如表 13-10，在调用这些方法之前，必须先使用 new 关键字新建 Date 对象。

表 13-10　Date 对象常见的方法

方　　法	说　　明
getDate()	返回日期 1 ~ 31
getDay()	返回星期 0 ~ 6，表示星期日到星期六
getMonth()	返回月份 0 ~ 11，表示一到十二月
getYear()	返回年份，若介于 1900 ~ 1999，则返回年份末尾的 2 位数，否则返回年份的 4 位数。有些浏览器已经不再支持 getYear()方法，改以 getFullYear()方法取代
getFullYear()	返回完整年份（4 位数）
getHours()	返回小时 0 ~ 23
getMinutes()	返回分钟 0 ~ 59
getSeconds()	返回秒数 0 ~ 59
getMilliseconds()	返回千分之一秒数 0 ~ 999
getTime()	返回自 1970/1/1 起的千分之一秒数
getUTCDate()	返回国际标准时间（UTC）的日期 1 ~ 31
getUTCDay()	返回国际标准时间的星期 0 ~ 6，表示星期日到星期六
getUTCMonth()	返回国际标准时间的月份 0 ~ 11，表示一到十二月
getUTCFullYear()	返回国际标准时间的完整年份（4 位数）
getUTCHours()	返回国际标准时间的小时 0 ~ 23
geUTCtMinutes()	返回国际标准时间的分钟 0 ~ 59
getUTCSeconds()	返回国际标准时间的秒数 0 ~ 59
getUTCMilliseconds()	返回国际标准时间的千分之一秒数 0 ~ 999
getTimezoneOffset()	返回系统时间与国际标准时间的时间差

（续表）

方　　法	说　　明
setDate(x)	设置日期 1～31
setDay(x)	设置星期 0～6，表示星期日到星期六
setMonth(x)	设置月份 0～11，表示一到十二月
setYear(x)	设置年份，若介于 1900～1999，则只需末尾两位数，否则需要 4 位数
setFullYear(x)	设置完整年份（4 位数）
setHours(x)	设置小时 0～23
setMinutes(x)	设置分钟 0～59
setSeconds(x)	设置秒数 0～59
setMilliseconds(x)	设置千分之一秒数 0～999
setTime(x)	设置自 1970/1/1 起的千分之一秒数
setUTCDate(x)	设置国际标准时间的日期 1～31
setUTCDay(x)	设置国际标准时间的星期 0～6，表示星期日到星期六
setUTCMonth(x)	设置国际标准时间的月份 0～11，表示一到十二月
setUTCFullYear(x)	设置国际标准时间的完整年份（4 位数）
setUTCHours(x)	设置国际标准时间的小时 0～23
setUTCMinutes(x)	设置国际标准时间的分钟 0～59
setUTCSeconds(x)	设置国际标准时间的秒数 0～59
setUTCMilliseconds(x)	设置国际标准时间的千分之一秒数 0～999
toGMTString()	按照格林尼治标准时间（GMT）格式，将时间转换为字符串
toLocalString()	按照当地时间格式，将时间转换为字符串
toString()	将时间转换为字符串
toUTCString()	按照国际标准时间格式，将时间转换为字符串

下面来看一个范例程序，将示范如何通过 Date 对象获取当前日期时间的相关信息。

<\Ch13\date.html>

```
<script>
    //创建一个名为 objDate 的 Date 对象，默认值为系统当前的日期时间
    var objDate = new Date();
    //在浏览器显示 objDate 对象的值
    document.write("当前的日期时间为" + objDate + "<br>");
    //调用 Date 对象的方法并显示结果
    document.write("getDate()的返回值为" + objDate.getDate() + "<br>");
    document.write("getDay()的返回值为" + objDate.getDay() + "<br>");
    document.write("getMonth()的返回值为" + objDate.getMonth() + "<br>");
    document.write("getFullYear() 的 返 回 值 为 " + objDate.getFullYear() +
"<br>");
    document.write("getHours()的返回值为" + objDate.getHours() + "<br>");
    document.write("getMinutes() 的 返 回 值 为 " + objDate.getMinutes() +
"<br>");
```

```
        document.write("getSeconds() 的 返 回 值 为 " + objDate.getSeconds() +
"<br>");
        document.write("getMilliseconds()的返回值为" + objDate.getMilliseconds()
+ "<br>");
        document.write("getTime()的返回值为" + objDate.getTime() + "<br>");
    </script>
```

页面显示如图 13-12 所示。

图 13-12

下面来看一个范例程序，将新建一个 Date 对象，然后将该对象的日期时间设置为 2022 年 2 月 14 日 12:10:25。

<\Ch13\date2.html>

```
<!DOCTYPE html>
<html>
  <head>
    <meta charset="utf-8">
    <script>
      var objDate = new Date();          //创建一个名为 objDate 的 Date 对象
      objDate.setDate(14);               //将日期设置为 14 日
      objDate.setMonth(1);               //将月份设置为 2 月
      objDate.setYear(2022);             //将年份设置为 2022 年
      objDate.setHours(12);              //将小时设置为 12 点
      objDate.setMinutes(10);            //将分钟设置为 10 分
      objDate.setSeconds(25);            //将秒数设置为 25 秒
      document.write("这个日期时间为" + objDate);
    </script>
  </head>
</html>
```

页面显示如图 13-13 所示。

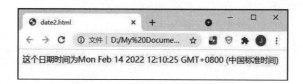

图 13-13

或许读者已经注意到执行结果内的 GMT+0800 等文字，GMT 为国际标准时间，也就是格林尼治标准时间，而 GMT+0800 表示当地时间为格林尼治标准时间加上 8 小时。

13-3-8　Array 对象

1. 一维数组

我们可以通过 Array 对象创建数组，数组和变量一样是用来存放数据的，不同的是数组虽然只有一个名称，却可以用来存放连续的多个数据。

数组所存放的每个数据叫作元素（Element）。至于数组是如何区分它所存放的多个数据的，答案是索引或下标（Index、Subscript，在数组中习惯称为下标）。下标是一个数字，JavaScript 默认以下标 0 代表数组的第一个元素，下标 1 代表数组的第二个元素，……，以此类推，下标 n–1 则代表数组的第 n 个元素。

当数组的元素个数为 n 时，表示数组的长度（Length）为 n，而且除了一维数组（One-Dimension）之外，JavaScript 也允许我们使用多维数组（Multi-Dimension）。

我们可以使用如下语法声明一个名为 studentNames、包含 5 个元素的一维数组，然后一一给各个元素赋值，注意下标的前后要以中括号括起来：

```
var studentNames = new Array(5);
studentNames[0] = "小丸子";
studentNames[1] = "花轮";
studentNames[2] = "小玉";
studentNames[3] = "美环";
studentNames[4] = "丸尾";
```

或者，也可以在声明一维数组的同时给各个元素赋值：

```
var studentNames = new Array("小丸子", "花轮", "小玉", "美环", "丸尾");
```

另外，JavaScript 还允许我们使用如下语法声明一维数组：

```
var studentNames = ["小丸子", "花轮", "小玉", "美环", "丸尾"];
```

下面来看一个范例程序，该范例程序使用一个包含 7 个元素的数组来存放饮料的名称，然后以表格的形式显示出来。注意，在第 11~14 行的 for 循环中，我们通过 Array 对象的 length 属性获取数组的元素个数。

<\Ch13\array1.html>

```
01 <!DOCTYPE html>
02 <html>
```

```
03  <head>
04    <meta charset="utf-8">
05  </head>
06  <body>
07    <table border="1">
08     <script>
09       var drinkNames = new Array("卡布奇诺咖啡", "拿铁咖啡", "血腥玛莉",
10         "长岛冰茶", "爱尔兰咖啡", "蓝色夏威夷", "英式水果冰茶");
11       for(var i = 0; i < drinkNames.length; i++) {
12         document.write("<tr><td>饮料" + (i + 1) + "</td>");
13         document.write("<td>" + drinkNames[i] + "</td></tr>");
14       }
15     </script>
16    </table>
17  </body>
18  </html>
```

页面显示如图 13-14 所示。

图 13-14

2. 多维数组

前面所介绍的数组属于一维数组，事实上，我们还可以声明多维数组，而且最常见的就是二维数组。以图 13-15 所示的成绩单为例，由于总共有 m 行、n 列，因此可以声明一个 m×n 的二维数组来存放这个成绩单。

	第 0 列	第 1 列	第 2 列	……	第 n-1 列
第 0 行		语文	英语	……	数学
第 1 行	王小美	85	88	……	77
第 2 行	孙大伟	99	86	……	89
……	……	……	……	……	……
第 m-1 行	张婷婷	75	92	……	86

图 13-15

m×n 二维数组有两个下标，第一个下标是从 0 到 m–1（共 m 个），第二个下标是从 0 到 n–1（共 n 个），若要存取二维数组，则必须同时使用这两个下标，以图 13-15 所示的成绩单为例，我们可以使用二维数组的两个下标表示，如图 13-16 所示。

	第 0 列	第 1 列	第 2 列	……	第 n-1 列
第 0 行	[0][0]	[0][1]	[0][2]	……	[0][n–1]
第 1 行	[1][0]	[1][1]	[1][2]	……	[1][n–1]
第 2 行	[2][0]	[2][1]	[2][2]	……	[2][n–1]
……	……	……	……	……	……
第 m–1 行	[m–1][0]	[m–1][1]	[m–1][2]	……	[m–1][n–1]

图 13-16

由图 13-15 可知，“王小美”这笔数据存放在二维数组内下标为[1][0]的位置，而“王小美”的数学分数存放在二维数组内下标为[1][n–1]的位置；同理，“张婷婷”这笔数据存放在二维数组内下标为[m–1][0]的位置，而“张婷婷”的数学分数存放在二维数组内下标为[m–1][n–1]的位置。

虽然 JavaScript 没有直接支持多维数组，但允许 Array 对象的元素为另一个 Array 对象，所以我们还是能够顺利使用二维数组的。下面来看一个范例程序。

<\Ch13\array2.html>

```
<!DOCTYPE html>
<html>
  <head>
    <meta charset="utf-8">
  </head>
  <body>
    <table border="1">
      <script>
        //声明一个包含 4 个元素的一维数组，用来表示 4 个学生
        var Students = new Array(4);
        //声明一维数组的每个元素都是另一个一维数组，用来存放姓名与分数
        for(var i = 0; i < Students.length; i++)
          Students[i] = new Array(2);
        //逐一设置二维数组的值
        Students[0][0] = "小丸子";
        Students[1][0] = "花轮";
        Students[2][0] = "小玉";
        Students[3][0] = "美环";
        Students[0][1] = 80;
        Students[1][1] = 95;
        Students[2][1] = 92;
        Students[3][1] = 88;
        //使用嵌套循环显示二维数组的值
        for(var i = 0; i < Students.length; i++) {
          document.write("<tr>");
          for(var j = 0; j < Students[i].length; j++)
            document.write("<td>" + Students[i][j] + "</td>");
```

也可写成如下形式：
Students = [["小丸子", 80], ["花轮", 95], ["小玉", 92], ["美环", 88]];

```
        document.write("</tr>");
    }
    </script>
  </table>
 </body>
</html>
```

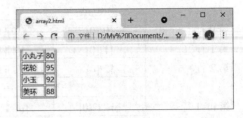

页面显示如图 13-17 所示。

图 13-17

---

3. Array 对象的方法

✪ concat(arr)

返回一个新数组，该数组包含原来的数组及参数 arr 设置的数组，例如：

<\Ch13\array3.html>

```
<!DOCTYPE html>
<html>
  <head>
    <meta charset="utf-8">
    <script>
      var arr1 = new Array("a", "b", "c");
      var arr2 = new Array("d", "e");
      var arr3 = arr1.concat(arr2);
      for(var i = 0; i < arr3.length; i++)
        document.write(arr3[i] + "<br>");
    </script>
  </head>
</html>
```

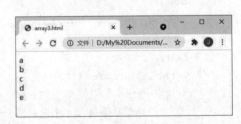

页面显示如图 13-18 所示。

图 13-18

✪ join(str)

返回一个字符串，该字符串以参数 str 所指定的字符串连接数组的元素，例如：

<\Ch13\array4.html>

```
<!DOCTYPE html>
<html>
  <head>
    <meta charset="utf-8">
    <script>
      var arr1 = new Array("a", "b", "c");
      var result = arr1.join("--");
      document.write(result);
    </script>
  </head>
</html>
```

页面显示如图 13-19 所示。

图 13-19

✪ pop()

删除数组的最后一个元素并返回该元素，例如：

<\Ch13\array5.html>

```
<!DOCTYPE html>
<html>
  <head>
    <meta charset="utf-8">
    <script>
      var arr1 = new Array("a", "b", "c");
      var result = arr1.pop();
      document.write(result);
    </script>
  </head>
</html>
```

页面显示如图 13-20 所示。

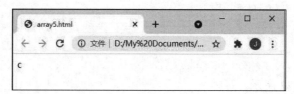

图 13-20

✪ push(data)

将参数 data 加入数组的末尾，例如：

<\Ch13\array6.html>

```
<!DOCTYPE html>
<html>
  <head>
    <meta charset="utf-8">
    <script>
      var arr1 = new Array("a", "b", "c");
      arr1.push("d");
      for(var i = 0; i < arr1.length; i++)
        document.write(arr1[i] + "<br>");
```

```
  </script>
 </head>
</html>
```

页面显示如图 13-21 所示。

图 13-21

✪ shift()

删除数组的第一个元素并返回该元素，例如：

<\Ch13\array7.html>

```
<!DOCTYPE html>
<html>
 <head>
   <meta charset="utf-8">
   <script>
   var arr1 = new Array("a", "b", "c");
    var result = arr1.shift();
    document.write(result);
   </script>
 </head>
</html>
```

页面显示如图 13-22 所示。

图 13-22

✪ unshift(data)

将参数 data 加入数组的前端，例如：

<\Ch13\array8.html>

```
<!DOCTYPE html>
<html>
 <head>
   <meta charset="utf-8">
```

```
<script>
  var arr1 = new Array("a", "b", "c");
  arr1.unshift("d");
  for(var i = 0; i < arr1.length; i++)
    document.write(arr1[i] + "<br>");
</script>
  </head>
</html>
```

页面显示如图 13-23 所示。

图 13-23

⚙ reverse()

将数组的元素顺序颠倒过来，例如：

<\Ch13\array9.html>

```
<!DOCTYPE html>
<html>
  <head>
    <meta charset="utf-8">
    <script>
      var arr1 = new Array("a", "b", "c");
      arr1.reverse();
      for(var i = 0; i < arr1.length; i++)
        document.write(arr1[i] + "<br>");
    </script>
  </head>
</html>
```

页面显示如图 13-24 所示。

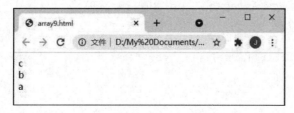

图 13-24

✪ slice(start, end)

返回下标 start 到下标 end–1 的元素所形成的新数组，例如：

<\Ch13\array10.html>

```
<!DOCTYPE html>
<html>
  <head>
    <meta charset="utf-8">
    <script>
      var arr1 = new Array("a", "b", "c", "d", "e");
      var arr2 = arr1.slice(1, 3);
      for(var i = 0; i < arr2.length; i++)
        document.write(arr2[i] + "<br>");
    </script>
  </head>
</html>
```

页面显示如图 13-25 所示。

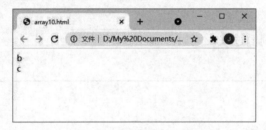

图 13-25

✪ sort()

将数组的元素重新排序（由小到大），例如：

<\Ch13\array11.html>

```
<!DOCTYPE html>
<html>
  <head>
    <meta charset="utf-8">
    <script>
      var arr1 = new Array(50, 40, 80, 90, 60);
      arr1.sort();
      for(var i = 0; i < arr1.length; i++)
        document.write(arr1[i] + "<br>");
    </script>
  </head>
</html>
```

页面显示如图 13-26 所示。

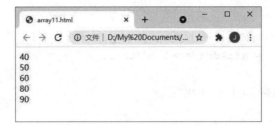

图 13-26

✪　toString()

将数组的元素转换为字符串，例如：

<\Ch13\array12.html>

```
<!DOCTYPE html>
<html>
  <head>
    <meta charset="utf-8">
    <script>
      var arr1 = new Array("a", "b", "c");
      var result = arr1.toString();
      document.write(result);
    </script>
  </head>
</html>
```

页面显示如图 13-27 所示。

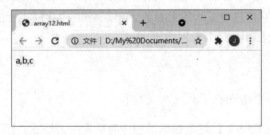

图 13-27

最后，我们通过下面的范例程序来示范如何将数组作为参数传递给函数。

<\Ch13\array13.html>

```
01 <!DOCTYPE html>
02 <html>
03   <head>
04     <meta charset="utf-8">
05     <script>
06       var data1 = new Array(1, 2, 3, 4, 5);
07       var data2 = new Array(10, 20, 30, 40, 50);
```

```
08
09        //声明 data3 数组并将值设置为 arrAdd()函数的返回值
10        var data3 = arrAdd(data1, data2);
11
12        //在浏览器显示 data3 数组的元素
13        for(var i = 0; i < data3.length; i++)
14          document.write(data3[i] + "<br>");
15
16        //声明一个名为 arrAdd、有两个数组参数的函数
17        function arrAdd(arr1, arr2) {
18          var arr3 = new Array();
19          for(var i = 0; i < arr1.length; i++)
20            arr3[i] = arr1[i] + arr2[i];
21          return arr3;
22        }
23      </script>
23    </head>
25  </html>
```

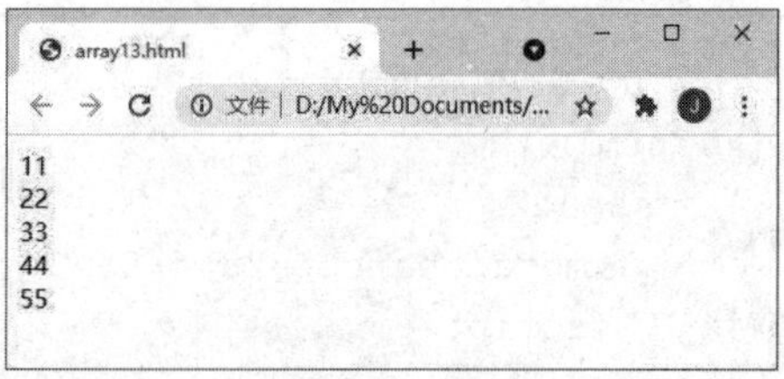

页面显示如图 13-28 所示。

图 13-28

- 第 06、07 行声明数组 Data1、Data2 并设置初始值。
- 第 10 行声明数组 Data3 并设置其值为 ArrAdd()函数的返回值。
- 第 13、14 行在浏览器中显示数组 Data3 的元素。
- 第 17~22 行声明一个名为 ArrAdd、有两个数组参数 Arr1、Arr2 的函数，该函数可以将数组 Arr3 的各个元素按序设置为数组参数 Arr1、Arr2 内相同下标的元素的和，例如 Arr3[0] 等于 Arr1[0]加 Arr2[0]，最后返回数组 Arr3。

13-3-9　Error 对象

常见的 JavaScript 程序错误有下列 3 种类型：

- 语法错误（Syntax Error）：这是在编写程序时所发生的错误，例如拼写错误、误用关键字或变量、遗漏大括号和小括号等。对于语法错误，可以按照浏览器的提示进行修正，举例来说，假设我们在编写程序时遗漏函数的大括号，那么在执行网页时，状态栏会出现警告图标，只要在该图标双击，就会出现对话框说明原因，如图 13-29 所示。

- 加载阶段错误（Load Time Error）：这是在程序编写完毕并执行时所发生的错误，导致加载阶段错误的并不是语法问题，而是一些看起来似乎正确却无法执行的程序语句。举例来说，你可能编写了一行语法正确的程序语句来让两个变量相加，却忘了给其中一个变量赋值，使得程序在执行时发生变量未经定义的错误。对于加载阶段错误，可以通过重新编写程序，然后加以执行来修正。

- 逻辑错误（Logical Error）：这是程序在使用时所发生的错误，例如用户输入了不符合预期的数据，程序中却没有设计如何处理这种情况，或在编写循环时没有充分考虑到结束条件，导致陷入无限循环。逻辑错误是最难修正的错误类型，因为用户不见得了解发生错误的真正原因。

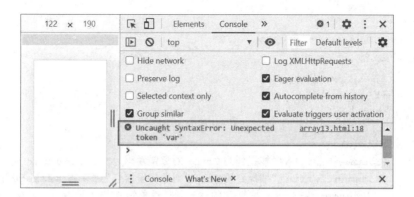

图 13-29

JavaScript 提供了 try...catch...finally 结构用来进行错误处理，其语法如下：

```
try {
    try_statements;
}
catch(error_name) {
    catch_statements;
}
finally {
    finally_statements;
}
```

+ try、try_statements：try 区块必须放在可能发生错误的程序语句周围，而 try_ statements 就是可能发生错误的程序语句。
+ catch(error_name)、catch_statements：catch 区块用来捕捉可能发生的错误，可以同时存在多个 catch 区块，其中 error_name 为捕捉到的 Error 对象，一旦捕捉到设置的错误对象，就执行 catch_statements 程序语句。
+ finally、finally_statements：finally 区块包含一定要执行的程序语句或用来清除错误情况的程序语句 finally_statements。

JavaScript 的 Error 对象提供了发生错误的信息，其属性如表 13-11 所示。

表 13-11　Error 对象提供的发生错误的信息

属　　　性	说　　　明
number	错误码
message	错误信息
description	错误描述

下面来看一个范例程序，该范例程序将示范如何使用 try...catch...finally 和 Error 对象进行错误处理。

<\Ch13\error.html>

```
01 <!DOCTYPE html>
02 <html>
```

```
03  <head>
04    <meta charset="utf-8">
05  <script>
06    var X = 100;
07    try {
08      X = Y;
09    }
10    catch(e) {
11      document.write("捕捉到的Error对象错误码为" + e.number + "<br>");
12      document.write("捕捉到的Error对象错误信息为" + e.message + "<br>");
13      document.write("捕捉到的 Error 对象错误描述为" + e.description +
"<br>");
14    }
15    finally {
16      document.write("X的值为" + X);
17    }
18  </script>
19  </head>
20  </html>
```

页面显示如图 13-30 所示。

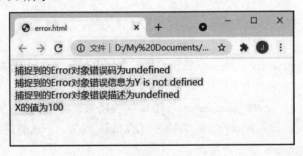

图 13-30

◆ 第 07~09 行是 try 区块，必须放在可能发生错误的程序语句周围，而此例可能发生错误的
程序语句是第 08 行的 X = Y;。

◆ 第 10~14 行是 catch 区块，其中第 10 行用来捕捉 Error 对象，因为捕捉到了，所以会执行
第 11~13 行的程序语句，在浏览器显示 Error 对象的 number、message、description 等属性
的值。

◆ 第 15~17 行是 finally 区块，包含一定要执行的程序语句，也就是第 16 行，在浏览器显示
变量 X 的值。

13-4 环境对象

我们可以通过环境对象存取浏览器或用户屏幕的信息，包括 location、navigator、screen、
history 等对象，接下来将进一步说明。

13-4-1　location 对象

location 对象包含当前打开的网页的网址信息，我们可以通过该对象获取或控制浏览器的网址、重载网页或导向到其他网页。

location 对象的属性如表 13-12 所示。

表 13-12　location 对象的属性

属　　性	说　　明
hash	网址中# 符号后面的数据
host	网址中的主机名与通信端口
hostname	网址中的主机名
href	网址，如欲将浏览器导向到其他网址，可以变更此属性的值
pathname	网址中的文件名与路径
port	网址中的通信端口
protocol	网址中的通信协议
search	网址中? 符号后面的数据

location 对象的方法如表 13-13 所示。

表 13-13　location 对象的方法

方　　法	说　　明
reload()	重新加载当前打开的网页，相当于单击浏览器的"刷新"按钮或"重新加载此项"按钮
replace(url)	令浏览器加载并显示参数 url 所指定的网页，取代当前打开的网页在浏览历程记录中的位置
assign(url)	令浏览器加载并显示参数 url 所指定的网页，相当于将 href 属性设置为参数 url
toString()	将网址（location.href 属性的值）转换为字符串

下面来看一个范例程序，该范例程序会显示 location 对象各个属性的值，并提供"重新加载"和"导向到百度网站"两个按钮，单击前者会重新加载当前打开的网页，单击后者会导向到百度网站。

<\Ch13\location.html>

```
<!DOCTYPE html>
<html>
  <head>
    <meta charset="utf-8">
    <script>
      for(var property in window.location)
        document.write(property + ":" + window.location[property] + "<br>");
    </script>
  </head>
  <body>
    <input type="button" value="重新加载"
      onclick="javascript:window.location.reload();">
```

❶ 显示location对象各个属性的值

❷ 设置单击此按钮就调用 location.reload()方法

```
<input type="button" value="导向到百度"
    onclick="javascript:window.location.replace
('https://www.baidu.com/');">
```

③ 设置单击此按钮就调用 location.replace()方法

```
</body>
</html>
```

页面显示如图 13-31 所示。

图 13-31

13-4-2 navigator 对象

navigator 对象包含浏览器相关的描述与系统信息，常用的属性如表 13-14 所示，要注意这些属性只能读取，无法写入。

表 13-14 navigator 对象常用的属性

属 性	说 明
appCodeName	浏览器内部程序代码名称，例如"Mozilla"
appName	浏览器的正式名称，例如"Netscape"
appVersion	浏览器的版本与操作系统的名称，例如"5.0 (Windows NT 10.0; Win64; x64) AppleWebKit/537.36 (KHTML, like Gecko) Chrome/83.0.4103.97 Safari/537.36"
appMinorVersion	浏览器的子版本
connection	设备的网络连接通信
cookieEnabled	浏览器是否启用 Cookie 功能，true 表示是，false 表示否
geolocation	设备的地理位置信息
javaEnabled	浏览器是否启用 Java，true 表示是，false 表示否
Language	用户偏好的语言，通常指的是浏览器界面使用的语言，例如"zh-cn"表示简体中文
Languages	用户偏好的语言，例如 zh、en-US、en
mimeTypes	浏览器支持的 MIME 类型
Online	浏览器是否在线，true 表示是，false 表示否

（续表）

属　　性	说　　明
Oscpu	当前操作系统
platform	浏览器平台，例如"Win32"
plugins	浏览器安装的插件
product	任何浏览器均会返回'Gecko'，该属性的存在是为了兼容性的目的
userAgent	HTTP Request 中 user-agent 标头的值，例如"Mozilla/5.0(Windows NT 10.0; Win64; x64) AppleWebKit/537.36 (KHTML, like Gecko) Chrome/83.0.4103.97 Safari/537.36"

下面来看一个范例程序，将会显示 navigator 对象各个属性的值。

<\Ch13\navigator.html>

```
<!DOCTYPE html>
<html>
  <head>
    <meta charset="utf-8">
    <script>
      for(var property in window.navigator)
        document.write(property + ":" + window.navigator[property] + "<br>");
    </script>
  </head>
  <body>
  </body>
</html>
```

页面显示如图 13-32 所示。

图 13-32

13-4-3 screen 对象

在设计网页时，除了要考虑浏览器的类型外，用户的屏幕信息也很重要，因为屏幕分辨率越高，就能显示越多网页内容，但用户的屏幕分辨率却不见得相同。此时，我们可以通过 screen 对象获取屏幕信息，然后视实际情况调整网页内容，screen 对象的属性如表 13-15 所示，这些属性只能读取，无法写入。

表 13-15　screen 对象的属性

属　　性	说　　明
height	屏幕的高度，以像素为单位
width	屏幕的宽度，以像素为单位
availHeight	屏幕的可用高度，此高度不包括一直存在的桌面功能，例如任务栏
availWidth	屏幕的可用宽度，此宽度不包括一直存在的桌面功能，例如任务栏
colorDepth	屏幕的颜色深度，也就是每个像素使用几个比特来存储颜色

下面来看一个范例程序，将会显示 screen 对象各个属性的值。

<\Ch13\screen.html>

```html
<!DOCTYPE html>
<html>
  <head>
    <meta charset="utf-8">
    <script>
      document.write("height 属性的值为" + screen.height + "<br>");
      document.write("width 属性的值为" + screen.width + "<br>");
      document.write("availHeight 属性的值为" + screen.availHeight + "<br>");
      document.write("availWidth 属性的值为" + screen.availWidth + "<br>");
      document.write("colorDepth 属性的值为" + screen.colorDepth + "<br>");
    </script>
  </head>
</html>
```

页面显示如图 13-33 所示。

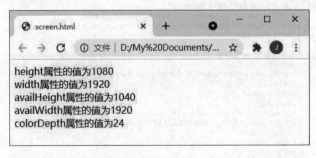

图 13-33

13-4-4　history 对象

history 对象包含浏览器的浏览历程记录，常见的方法如表 13-16 所示。

表 13-16　history 对象的方法

方　　法	说　　明
length	浏览器历史记录
back()	回到上一页
forward()	移到下一页
go(num)	回到上几页（num 小于 0）或移到下几页（num 大于 0）

下面来看一个范例程序，将会显示浏览器历史记录笔数。

<\Ch13\history.html>

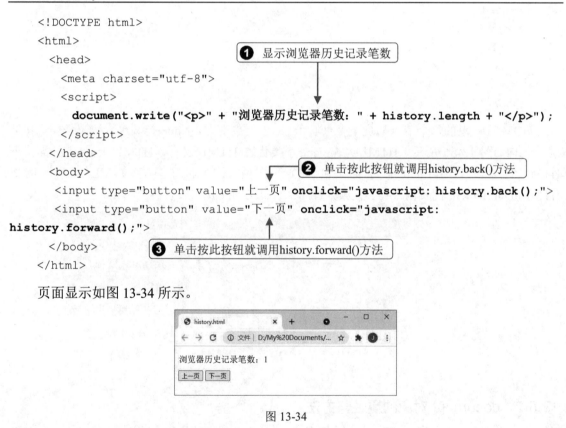

```
<!DOCTYPE html>
<html>
  <head>
    <meta charset="utf-8">
    <script>
      document.write("<p>" + "浏览器历史记录笔数: " + history.length + "</p>");
    </script>
  </head>
  <body>
    <input type="button" value="上一页" onclick="javascript: history.back();">
    <input type="button" value="下一页" onclick="javascript:
history.forward();">
  </body>
</html>
```

❶ 显示浏览器历史记录笔数

❷ 单击按此按钮就调用history.back()方法

❸ 单击按此按钮就调用history.forward()方法

页面显示如图 13-34 所示。

图 13-34

13-5　document 对象

document 对象是 window 对象的子对象，window 对象代表的是一个浏览器窗口、标签页或框架，而 document 对象代表的是 HTML 文件本身，我们可以通过它访问 HTML 文件的元素，包括窗体、图片、表格、超链接等。

13-5-1　DOM（文件对象模型）

在说明如何访问 document 对象之前，我们先来解释何谓 DOM（Document Object Model，文件对象模型），这个架构主要用来表示与操作 HTML 文件。当浏览器在解析一份 HTML 文件时，它会创建一个由多个对象构成的集合，称为 DOM Tree，每个对象代表 HTML 文件的元素，而且每个对象有各自的属性、方法与事件，能够通过 JavaScript 来操作，以营造动态网页效果。以下面的 HTML 文件为例，浏览器在解析该文件后，将会产生如图 13-35 所示的 DOM Tree。

```
<html>
  <head>
    <title>新网页</title>
  </head>
  <body>
    <h1> 宋词欣赏 </h1>
    <h2> 蝶恋花 </h2>
  </body>
</html>
```

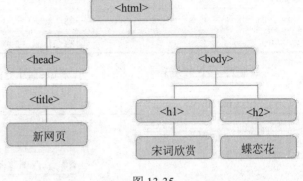

图 13-35

DOM Tree 里的每个节点都是一个隶属于 Node 类的对象，Node 类又包含数个子类，其类层级结构如图 13-36 所示，HTMLDocument 子类代表 HTML 文件，HTMLElement 子类代表 HTML 元素，HTMLElement 子类又包含数个子类，代表特殊类的 HTML 元素，例如 HTMLInputElement 代表输入类的元素，HTMLTableElement 代表表格类的元素。

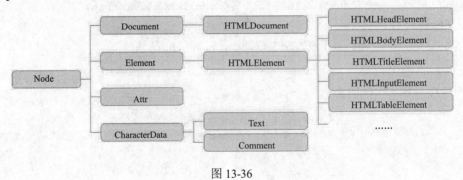

图 13-36

13-5-2　document 对象的属性与方法

我们可以通过 document 对象的属性与方法访问 HTML 文件的元素，常用的属性和方法如表 13-17 和表 13-18 所示。

表 13-17　document 对象的属性

属　　性	说　　明
activeElement	当前取得焦点的元素
body	HTML 文件的<body>元素

（续表）

属　　性	说　　明
cookie	HTML 文件的 cookie
charset	HTML 文件的字符编码方式
dir	HTML 文件的目录
domain	HTML 文件的网域
head	HTML 文件的\<head\>元素
lastModified	HTML 文件最后一次修改的日期时间
referer	链接至此 HTML 文件的文件网址
title	HTML 文件的标题
url	HTML 文件的网址

表 13-18　document 对象的方法

方　　法	说　　明
open(type)	根据参数 type 指定的 MIME 类型打开新的文件，若参数 type 为"text/html"或省略不写，则表示打开新的 HTML 文件
close()	关闭以 open()方法打开的文件数据流，使缓冲区的输出显示在浏览器中
getElementById(id)	获取 HTML 文件中 id 属性为 id 的元素
getElementsByName(name)	获取 HTML 文件中 name 属性为 name 的元素
getElementsByClassName(name)	获取 HTML 文件中 class 属性为 name 的元素
getElementsByTagName(name)	获取 HTML 文件中标签名称为 name 的元素
write(data)	将参数 data 指定的字符串输出至浏览器
writeln(data)	将参数 data 指定的字符串和换行输出至浏览器
createComment(data)	根据参数 data 指定的字符串创建并返回一个新的 Comment 节点
createElement(name)	根据参数 name 指定的元素名称创建并返回一个新的、空的 Element 节点
createText(data)	根据参数 data 指定的字符串创建并返回一个新的 Text 节点
exec Command(command [,showUI [, value]])	执行第一个参数指定的指令，其他参数会随着所指定的指令而定，例如下面的程序语句用于设置当单击"送别"时，这两个字会变成斜体： `<h1 ondblclick="document.execCommand('italic')">` 送别`</h1>` HTML 5 针对第一个参数定义了下列指令： bold　　　　　　insertParagraph createLink　　　　insertText delete　　　　　　italic formatBlock　　　redo forwardDelete　　selectAll insertImage　　　subscript insertHTML　　　superscript insertLineBreak　undo insertOrderedList　unlink insertUnorderedList　unselect

下面来看一个范例程序，当用户单击"打开新文件"按钮时，将会清除原来的文件，重新打开 MIME 类型为"text/html"的新文件，并显示"这是新的 HTML 文件"，要注意新文件会显示在原来的标签页，不会打开新的标签页。

<\Ch13\opendoc1.html>

```
<!DOCTYPE html>
<html>
  <head>
    <meta charset="utf-8">
    <script>
      function openDocument() {
        //打开新的 HTML 文件
        document.open("text/html");
        //在新文件中显示此字符串
        document.write("这是新的 HTML 文件");
        //关闭新文件数据流
        document.close();
      }
    </script>
  </head>
  <body>
    <input  type="button"  value=" 打 开 新 文 件 "  onclick="javascript:
openDocument();">
  </body>
</html>
```

页面显示如图 13-37 所示。

图 13-37

若要将新文件显示在新的标签页，则可以将程序改写如下：

<\Ch13\opendoc2.html>

```
<!DOCTYPE html>
<html>
  <head>
    <meta charset="utf-8">
    <script>
      function openDocument() {
```

```
    //打开新的页签
    var newWin = window.open("", "newWin");
    //在新的页签打开新文件
    newWin.document.open("text/html");
    //在新文件中显示此字符串
    newWin.document.write("这是新的 HTML 文件");
    //关闭新文件数据流
    newWin.document.close();
  }
  </script>
  </head>
  <body>
  <input  type="button"  value=" 打 开 新 文 件 "  onclick="javascript:
openDocument();">
  </body>
  </html>
```

页面显示如图 13-38 所示。

图 13-38

最后，我们要来示范如何调用 getElementById()、getElementsByName()、getElementsByTagName()等方法来获取 HTML 文件的元素，假设 HTML 文件中有下面几个元素：

```
<input type="checkbox" name="phone" id="CB1" class="CHN" value="MI">MI
<input type="checkbox" name="phone" id="CB2" class="CHN" value="HuaWei">HuaWei
<input type="checkbox" name="phone" id="CB3" class="USA" value="Apple">Apple
<input type="checkbox" name="phone" id="CB4" class="USA" value="Google">Google
```

那么下面第 1 条程序语句将获取 id 属性为"CB1"的元素，也就是第 1 个复选框，第 2 条程序语句将获取 name 属性为"phone"的元素，也就是这 4 个复选框，第 3 条程序语句将获取 class 属性为"USA"的元素，也就是第 3 个和第 4 个复选框；第 4 条语句将获取标签名为"input"的元素，也就是这 4 个复选框：

```
var Element1 = document.getElementById("CB1");
var Element2 = document.getElementsByName("phone");
var Element3 = document.getElementsByClassName("USA");
var Element4 = document.getElementsByTagName("input");
```

这些 HTML 元素都是 element 对象，我们可以通过 element 对象访问 HTML 元素的属性。下面是一些例子，13-6 节将进一步介绍。

```
element1.id          // 返回第 1 个复选框的 id 属性值"CB1"
element1.className   // 返回第 1 个复选框的 class 属性值"CHN"
element1.tagName     // 返回第 1 个复选框的标签名称 "input"
```

```
element1.type              // 返回第 1 个复选框的 type 属性值"checkbox"
element1.value             // 返回第 1 个复选框的 value 属性值"MI"
element2.length            // 返回 name 属性为"phone"的元素个数为 4
element2[0].id             // 返回第 1 个复选框的 id 属性值"CB1"
element2[1].className      // 返回第 2 个复选框的 class 属性值"CHN"
element2[2].tagName        // 返回第 3 个复选框的标签名称 "input"
element2[3].type           // 返回第 4 个复选框的 type 属性值"checkbox"
element3.length            // 返回 class 属性值为"USA"的元素个数为 2
element3[0].value          // 返回第 3 个复选框的 value 属性值"Apple"
element4.length            // 返回标签名称为"input"的元素个数为 4
element4[0].value          // 返回第 1 个复选框的 value 属性值"MI"
```

13-5-3 document 对象的子对象与集合

document 对象只有一个子对象 body，代表 HTML 文件的网页标题，即<head>元素，其属性有 2-1 节所介绍的全局属性。

document 对象也有一个 body 子对象，代表 HTML 文件的网页主体，即<body>元素，其属性有 2-1 节所介绍的全局属性，以及 onafterprint、onbeforeprint、onbeforeunload、onhashchange、onlanguagechange、onmessage、onoffline、ononline、onpagehide、onpageshow、onpopstate、onrejectionhandled、onstorage、onunhandledrejection、onunload 等事件属性。

下面来看一个范例程序，该范例程序在浏览器发生 load 事件时（即加载网页）调用 JavaScript 的 alert()方法在对话框中显示"Hello, world！"，如图 13-39 所示。

<\Ch13\onload.html>

```html
<!DOCTYPE html>
<html>
  <head>
    <meta charset="utf-8">
  </head>
  <body>
    <script>
      document.body.onload = function(){
        alert("Hello, world!");
      };
    </script>
  </body>
</html>
```

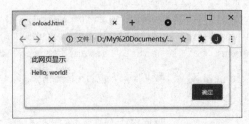

图 13-39

此外，document 对象还提供如表 13-19 所示的集合。

表 13-19　document 对象提供的集合

集　　合	说　　明
embeds	HTML 文件中使用<embed>元素嵌入的资源
forms	HTML 文件中的窗体
links	HTML 文件中具备 href 属性的<a> 与<area>元素，但不包括 <link>元素
plugins	HTML 文件中的插件
images	HTML 文件中的图片
scripts	HTML 文件中使用<script>元素嵌入的 Script 程序代码
styleSheets	HTML 文件中使用<link> 与<style>元素嵌入的样式表

举例来说，假设 HTML 文件中有下面两个窗体，name 属性分别为 myForm1、myForm2：

```
<form name="myForm1">
  <input type="button" id="B1" value="按钮 1">
  <input type="button" id="B2" value="按钮 2">
</form>
<form name="myForm2">
  <input type="button" id="B3" value="按钮 3">
  <input type="button" id="B4" value="按钮 4">
</form>
```

那么我们可以通过 document 对象的 forms 集合访问窗体中的元素，例如：

```
// 返回第 1 个窗体中 id 属性为 B1 的元素的 value 值，即 "按钮 1"
document.forms[0].B1.value
// 返回第 1 个窗体中 id 属性为 B1 的元素的 value 值，即 "按钮 1"
document.forms.myForm1.B1.value
// 返回第 2 个窗体中 id 属性为 B3 的元素的 value 值，即 "按钮 3"
document.forms[1].B3.value
// 返回第 2 个窗体中 id 属性为 B4 的元素的 value 值设置为"提交"
document.forms.myForm2.B4.value = "提交"
```

13-6　element 对象

element 对象代表的是 HTML 文件中的一个元素，隶属于 HTMLElement 类，而 HTMLElement 类又包含数个子类，代表特殊类的 HTML 元素，例如 HTMLInputElement 代表输入类的元素，HTMLTableElement 代表表格类的元素。

凡是通过调用 getElementById()、getElementsByName()、getElementsByTagName()、getElementsByClassName()等方法所获取的 HTML 元素都是 element 对象，由于 HTML 元素包含标签与属性两部分，因此代表 HTML 元素的 element 对象也有对应的属性。举例来说，假设

HTML 文件中有一个 id 属性为"img1"的<img>元素，那么下面的第一条程序语句会先获取该元素，而第二条程序语句会将该元素的 src 属性设置为"car.jpg"：

```
var img = document.getElementById("img1");
img.src = "car.jpg";
```

除了对应至 HTML 元素的属性之外，element 对象还提供了许多属性，表 13-20 所示是一些常用的属性。要注意 HTML 不会区分英文字母的大小写，但 JavaScript 会，因此在将 HTML 元素的属性对应至 element 对象的属性时，必须转换为小写，若属性是由多个单词组成的，则第一个单词后面的每个单词的首字母要大写，例如 contentEditable、tabIndex 等。

表 13-20　element 对象提供的属性

属 性	说 明
attributes	HTML 元素的属性
className	HTML 元素的 class 属性值
tagName	HTML 元素的标签名称
innerHTML	HTML 元素的标签与内容
outerHTML	HTML 元素与它的所有内容，包括开始标签、属性与结束标签
textContent	HTML 元素的内容，不包含标签

innerHTML、outerHTML、textContent 三个属性的差别如图 13-40 所示。

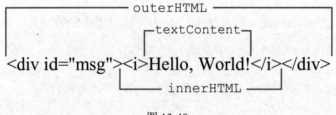

图 13-40

下面来看一个范例程序，当用户单击"显示信息"按钮时，就会调用 showMsg()函数，通过 innerHTML 属性设置<p>元素的内容，进而显示在浏览器中。

<\Ch13\show.html>

```
<!DOCTYPE html>
<html>
  <head>
    <meta charset="utf-8">
    <script>
      function showMsg() {
        var msg = document.getElementById("msg");    //获取 <p>元素
        msg.innerHTML = "<i>Hello, world!</i>"; //设置<p>元素的内容
      }
    </script>
```

```
  </head>
  <body>
    <button type="button" onclick="javascript: showMsg();">显示信息</button>
    <p id="msg"></p>
  </body>
</html>
```

页面显示如图 13-41 所示。

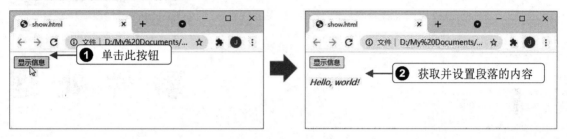

图 13-41

第 **14** 章

事 件 处 理

14-1　事件驱动模式

在 Windows 操作系统中，每个窗口都有唯一的代码，而且系统会持续监控每个窗口，当有窗口发生事件时，例如用户单击按钮、改变窗口大小、移动窗口、加载网页等，该窗口就会传送信息给系统，然后系统会处理信息并将信息传送给其他关联的窗口，这些窗口再根据信息做出适当的处理，这种工作模式称为事件驱动（Event Driven）。

浏览器端 Script 也是采用事件驱动的运转模式，当有浏览器、HTML 文件或 HTML 元素发生事件时（例如浏览器在加载网页时会触发 load 事件，在离开网页时会触发 unload 事件，在用户单击 HTML 元素时会触发 click 事件等），就可以通过事先编写好的 JavaScript、VBScript等程序来处理事件。

以 JavaScript 为例，它会自动进行低级的信息处理工作，因此只要针对可能发生或想要捕捉的事件定义处理程序即可，届时一旦发生设置的事件，就会执行该事件的处理程序，待处理程序执行完毕后，再继续等待下一个事件或结束程序。

我们将触发事件的对象称为"事件发送者"或"事件来源"，而接收事件的对象称为"事件接收者"，诸如 window、document、element 等对象或用户自定义的对象都可以是事件发送者，换句话说，除了系统触发的事件之外，程序设计人员也可以视实际需要加入自定义的事件，至于用来处理事件的程序则称为"事件处理程序"或"事件监听程序"。

虽然有些事件会有默认的操作，例如在用户输入窗体数据并单击"提交"按钮后，默认会将窗体数据返回 Web 服务器，不过还是可以针对这些事件另外编写处理程序，例如将窗体数据以 E-Mail 形式传送给设置的收件人或写入数据库。

14-2 事件的类型

在 Web 发展的初期，事件的类型并不多，可能就是 load、unload、click、mouseover 等简单的事件，不过，随着 Web 平台与相关的 API 快速发展，事件的类型日趋多元化，常见的如下，接下来将详细说明。

- 传统的事件。
- HTML 5 事件。
- DOM 事件。
- 触控事件。

14-2-1 传统的事件

"传统的事件"指的是早已存在并受到广泛支持的事件，包括：

- window 事件：这是与浏览器本身相关的事件，而不是浏览器所显示的文件或元素的事件，常见的如下：

  - load：当浏览器加载网页或所有框架时会触发此事件。
  - unload：当浏览器删除窗口或框架内的网页时会触发此事件。
  - focus：当焦点移到浏览器窗口时会触发此事件。
  - blur：当焦点从浏览器窗口移开时会触发此事件。
  - error：当浏览器窗口发生错误时会触发此事件。
  - scroll：当浏览器窗口滚动时会触发此事件。
  - resize：当浏览器窗口改变大小时会触发此事件。

  注意，focus、blur、error 等事件也可能在其他元素上触发，而 scroll 事件也可能在其他可滚动的元素上触发。

- 键盘事件：这是与用户操作键盘相关的事件，常见的如下：

  - keydown：当用户在元素上按下按键时会触发此事件。
  - keyup：当用户在元素上放开按键时会触此事件。
  - keypress：当用户在元素上按下再放开按键时会触发此事件。

- 鼠标事件：这是与用户操作鼠标相关的事件，常见的如下：

  - mousedown：当用户在元素上按下鼠标按键时会触发此事件。
  - mouseup：当用户在元素上放开鼠标按键时会触发此事件。
  - mouseover：当用户将鼠标移过元素时会触发此事件。
  - mousemove：当用户将鼠标在元素上移动时会触发此事件。
  - mouseout：当用户将鼠标从元素上移开时会触发此事件。
  - mousewheel：当用户在元素上滚动鼠标滚轮时会触发此事件。
  - click：当用户在元素上单击鼠标按键时会触发此事件。

- dblclick：当用户在元素上双击鼠标按键时会触发此事件。

- 窗休事件：这是与用户操作窗休相关的事件，常见的如下：

- submit：当用户传送窗体时会触发此事件。
- reset：当用户清除窗体时会触发此事件。
- select：当用户在文字字段选取文字时会触发此事件。
- change：当用户修改窗体字段时会触发此事件。
- focus：当焦点移到窗体字段时会触发此事件。
- blur：当焦点从窗体字段移开时会触发此事件。

14-2-2　HTML 5 事件

HTML 5 不仅提供功能强大的 API，同时也针对这些 API 新增了许多相关的事件，比如 HTML 5 针对用来播放视频与音频的 Video/Audio API 新增了 loadstart、progress、suspend、abort、error、emptied、stalled、loadedmetadata、loadeddata、canplay、canplaythrough 等事件，通过这些事件就可以掌握媒体数据的播放情况，例如开始搜索媒体数据、正在读取媒体数据、开始播放等。

又比如 HTML 5 针对用来进行拖曳操作的 Drag and Drop API 新增了 dragstart、drag、dragend、dragenter、dragleave、dragover、drop 等事件，通过这些事件就可以知道用户何时开始拖曳、正在拖曳或结束拖曳。有关 HTML 5 事件的规格可以参考官方文件（https://www.w3.org/TR/html5/）。

14-2-3　DOM 事件

DOM 事件指的是 W3C 提出的 Document Object Model（DOM）Level 3 Events Specification，除了将传统的事件标准化之外，还新增了一些新的事件，例如 focusin、focusout、mouseenter、mouseleave、textinput、wheel 等，由于该规格目前为工作草案阶段，浏览器尚未广泛提供具体实现，有兴趣的读者可以参考官方文件（http://www.w3.org/TR/uievents/）。

14-2-4　触控事件

随着配备触控屏幕的移动设备与平板电脑的快速普及，W3C 开始着手制订触控规格 Touch Events，里面主要有 touchstart、touchmove、touchend、touchcancel 等事件，当手指触碰到屏幕时会触发 touchstart 事件，当手指在屏幕上移动时会触发 touchmove 事件，当手指离开屏幕时会触发 touchend 事件，当取消触控或触控点离开文件窗口时会触发 touchcancel 事件。

Touch Events 目前为推荐标准，有兴趣的读者可以参考官方文件（https://www.w3.org/TR/touch-events/）。另外，像 Apple iPhone、iPad 所支持的 gesture（手势）、touch（触控）、orientationchanged（旋转方向）等事件可以参考 Apple Developer Center（https://developer.apple.com/）。

14-3　事件处理程序

本节将示范如何设置事件处理程序。下面来看一个范例程序，将会利用 HTML 元素的事件属性设置事件处理程序。原则上，事件属性的名称就是在事件的名称前面加上 on，而且要全部小写，即便事件的名称是由多个单词组成的，例如 mousewheel、keydown、canplaythrough 等。

这个范例程序的重点在于第 08 行将按钮的 onclick 事件属性设置为"javascript:alert('Hello, world!');"，如此一来，当用户单击按钮时，将会触发 click 事件，进而执行 alert('Hello, world!'); 程序语句，在对话框中显示"Hello, world!"，如图 14-1 所示。

<\Ch14\event1.html>

```
01 <!DOCTYPE html>
02 <html>
03   <head>
04     <meta charset="utf-8">
05     <title> 范例 </title>
06   </head>
07   <body>
08     <button type="button" onclick="javascript: alert('Hello, world!');">
09   </body>
10 </html>
```

将按钮onclick事件属性设置为事件处理程序

❶ 单击此按钮　　❷ 显示对话框

图 14-1

虽然我们可以直接将事件处理程序写入 HTML 元素的事件属性，但有时不太方便，因为事件处理程序可能会有很多行程序语句，此时可以将事件处理程序编写成 JavaScript 函数，然后将 HTML 元素的事件属性设置为该函数。

举例来说，<\Ch14\event1.html>可以改写如下，执行结果是相同的，其中第 13 行将按钮的 onclick 事件属性设置为"javascript: showMsg();"，这是一个 JavaScript 函数调用，在第 07~09 行的 JavaScript 程序区块则是 showMsg()函数的定义。

<\Ch14\event2.html>

```
01 <!DOCTYPE html>
02 <html>
03   <head>
04     <meta charset="utf-8">
05     <title> 范例 </title>
06     <script>
07       function showMsg() {
08         alert('Hello, world!');
09       }
```

❶ 将事件处理程序编写成showMsg()函数

```
10    </script>                    ❷ 将按钮的onclick事件属性设置为showMsg()函数，当用户
11    </head>                         单击按钮时，将触发click事件，进而调用showMsg()函数
12  <body>
13    <button type="button" onclick="javascript:showMsg();">
14        显示信息 </button>
15  </body>
16  </html>
```

页面显示如图 14-2 所示。

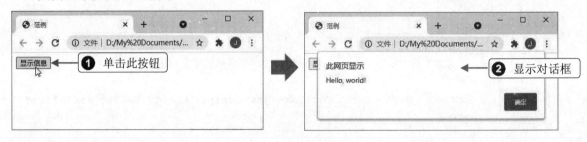

图 14-2

除了前述的做法外，我们也可以在 JavaScript 程序代码区块中设置事件处理程序，举例来说，<\Ch14\event1.html>可以改写如下，执行结果是相同的。

<\Ch14\event3.html>

```
01  <!DOCTYPE html>
02  <html>
03    <head>
04      <meta charset="utf-8">
05      <title> 范例 </title>
06    </head>
07  <body>
08    <button type="button" id="btn" 显示信息 </button>    ❶ 删除按钮的onclick事件属性
09    <script>
10      var btn = document.getElementById("btn");    ❷ 获取代表按钮的对象
11      btn.onclick = showMsg;    ❸ 捕捉click事件并将事件处理
12                                   程序设置为showMsg()函数
13      function showMsg() {
14        alert('Hello, World!');    ❹ 把事件处理程序编写成showMsg()函数
15      }
16    </script>
17  </body>
18  </html>
```

这次我们没有在 HTML 程序区块中设置 HTML 元素的事件属性，改成在 JavaScript 程序区块中调用 getElementById()方法取得代表按钮的对象（第 10 行），然后将按钮的 onclick 事件属性设置为 showMsg()函数（第 11 行）。

告诉读者一个小秘诀，第 09~16 行可以简写成如下形式：

```
<script>
  var btn = document.getElementById("btn");
  btn.onclick = function() {alert('Hello, world!');};
</script>
```

最后，示范如何在 JavaScript 程序区块中调用 addEventListener()方法捕捉事件并设置事件处理程序，其语法如下，参数 event 是要捕捉的事件，参数 function 是要执行的函数，而可选参数 useCapture 是布尔值，默认为 false，表示当内层和外层元素都发生了参数 event 设置的事件时，先从内层元素开始执行处理程序：

```
addEventListener(event, function [, useCapture])
```

我们可以调用 addEventListener()方法将<\Ch14\event1.html>改写如下，执行结果将维持不变。

<\Ch14\event4.html>

```
01 <!DOCTYPE html>
02 <html>
03   <head>
04     <meta charset="utf-8">
05     <title> 范例 </title>
06   </head>
07   <body>
08     <button type="button" id="btn" 显示信息 </button>
09     <script>
10       var btn = document.getElementById("btn");
11       btn.addEventListener("click", showMsg, false);
12
13       function showMsg() {
14         alert('Hello, World!');
15       }
16     </script>
17   </body>
18 </html>
```

❶ 删除按钮的onclick事件属性

❷ 获取代表按钮的对象

❸ 捕捉click事件并将事件处理程序设置为showMsg()函数

❹ 把事件处理程序编写成showMsg()函数

同样，第 09~16 行也可以简写成如下形成：

```
<script>
  var btn = document.getElementById("btn");
  btn.addEventListener("click", function(){alert('Hello, World!');}, false);
</script>
```

这种做法和前述几种做法的差别在于 addEventListener()方法可以针对同一个对象的同一种事件类设置多个处理程序，例如下面的程序语句是针对按钮的 click 事件设置两个处理程序，执行结果将按序出现两个对话框，如图 14-3 所示。

<\Ch14\event5.html>

```html
<!DOCTYPE html>
<html>
  <head>
    <meta charset="utf-8">
    <title>范例</title>
  </head>
  <body>
    <button type="button" id="btn">显示信息</button>
    <script>
     var btn = document.getElementById("btn");
     btn.addEventListener("click",function(){alert('Hello, world!');}, false);
     btn.addEventListener("click", function(){alert('欢迎光临！');}, false);
    </script>
  </body>
</html>
```

为按钮的click事件设置两个事件处理程序

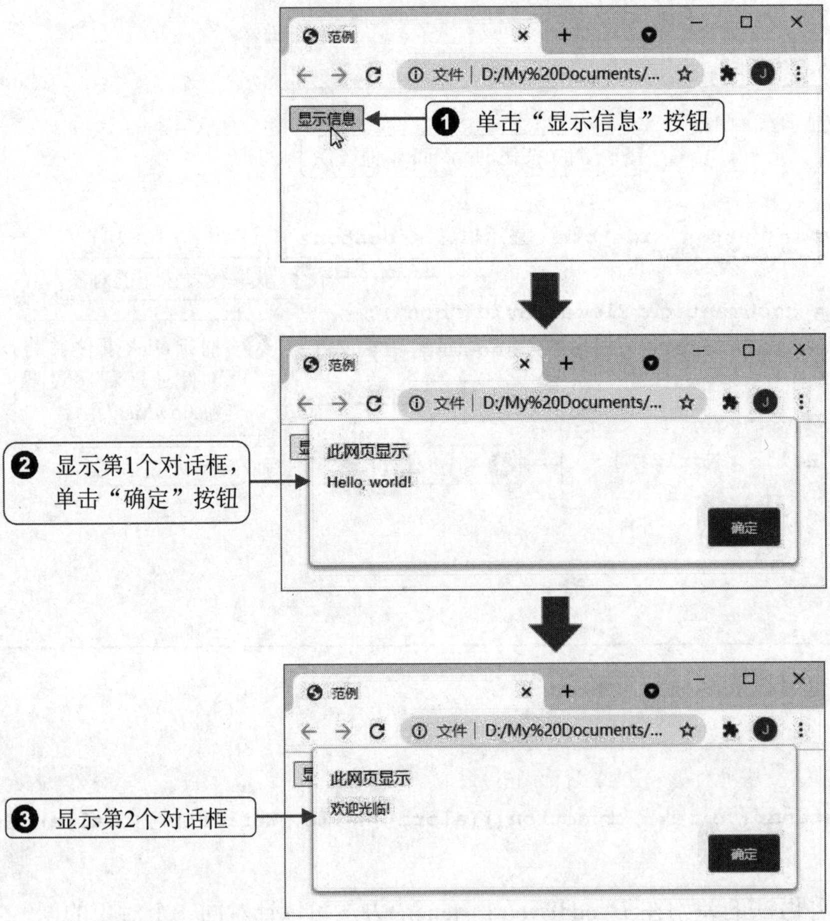

❶ 单击"显示信息"按钮

❷ 显示第1个对话框，单击"确定"按钮

此网页显示
Hello, world!
确定

❸ 显示第2个对话框

此网页显示
欢迎光临！
确定

图 14-3

14-4 JavaScript 实用范例

本节将介绍几个 JavaScript 实用范例，让读者对 JavaScript 的应用有进一步的体会。

14-4-1 打印网页

我们可以调用 window 对象的 print()方法提供打印网页的功能，下面来看一个范例程序。

\<\Ch14\sample1.html>

```html
<!DOCTYPE html>
<html>
  <head>
    <meta charset="utf-8">
  </head>
  <body>
    <h1>我的网页</h1>
    <a href="javascript: window.print();">打印网页</a>
  </body>
</html>
```

页面显示如图 14-4 所示。

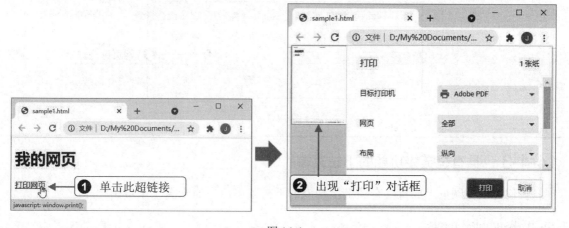

图 14-4

14-4-2 网页跑马灯

我们可以在网页上放置跑马灯，下面来看一个范例程序。

\<\Ch14\sample2.html>

```html
<!DOCTYPE html>
<html>
  <head>
```

```
<meta charset="utf-8">
<script>
  var msg = "欢迎光临快乐小站！";
  var interval = 200;
  var index = 0;
  function marquee() {
    document.myForm.myText.value = msg.substring(index, msg.length)
      + msg.substring(0, msg.length);
    index++;
    if (index > msg.length) index = 0;
    window.setTimeout("marquee();", interval);
  }
</script>
</head>
<body onload="javascript: marquee();">
  <form name="myForm">
    <input type="text" name="myText" size="30">
  </form>
</body>
</html>
```

① 跑马灯文字

② 跑马灯的文字移动速度，数字越大，移动就越慢

③ 设置定时器

④ 当浏览器载入网页时，就会调用marquee()函数

页面显示如图 14-5 所示。

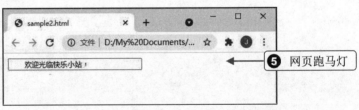

⑤ 网页跑马灯

图 14-5

14-4-3　具有超链接功能的下拉菜单

我们可以在网页上放置具有超链接功能的下拉菜单，下面来看一个范例程序。

<\Ch14\sample3.html>

```
<!DOCTYPE html>
<html>
  <head>
    <meta charset="utf-8">
    <script>
      function GO() {
        newWin = open();
        newWin.location.href = document.myForm.mySelect.options[document.
myForm.mySelect.selectedIndex].value;
```

在新标签页打开所选择的网站

```
    }
  </script>
 </head>
 <body>
  <form name="myForm">
   <select name="mySelect" size="1">
     <option value="http://www.sina.com.cn">新浪
    <option value="https://www.qq.com"> 腾讯
    <option value="http://www.baidu.com"> 百度
   </select>
   <input type="button" value="GO!" onclick="javascript: GO();">
  </form>
 </body>
</html>
```

页面显示如图 14-6 所示。

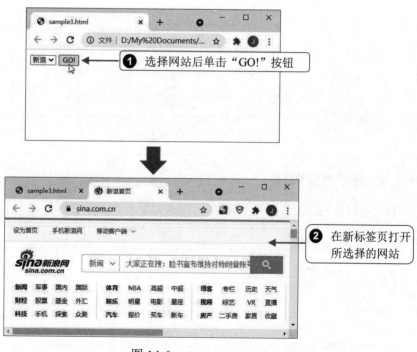

图 14-6

14-4-4　显示进入时间

我们可以在用户刚加载好网页时显示进入的时间，下面来看一个范例程序。

<\Ch14\sample4.html>

```
<!DOCTYPE html>
<html>
  <head>
```

```
      <meta charset="utf-8">
      <script>
       function showEntryTime() {
        var now = Date();
        document.myForm.myField.value = now.toString();
       }
      </script>
    </head>
    <body onload="showEntryTime();">
      <form name="myForm">
        <input type="text" name="myField" size="50">
      </form>
    </body>
    </html>
```

❶ 将输入字段的值设置为当前时间

页面显示如图 14-7 所示。

❷ 在用户刚加载好网页时显示进入的时间

图 14-7

14-4-5 显示在线时钟

我们可以在网页上显示在线时钟，下面来看一个范例程序。

<\Ch14\sample5.html>

```
<!DOCTYPE html>
<html>
  <head>
    <meta charset="utf-8">
    <script>
     function showClock() {
       var today = Date();
       document.myForm.myField.value = today.toString();
       setTimeout("showClock()", 1000);
     }
    </script>
  </head>
  <body onload="showClock();">
    <form name="myForm">
      <input type="text" name="myField" size="50">
```

❶ 启动计时器，每隔1秒调用一次showClock()函数

```
    </form>
  </body>
</html>
```

页面显示如图 14-8 所示。

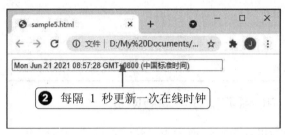

图 14-8

14-4-6 显示停留时间

我们可以在网页上显示用户的停留时间，下面来看一个范例程序。

<\Ch14\sample6.html>

```
<!DOCTYPE html>
<html>
  <head>
    <meta charset="utf-8">
    <script>
      var miliseconds = 0, seconds = 0;
      document.myForm.myField.value = "0";
      function showStayTime() {
        if (miliseconds >= 9) {
          miliseconds = 0;
          seconds += 1;
        }
        else miliseconds += 1;
        document.myForm.myField.value = seconds + "." + miliseconds;
        setTimeout("showStayTime()", 100);     ❶ 启动计时器，每隔0.1秒调用
      }                                            一次showStayTime()函数
    </script>
  </head>
  <body onload="showStayTime();">
    <form name="myForm">
      您的停留时间为<input type="text" name="myField" size="5">秒
    </form>
  </body>
</html>
```

页面显示如图 14-9 所示。

图 14-9

14-4-7 自动切换成 PC 版网页或移动版网页

我们可以根据上网的设备自动切换成 PC 版网页或移动版网页，下面来看一个范例程序，当用户通过 PC 版浏览器打开网页 detect.html 时，将会导向 PC 版网页 pc.html，如图 14-10 所示，而当用户通过移动版浏览器打开网页 detect.html 时，将会导向移动版网页 mobile.html，如图 14-11 所示。

图 14-10

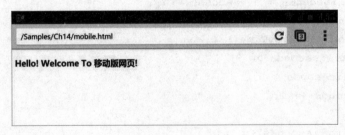

图 14-11

<\Ch14\detect.html>

```
01 <!DOCTYPE html>
02 <html>
03   <head>
04     <meta charset="utf-8">
05     <script>
06       var mobile_device = navigator.userAgent.match (/iPad|iPhone|android|
htc|sony/i);
07         if (mobile_device == null) document.location.replace("pc.html");
08       else document.location.replace("mobile.html");
```

```
09    </script>
10  </head>
11 </html></html>
```

- 第 06 行：先通过 navigator 对象的 userAgent 属性获取 HTTP Request 中 user-agent 标头的值，再调用 match()方法比对该值中有无移动设备相关的字符串，例如 iPad、iPhone、Android 等，由于市面上移动设备的品牌与型号越来越多，可以视实际情况自行增加其他字符串。
- 第 07、08 行：若 match()方法返回 null，则表示不是移动设备，调用 location 对象的 replace() 方法导向 PC 版网页（pc.html），否则导向移动版网页（mobile.html），这两个网页的源代码如下：

<\Ch14\pc.html>

```
<!DOCTYPE html>
<html>
  <head>
    <meta charset="utf-8">
    <title>PC 版网页</title>
  </head>
  <body>
    <h1>Hello! Welcome To PC 版网页!</h1>
  </body>
</html>
```

<\Ch14\mobile.html>

```
<!DOCTYPE html>
<html>
  <head>
    <meta charset="utf-8">
    <title>移动版网页</title>
  </head>
  <body>
    <h1>Hello! Welcome To 移动版网页!</h1>
  </body>
</html>
```

第 15 章

jQuery

15-1 认识 jQuery

jQuery 官方网站（https://jquery.com/）指出，"jQuery 是一个快速、轻巧、功能强大的 JavaScript 函数库，通过它所提供的 API，可以让诸如操作 HTML 文件、选择 HTML 元素、处理事件、创建特效、使用 Ajax 技术等变得更简单。由于其多样性与扩充性，jQuery 改变了数以百万计的程序人员编写 JavaScript 程序的方式。"

简单地说，jQuery 是一个开放源代码、跨浏览器的 JavaScript 函数库，目的是简化 HTML 与 JavaScript 之间的操作。jQuery 一开始由 John Resig 于 2006 年发布第一个版本，后来改由 Dave Methvin 领导的团队进行开发。发展至今，jQuery 已经成为使用最广泛的 JavaScript 函数库。

此外，jQuery 还有一些知名的插件，例如 jQuery UI、jQuery Mobile 等，其中 jQuery UI（User Interface）是基于 jQuery 的 JavaScript 函数库，它包含用户界面交互、特效、组件与主题等功能；而 jQuery Mobile 是基于 jQuery 和 jQuery UI 的移动网页用户界面函数库，包括主题、页面切换动画、对话框、按钮、工具栏、导航栏、可折叠区块、列表视图、窗体等组件。jQuery 的官方网站页面如图 15-1 所示。

图 15-1

15-2　使用 jQuery 的核心

CSS 样式表是由一条一条的样式规则组成的，而样式规则包含选择器（Selector）与声明（Declaration）两部分。

在使用 jQuery 之前需要具有 jQuery 核心 JavaScript 文件，我们可以通过以下两种方式来获取：

- 下载 jQuery 套件：到官方网站（https://jquery.com/download/）下载 jQuery 套件，如图 15-2 所示，建议单击 Download the compressed, production jQuery 3.5.1 链接，下载 jquery-3.5.1.min.js，然后将文件复制到网站项目的根目录，文件名中的 3.5.1 为版本，.min 为最小化的文件，也就是去除空格符、换行符、注释并经过压缩，推荐作为正式版使用。由于 jQuery 仍在持续发展中，读者可以到官方网站查看最新的进展与最新的版本。

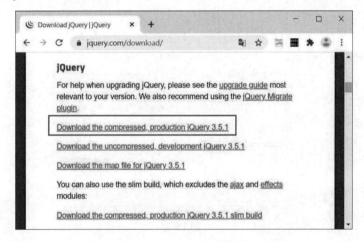

图 15-2

- 使用 CDN（Content Delivery Networks）：在自己编写的网页中引用 jQuery 官方网站提供的文件，而不是将文件复制到网站项目的根目录。我们可以在 https://code.jquery.com/ 找到类似如下的程序代码，将其复制到网页的<head>区块即可，其中 integrity 和 crossorigin 两个属性可以省略不写：

```
<script src=https://code.jquery.com/jquery-3.5.1.min.js
 integrity="sha256-9/aliU8dGd2tb6OSsuzixeV4y/faTqgFtohetphbbj0="
 crossorigin="anonymous"></script>  <head>
```

jQuery 属于开放源代码，可以免费使用，注意不要删除文件开头的版权信息。使用 CDN 的好处如下：

- 无须下载任何套件。
- 减少网络流量，因为 Web 服务器送出的文件较小。
- 若用户之前已经通过相同的 CDN 引用 jQuery 的文件，则该文件会保存在浏览器的缓存中，如此便能加快网页的执行速度。

下面来看一个范例程序，该范例程序在 HTML 文件加载完成时以对话框显示"Hello, jQuery!"，其中第 05 行使用 CDN 引用 jQuery 核心 JavaScript 文件 jquery- 3.5.1.min.js。

<\Ch15\jQhello.html>

```
01 <!DOCTYPE html>
02 <html>
03  <head>
04   <meta charset="utf-8">
05   <script src="https://code.jquery.com/jquery-3.5.1.min.js"></script>
06   <script>
07    window.onload = function() {
08     alert("Hello, jQuery!");
09    };
10   </script>
11  </head>
12 </html>
```

页面显示如图 15-3 所示。

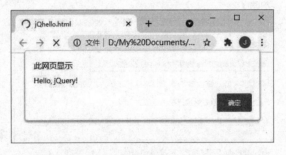

图 15-3

15-2-1　选择元素

jQuery 的基本语法如下：

```
$(选择器 ).method ( 参数);
```

$符号是 jQuery 对象的别名，而$()表示调用构造函数创建 jQuery 对象，至于选择器（Selector）指的是要进行处理的 DOM 对象，例如下面的程序语句是针对 id 属性为"msg"的元素调用 jQuery 提供的.text()方法，将该元素的内容设置为参数所指定的文字：

```
$("#msg").text("Hello, jQuery!");
```

jQuery 支持多数的 CSS 3 选择器，常见的如下：

- 选择所有元素：例如$("*")或$("*")。
- 使用 HTML 元素选择元素：例如$("h1")表示选择<h1>元素。
- 使用 class 属性选择元素：例如$(".heading")表示选择 class 属性为"heading"的元素。
- 使用 id 属性选择元素：例如$("#btn")表示选择 id 属性为"btn"的元素。

◆ 使用某个 HTML 元素的子元素选择元素：例如$("div p")表示选择<div>元素的<p> 子元素。

◆ 使用属性选择元素：例如$("input[name='first_name'] ")表示选择 name 属性的值为'first_name' 的<input>元素。

◆ 使用以逗号隔开的选择器选择元素：例如$("div.myClass, ul.people")。

◆ 使用虚拟选择器选择元素：例如 visible、:hidden、:checked、:disabled、:enabled、:image、:file、 :input、:selected、:password、:reset、:radio、:text、:submit、:checkbox、:button 等，进一步 的介绍可以到 jQuery Learning Center（https://learn.jquery.com/）查看，里面有 jQuery 的在 线帮助，包括方法、事件、特效、插件等。

15-2-2　操作 DOM 对象

jQuery 提供了一些操作 DOM 对象的方法，下面介绍一些常见的方法。至于其他方法或更 多的使用范例，有兴趣的读者可以到 jQuery Learning Center 查看。

1. .text()

.text()方法的语法如下，第一种形式没有参数，表示获取所有符合的元素的文字内容；而 第二种形式有参数，表示将所有符合的元素的内容设置为参数所指定的文字：

```
.text()
.text(参数)
```

例如下面的程序语句用于获取 <h1>元素的文字内容，若文件中有多个<h1>元素，则把所 有 <h1>元素的内容串接在一起作为返回值：

```
$("h1").text();
```

下面的程序语句是将文件中所有 <h1>元素的文字内容设置为"jQuery"：

```
$("h1").text("jQuery");
```

下面来看一个范例程序，当用户单击“显示信息”按钮时，会在下方的段落显示"Hello, jQuery! "。注意，第 11~13 行是调用按钮的 click 事件处理程序来设置段落的文字，我们会在 15-3 节说明如何使用 jQuery 处理事件。

<\Ch15\jQ1.html>

```
01 <!DOCTYPE html>
02 <html>
03   <head>
04     <meta charset="utf-8">
05     <script src="https://code.jquery.com/jquery-3.5.1.min.js"></script>
06   </head>
07   <body>
08     <button id="btn">显示信息</button>
09     <p id="msg"></p>
10     <script>
11       $("#btn").on("click", function() {
```

```
12          $("#msg").text("Hello, jQuery!");
13        });
14    </script>
15  </body>
16 </html>
```

页面显示如图 15-4 所示。

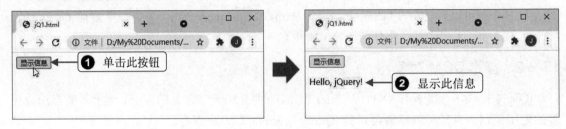

图 15-4

2. .val()

.val()方法的语法如下，第一种形式没有参数，表示获取第一个符合的元素的值；而第二种形式有参数，表示将所有符合的元素的值设置为参数所指定的值。.val() 主要用来获取 <input>、<select>、<textarea>等窗体输入元素的值。

```
.val()
.val(参数)
```

举例来说，假设有一个下拉式列表如下，则$("#book").val();会返回选取的值，默认值为1，而$("#book option:selected").text();会返回选取的文字，默认值为"秧歌"：

```
<select id="book">
  <option value="1"> 秧歌
  <option value="2"> 半生缘
  <option value="3"> 倾城之恋
  <option value="3">小团圆
</select>
```

3. .html()

.html()方法的语法如下，用来获取第一个符合的元素的 HTML 内容：

```
.html()
```

举例来说，假设有一个嵌套的<div>区块如下，则 $("div.outside").html() 会返回 "<div class='inside'>Hello</div>"：

```
<div class="outside">
  <div class="inside">Hello</div>
</div>
```

4. .attr()

.attr()方法的语法如下，第一种形式用来获取第一个符合的元素的属性值，第二种形式用来根据参数设置所有符合的元素的属性名称与属性值，而第三种形式用来根据参数的键/值设置所有符合的元素的属性名称与属性值：

```
.attr(属性名称)
.attr(属性名称,属性值)
.attr(键/值, 键/值,...)
```

例如下面的程序语句用于获取第一个<a>元素的 href 属性值：

```
$("a").attr("href");
```

而下面的程序语句用于将所有<a>元素的 href 属性设置为"a.html"：

```
$("a").attr("href", "a.html");
```

下面的程序语句用于将所有<a>元素的 title 和 href 两个属性设置为指定的值：

```
$("a").attr({
  "title" : "This is the title of the hyperlink",
  "href" : "a.html"
});
```

5. .prop()

.prop()方法的语法如下，第一种形式用来获取第一个符合的元素的属性值，而第二种形式用来根据参数设置所有符合的元素的属性名称与属性值：

```
.prop(属性名称)
.prop(属性名称,属性值)
```

注意，property 是 DOM 中的属性，指的是 JavaScript 中的对象，而 attribute 指的是 HTML 元素的属性，它的值只能是字符串，当要存取 checked、selected、readonly、disabled 等属性时，建议调用.prop()方法。

例如下面的程序语句用于启用 id 属性为"food"的窗体元素：

```
$("#food").prop("disabled", false);
```

而下面的程序语句用于勾选 id 属性为"drink"的单选按钮或复选框：

```
$("#drink").prop("checked", true);
```

6. .append()

.append()方法的语法如下，用来将参数指定的元素加到符合的元素后面：

```
.append(参数)
```

下面来看一个范例程序，该范例程序会将<i>Gone with the Wind</i> 加到<p>元素的后面，得到如图 15-5 所示的浏览结果。

<\Ch15\jQ2.html>

```
01 <!DOCTYPE html>
02 <html>
03   <head>
04     <meta charset="utf-8">
05     <script src="https://code.jquery.com/jquery-3.5.1.min.js"></script>
06   </head>
07   <body>
08     <p>乱世佳人</p>
09
10     <script>
11       $("p").append("<b><i>Gone with the Wind</i></b>");
12     </script>
13   </body>
14 </html>
```

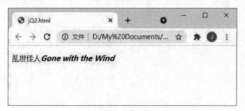

图 15-5

7. .prepend()

.prepend()方法的语法如下，用来将参数指定的元素加到符合的元素前面：

图 15-6

.prepend(参数)

假设将<\Ch15\ jQ2.html>的第 11 行改写如下，得到如图 15-6 所示的浏览结果。

```
$("p").prepend("<b><i>Gone with the Wind</i></b>");
```

8. .after()

.after()方法的语法如下，用来将参数指定的元素加到符合的元素后面。注意，.append()方法是将元素加到指定区块内的最后，而.after()是将元素加到指定区块外的最后。

```
.after(参数)
```

假设将<\Ch15\ jQ2.html>的第 11 行改写如下，得到如图 15-7 所示的浏览结果。

```
$("p").after("<b><i>Gone with the Wind</i></b>");
```

9. .before()

.before()方法的语法如下，用来将参数指定的元素加到符合的元素前面。注意，.prepend()方法是将元素加到指定区块内的前面，而.before()是将元素加到指定区块外的前面。

```
.before(参数)
```

假设将<\Ch15\ jQ2.html>的第 11 行改写如下，得到如图 15-8 所示的浏览结果。

```
$("p").before("<b><i>Gone with the Wind</i></b>");
```

图 15-7　　　　　　　　　　　　　　　　　图 15-8

10. .each()

.each()方法的语法如下，用来对数组或对象进行重复运算：

```
.each(对象, callback)或.each(数组, callback)或.each(callback)
```

下面来看一个范例程序，该范例程序会调用.each()方法计算数组的元素总和，然后显示出来，如图 15-9 所示。

<\Ch15\jQ3.html>

```
<!DOCTYPE html>
<html>
  <head>
    <meta charset="utf-8">
    <script src="https://code.jquery.com/jquery-3.5.1.min.js"></script>
  </head>
  <body>
    <script>
      var sum = 0;
      var arr = [1, 2, 3, 4, 5];

      $.each(arr, function(index, value){
        sum += value;
      });
      alert(sum);
    </script>
  </body>
</html>
```

❶ 要进行重复运算的对象或数组
❷ 重复调用此函数处理对象或数组内的元素
❸ 要被处理的键或索引（下标）
❹ 要被处理的值或元素

❶ ❷ ❸ ❹
`$.each(arr, function(index, value){`

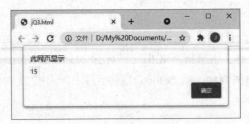

图 15-9

下面来看另一个范例程序，该范例程序会将项目列表的文字逐个显示出来，如图 15-10 所示。

<\Ch15\jQ4.html>

```
<!DOCTYPE html>
<html>
  <head>
    <meta charset="utf-8">
    <script src="https://code.jquery.com/jquery-3.5.1.min.js"></script>
  </head>
  <body>
    <ul>
      <li><a href="a.html">链接 1</a></li>
      <li><a href="b.html">链接 2</a></li>
      <li><a href="c.html">链接 3</a></li>
    </ul>
    <script>
      $("li").each(function(index, element){
        alert($(this).text());
      });
    </script>
  </body>
</html>
```

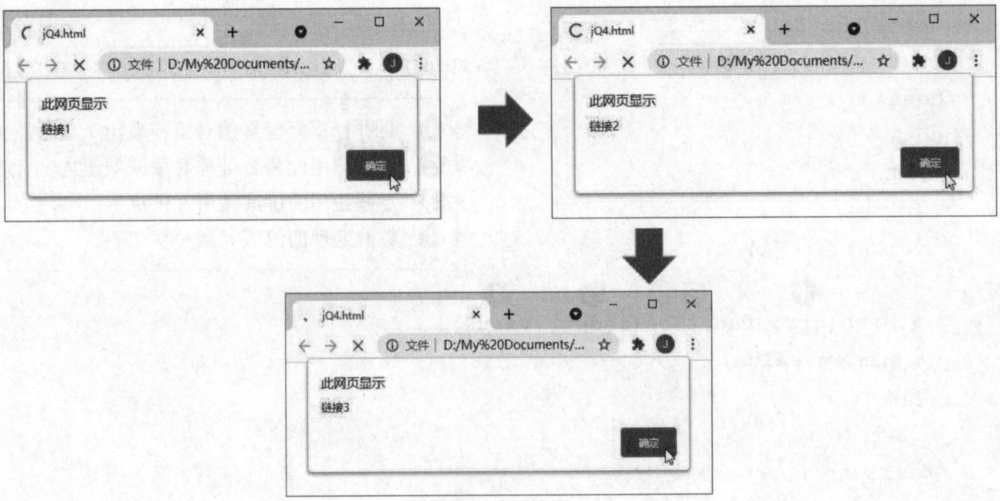

图 15-10

11. .remove()

.remove()方法的语法如下，用来删除参数所指定的元素，例如$("#book"). remove();会删除 id 属性为"book"的元素：

```
.remove(参数)
```

12. .empty()

.empty()方法的语法如下，用来删除数所指定的元素的子节点，例如$("#book").empty();会删除 id 属性为"book"的元素的子节点，即清空元素的内容，但仍在网页上保留此元素：

```
.empty(参数)
```

15-2-3　设置 CSS 样式和维度

jQuery 提供了一些设置 CSS 样式与维度的方法，下面介绍一些常见的方法。

1. .css()

.css()方法的语法如下，第一种形式用来获取第一个符合的元素的 CSS 样式，第二种形式用来根据参数设置所有符合的元素的 CSS 样式，而第三种形式用来根据参数的键/值设置所有符合的元素的 CSS 样式：

```
.css(CSS 属性名称)或.css(CSS 属性名称, CSS 属性值)或.css(键/值, 键/值,...)
```

例如下面的程序语句用于获取第一个<h1>元素的 color CSS 属性值：

```
$("h1").css("color");
```

而下面的程序语句用于将所有<h1>元素的 color CSS 属性设置为"red"：

```
$("h1").css("color", "red");
```

下面的程序语句用于将所有<h1>元素的 color 和 text-shadow 两个 CSS 属性设置为"red"和"gray 3px 3px"：

```
$("h1").css({"color" : "red", "text-shadow" : "gray 3px 3px"});
```

下面来看一个范例程序，当鼠标指针移到标题 1 的文字上时，标题文字将呈现红色加阴影，如图 15-11 所示；而当鼠标指针离开标题 1 文字时，标题文字的显示将恢复黑色不加阴影，如图 15-12 所示。我们会在 15-3 节说明如何使用 jQuery 处理事件。

图 15-11

图 15-12

<\Ch15\jQ5.html>

```
<!DOCTYPE html>
<html>
  <head>
```

```
  <meta charset="utf-8">
  <script src="https://code.jquery.com/jquery-3.5.1.min.js"></script>
</head>
<body>
  <h1>Hello, jQuery!</h1>
  <script>
    $("h1").on("mouseenter", function(){
      $(this).css({"color" : "red", "text-shadow" : "gray 3px 3px"});
    });
    $("h1").on("mouseleave", function(){
      $(this).css({"color" : "black", "text-shadow" : "none"});
    });
  </script>
</body>
</html>
```

2. .width()和.height()

.width()方法的语法如下，第一种形式用来获取第一个符合的元素的宽度，第二种形式用来设置所有符合的元素的宽度：

```
.width()或.width(参数)
```

例如下面的程序语句用于获取<h1>元素的宽度：

```
$("h1").width();
```

而下面的程序语句用于将所有<h1>元素的宽度设置为"300px"：

```
$("h1").width("300px");
```

.height()方法的语法和.width()方法类似，用来获取第一个符合的元素的高度，或设置所有符合的元素的高度。

15-3 事件

我们在第 14 章介绍过事件的类型，以及如何使用 JavaScript 处理事件，本节将说明如何通过 jQuery 提供的方法让事件处理变得更简单。

15-3-1 .on()方法

我们可以在 HTML 文件的<head>元素里面使用<style>元素嵌入样式表，由于样式表位于和 HTML 文件相同的文件，因此任何时候想要变更网页的外观，直接修改 HTML 文件的源代码即可，无须变更多个文件。下面举一个例子，通过嵌入样式表的方式将 HTML 文件的文字颜色设置为白色，背景颜色设置为紫色。

jQuery 为多数浏览器原生的事件提供了对应的方法，例如.load()、.unload()、.focus()、.blur()、.error()、.scroll()、.resize()、.keydown()、. keyup()、.keypress()、.hover()、.mousedown()、.mouseup()、

.mouseover()、.mousemove()、.mouseout()、.mouseenter()、.mouseleave()、.click()、.dblclick()、.submit()、.select()、.change()、.focusin()、.focusout()等。不过，读者不用死记这些方法的名称，只要调用.on()方法就可以绑定各种事件与事件处理程序。下面将会介绍.on()方法，至于上述方法，有兴趣的读者可以到 jQuery Learning Center 查看。

.on()方法的语法如下，用来为所选的元素的一个或多个事件绑定事件处理程序：

```
.on(events [, selector] [, data], handler)
.on(events [, selector] [, data])
```

- events：设置一个或多个以空格隔开的事件名称，例如"click dblclick"表示 click 和 dblclick 两个事件。
- selector：设置触发事件的元素。
- data：设置要传递给事件处理程序的数据。
- handler：设置当事件被触发时所要执行的函数，即事件处理程序。

我们可以调用.on()方法绑定一个事件和一个事件处理程序。下面来看一个范例程序，当用户单击单行文本框时，会在下方的段落显示"单击单行文本框"，其中的关键就是第 11~13 行，通过调用.on()方法将 click 事件绑定至指定的事件处理程序。

<\Ch15\jQ6.html>

```
01  <!DOCTYPE html>
02  <html>
03    <head>
04      <meta charset="utf-8">
05      <script src="https://code.jquery.com/jquery-3.5.1.min.js"></script>
06    </head>
07    <body>
08      <input type="text">
09      <p></p>
10      <script>
11        $("input").on("click", function() {
12          $("p").text("单行文本框被单击了");
13        });
14      </script>
15    </body>
16  </html>
```

页面显示如图 15-13 所示。

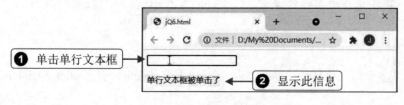

图 15-13

我们也可以调用.on()方法绑定多个事件和一个事件处理程序。举例来说，假设将
<\Ch15\jQ7.html>的第 11~13 行改写如下，通过调用.on()方法将 click 和 dblclick 两个事件绑定
至相同的事件处理程序，然后把修改后的网页文件另存为<\Ch15\jQ7.html>，这么一来，当用
户单击或双击单行文本框时，均会在下方的段落中显示"单行文本框被单击或双击了"，如图
15-14 和图 15-15 所示。

```
$("input").on("click dblclick", function() {
  $("p").text("单行文本框被单击或双击了");
});
```

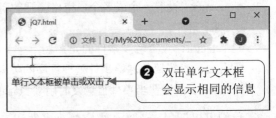

图 15-14

图 15-15

我们还可以调用.on()方法绑定多个事件和多个事件处理程序。举例来说，假设将
<\Ch15\jQ6.html>的第 11~13 行改写如下，通过调用.on()方法将 click 和 dblclick 两个事件绑定至
不同的事件处理程序，然后把修改后的网页文件另存为<\Ch15\jQ8.html>，这么一来，当用户单
击单行文本框时，就会在下方的段落中显示"单行文本框被单击了"，如图 15-16 所示；而当
用户双击单行文本框时，则会在下方的段落中显示"单行文本框被双击了"，如图 15-17 所示。

```
$("input").on({
  "click" : function() {$("p").text("单行文本框被单击了");},
  "dblclick": function() {$("p").text("单行文本框被双击了");}
});
```

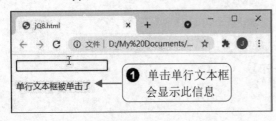

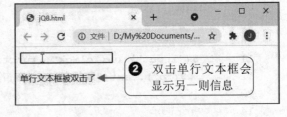

图 15-16

图 15-17

15-3-2　.off()方法

.off()方法的语法如下，用来移除事件处理程序，与.on()方法相反：

```
.off(events [, selector] [, handler])
.off()
```

◆ events：设置一个或多个以空格隔开的事件名称，例如"click dblclick"表示 click 和 dblclick
两个事件。

◆ selector：设置触发事件的元素。

◆ handler：设置当事件被触发时所要执行的函数，即事件处理程序。

例如下面的程序语句用于移除所有段落的所有事件处理程序：

```
$("p").off();
```

而下面的程序用于移除所有段落的所有 click 事件处理程序：

```
$("p").off("click", "**");
```

下面的程序语句在第 01~ 03 行声明一个 f1()函数，接着在第 06 行调用.on()方法绑定段落的 click 事件和 f1()函数，使得用户单击段落时执行 f1()函数，最后在第 09 行调用.off()方法移除段落的 click 事件和 f1()函数的绑定，使得用户单击段落时不再执行 f1()函数。

```
01 var f1 = function() {
02  // 在此编写处理事件的程序代码
03 };
04
05 // 绑定 click 事件和 f1()函数
06 $("body").on("click", "p", f1);
07
08 // 移除 click 事件和 f1()函数的绑定
09 $("body").off("click", "p", f1);
```

15-3-3 .ready()方法

.ready()方法的语法如下，用来设置当 HTML 文件的 DOM 加载完成时所要执行的函数，参数 handler 就是该函数：

```
.ready(handler)
```

下面来看一个范例程序，该范例程序会在 HTML 文件的 DOM 加载完成时以对话框显示 "Hello, jQuery!"。

\<\Ch15\jQhello2.html\>

```
01 <!DOCTYPE html>
02 <html>
03   <head>
04     <meta charset="utf-8">
05     <script src="https://code.jquery.com/jquery-3.5.1.min.js"></script>
06     <script>
07       $(document).ready(function() {
08         alert("Hello, jQuery!");
09       });
10     </script>
11   </head>
12 </html>
```

图 15-18

页面显示如图 15-18 所示。

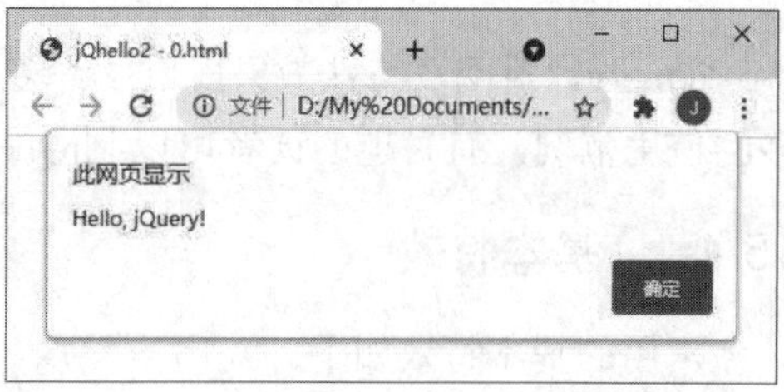

读者可以拿这个范例程序和 15-2 节的<\Ch15\jQhello.html>进行比较，前者是调用 jQuery 的.ready()方法，执行速度较快，而后者是调用 JavaScript 的 window.onload 事件处理程序，执行速度较慢。

此外，两者执行的时间点也不相同，window.onload 是在所有资源（包括图片文件）加载完成后才会执行，而.ready()是在 DOM 构建完成后就会执行，无须等到图片文件加载，时间点比 window.onload 早。

对于一打开网页就要执行的操作，例如设置事件处理程序、初始化插件等，可以调用.ready()方法，而一些会用到资源的操作，例如设置图片的宽度、高度等，就要调用 window.onload。

最后要说明的是，jQuery 提供了以下几种语法，用来设置当 HTML 文件的 DOM 加载完成时所要执行的函数：

- $(handler)
- $(document).ready(handler)
- $("document").ready(handler)
- $("img").ready(handler)
- $().ready(handler)

不过，jQuery 3.0 只推荐使用第一种语法，其他语法虽然能够运行，但被认为过时，因此，我们可以将<\Ch15\jQhello2.html>的第 07~09 行改写如下：

```
$(function() {
  alert("Hello, jQuery!");
})
```

注 意

jQuery 3.0 已经移除了以下语法，原因是如果 DOM 在绑定 ready 事件处理程序之前已经加载完成，那么该处理程序将不会被执行：

```
$(document).on("ready", handler)
```

15-4 特效

jQuery针对网页特殊效果提供了许多方法，下面介绍一些常用的方法。有关其他方法或更多的使用范例，有兴趣的读者可以到jQuery Learning Center查看。

15-4-1 基本特效

常用的基本特效如下：

- .hide()：语法如下，用来隐藏符合的元素，参数 duration 为特效的运行时间，默认值为 400（毫秒），数字越大，运行时间就越久，而参数 complete 为特效结束时所要执行的函数：

```
.hide()
.hide([duration] [, complete])
```

* .show()：语法如下，用来显示符合的元素，两个参数的意义和.hide()方法相同：

```
.show()
.show([duration] [, complete])
```

例如下面的程序语句通过 jQuery 提供的.length 属性判断 id 属性为"myDiv"的元素是否存在，如果存在就调用.show()方法将其显示出来：

```
if ($("#myDiv").length)
  $("#myDiv").show();
```

* .toggle()：语法如下，用来切换显示或隐藏符合的元素，其中参数 display 为布尔值，true 表示显示，false 表示隐藏，而另外两个参数的意义和.hide()方法相同：

```
.toggle(display)
.toggle([duration] [, complete])
```

下面来看一个范例程序，当用户单击"显示"按钮时，会以特效显示标题 1，而当用户单击"隐藏"按钮时，会以特效隐藏标题 1，如图 15-19 所示。

<\Ch15\jQ9.html>

```
01 <!DOCTYPE html>
02 <html>
03   <head>
04     <meta charset="utf-8">
05     <script src="https://code.jquery.com/jquery-3.5.1.min.js"></script>
06     <style>
07       h1 {background: yellow;}
08     </style>
09   </head>
10   <body>
11     <button id="hider">隐藏</button>
12     <button id="shower">显示</button>
13     <h1>Hello, jQuery!</h1>
14     <script>
15       $("#hider").on("click", function() {
16         $("h1").hide(600);
17       });
18       $("#shower").on("click", function() {
19         $("h1").show(600);
20       });
21     </script>
22   </body>
23 </html>
```

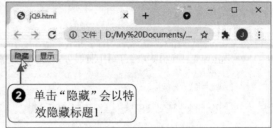

图 15-19

15-4-2 淡入/淡出/滑动移入/滑动移出特效

常见的淡入/淡出/滑动移入/滑动移出特效如下：

* .fadeIn()：语法如下，用来以淡入的方式显示元素，参数 duration 为淡入的运行时间，默认值为 400（毫秒），数字越大，运行时间就越久，而参数 complete 为淡入结束时所要执行的函数：

  ```
  .fadeIn([duration] [, complete])
  ```

* .fadeOut()：语法如下，用来以淡出的方式隐藏元素，两个参数的意义和.fadeIn()方法相同：

  ```
  .fadeOut([duration] [, complete])
  ```

* .fadeTo()：语法如下，用来调整元素的透明度，其中参数 opacity 是透明度，值为 0.0~1.0 的数字，表示完全透明到完全不透明，而另外两个参数的意义和.fadeIn()方法相同：

  ```
  .fadeTo([duration] [, complete])
  ```

  例如下面的程序语句会在 400 毫秒内将<img>元素（即图片）的透明度调整为 50%：

  ```
  $("img").fadeTo(400, 0.5);
  ```

* .slideDown()：语法如下，用来以从上往下滑动的方式显示元素，两个参数的意义和.fadeIn()方法相同：

  ```
  .slideDown([duration] [, complete])
  ```

* .slideUp()：语法如下，用来以从下往上滑动的方式显示元素，两个参数的意义和.fadeIn()方法相同：

  ```
  .slideUp([duration] [, complete])
  ```

举例来说，假设将<\Ch15\jQ9.html>的第 15~20 行改写如下，然后将修改后的网页程序另存为<\Ch15\jQ10.html>，这么一来，当用户单击"显示"按钮时，会以淡入的方式显示标题 1，而当用户单击"隐藏"按钮时，会以淡出的方式隐藏标题 1，如图 15-20 所示。

<\Ch15\jQ10.html>

```
15      $("#hider").on("click", function() {
16        $("h1").fadeOut(600);
17      });
18      $("#shower").on("click", function() {
```

```
19          $("h1").fadeIn(600);
20        });
```

图 15-20

同理，假设将<\Ch15\jQ9.html>的第 15~20 行改写如下，然后将修改后的网页程序另存为<\Ch15\jQ11.html>，这么一来，当用户单击"显示"按钮时，会以从下往上滑动的方式显示标题 1，而当用户单击"隐藏"按钮时，会以从下往上滑动的方式隐藏标题 1。

<\Ch15\jQ11.html>

```
15        $("#hider").on("click", function() {
16          $("h1").slideUp(600);
17        });
18        $("#shower").on("click", function() {
19          $("h1").slideDown(600);
20        });
```

15-4-3　自定义特效

jQuery 提供了.animate()方法可以针对元素的 CSS 属性自定义特效，其语法如下：

```
.animate(properties [, duration] [, easing] [, complete])
```

- ◆ properties：设置欲套用特效的 CSS 属性与值。
- ◆ duration：设置特效的运行时间，默认值为 400（毫秒），数字越大，运行时间就越久。
- ◆ easing：设置用来切换特效的函数，默认值为 swing。
- ◆ complete：设置特效结束时所要执行的函数。

下面来看一个范例程序，当用户单击"放大"按钮时，会在 1500 毫秒内将图片从宽度为 100 像素、透明度为 0.5 逐渐放大到宽度为 300 像素、完全不透明，如图 15-21 所示。

<\Ch15\jQ12.html>

```
<!DOCTYPE html>
<html>
  <head>
    <meta charset="utf-8">
    <script src="https://code.jquery.com/jquery-3.5.1.min.js"></script>
    <style>
      img {
```

```
        width: 100px;
        border: 1px solid lightgreen;
        opacity: 0.5;
      }
    </style>
  </head>
  <body>
    <button id="enlarge">放大</button><br>
    <img src="Tulips.jpg">
    <script>
      $("#enlarge").on("click", function() {
        $("img").animate({
          width: "300px",
          opacity: 1,
          borderWidth: "10px"
        }, 1500);
      });
    </script>
  </body>
</html>
```

图 15-21

若要针对相同的选择器执行多个 jQuery 方法，则可以将这些方法串接在一起，例如下面的程序语句先调用 .text() 方法设置标题 1 的文字，再调用 .slideDown() 方法以从上往下滑动的方式显示标题 1：

```
$("h1").text("Happy Birthday!").slideDown(600);
```

下面来看一个范例程序，刚开始网页上会显示图片 piece1.jpg，如图 15-22 所示；当用户将鼠标指针移到图片上时，就会变换成另一张图片 piece2.jpg，如图 15-23 所示；而当用户将鼠标指针挪离图片时，又会变换回原来的图片 piece1.jpg，如图 15-22 所示。

图 15-22

图 15-23

<\Ch15\piece.html>

```html
<!DOCTYPE html>
<html>
  <head>
    <meta charset="utf-8">
      <script src="https://code.jquery.com/jquery-3.5.1.min.js"></script>
  </head>
  <body>
    <img src="piece1.jpg" width="250">
    <script>
      $("img").on("mouseover", function() {
        $("img").attr("src", "piece2.jpg");
      });

      $("img").on("mouseout", function() {
        $("img").attr("src", "piece1.jpg");
      });
    </script>
  </body>
</html>
```

jQuery UI

16-1 认识 jQuery UI

jQuery UI 官方网站（https://jqueryui.com/）的说明指出，"jQuery UI 是基于 jQuery 的 JavaScript 函数库，包含用户界面交互、组件、特效与主题等功能，无论你正在构建交互网站还是要在窗体中加入一个日期选择器，jQuery UI 都是最佳的选择。"

jQuery UI 的功能大致上分为以下 4 种类型：

✦ Interaction（交互）

- Draggable：使用鼠标拖曳元素。
- Droppable：建立可拖曳元素的目标。
- Resizable：使用鼠标调整元素的大小。
- Selectable：使用鼠标选取一个或多个元素。
- Sortable：使用鼠标对元素排序。

✦ Widget（组件或微件）

- Accordion：显示可折叠区块。
- Autocomplete：显示自动完成列表。
- Button：显示按钮、submit 输入字段与超链接。
- Checkboxradio：显示复选框与单选按钮。
- Controlgroup：将多个按钮或组件组织在一起。
- Datepicker：显示日期选择器。
- Dialog：显示对话框。
- Menu：显示菜单。
- Progressbar：显示进度条。

- Selectmenu：显示下拉式菜单。
- Slider：显示滑竿。
- Spinner：显示上下控制接口来输入数字。
- Tabs：显示标签页。
- Tooltip：显示工具提示。

◆ Effect（特效）

- Color Animation：令颜色转变时有特效。
- Add Class、Remove Class、Switch Class、Toggle Class：令样式转变时有特效。
- Effect：各种特效，例如晃动、滑动、爆炸、淡入、淡出、落下、反白、改变大小等。
- Easing：在动画套用不同的播放速度，例如linear表示动画的播放速度是不变的，而swing表示动画的播放速度在开始和结束时比在中间时稍慢。
- Hide、Show、Toggle：使用上述特效隐藏、显示或切换元素。

◆ Utility（公用程序）

- Position：根据窗口、文件、其他元素或鼠标指针来设置目标元素的位置。
- Widget Factory：使用和jQuery UI组件相同的表示法建立 jQuery 插件。

接下来将示范如何在网页上使用一些 jQuery UI Widget（组件）。有关其他功能或关于 jQuery UI Widget 更进一步的设置与使用范例，有兴趣的读者可以到 jQuery UI 官方网站查看。

16-2　使用 jQuery UI

在使用 jQuery UI 之前，我们同样通过 CDN 的方式引用 jQuery UI 官方网站提供的文件。下面来看一个范例程序，该范例程序会在 HTML 文件的 DOM 加载完成时显示对话框，如图 16-1 所示。

<\Ch16\dialog1.html>

```
01 <!DOCTYPE html>
02 <html>
03   <head>
04     <meta charset="utf-8">
05     <link rel="stylesheet" href="https://code.jquery.com/ui/1.12.1/
themes/base/jquery-ui.css">
06     <script src="https://code.jquery.com/jquery-3.5.1.min.js"></script>
07     <script src="https://code.jquery.com/ui/1.12.1/jquery-ui.js">
</script>
08     <script>
09       $(function() {
```

```
10          $("#dialog").dialog();
11       });
12   </script>
13   </head>
14   <body>
15     <div id="dialog" title="欢迎光临">
16       <p>Hello, jQuery UI!</p>
17     </div>
18   </body>
19 </html>
```

图 16-1

- ◆ 第 05 行：通过 CDN 引用 jQuery UI 核心 CSS 文件 jquery-ui.css。
- ◆ 第 06 行：通过 CDN 引用 jQuery 核心 JavaScript 文件 jquery-3.5.1.min.js。
- ◆ 第 07 行：通过 CDN 引用 jQuery UI 核心 JavaScript 文件 jquery-ui.js。
- ◆ 第 09~11 行：当 HTML 文件的 DOM 加载完成时，就令 id 属性为"dialog"的元素调用.dialog() 方法显示对话框。
- ◆ 第 15~17 行：在 HTML 文件中定义 jQuery UI 组件的内容，此范例程序是插入一个 id 属性为"dialog"的<div>区块，其 title 属性的值将作为对话框的标题栏文字，而<div>区块的内容则作为对话框的内容。

注意，从第 05 行的最后可以看出此范例程序是引用一个名为 base 的主题，事实上，jQuery UI 提供的 ThemeRoller（https://jqueryui.com/themeroller/）有更多主题。若要更换主题，则可以将第 05 行的 base 更换为 ui-lightness、ui-darkness、smoothness、start、redmond、sunny、overcast、flick 等名称，若要自定义主题，则可以在 Roll Your Own 标签页进行设置。

页面显示如图 16-2 所示。

图 16-2

16-3 Dialog 组件（对话框）

我们可以使用 Dialog 组件显示对话框，下面来看一个范例程序。

<\Ch16\dialog2.html>

```
01 <!DOCTYPE html>
02 <html>
03   <head>
04     <meta charset="utf-8">
05     <link rel="stylesheet" href="https://code.jquery.com/ui/1.12.1/themes/
sunny/jquery-ui.css">
06     <script src="https://code.jquery.com/jquery-3.5.1.min.js"></script>
07     <script src="https://code.jquery.com/ui/1.12.1/jquery-ui.js">
</script>
08     <script>
09       $(function() {
10         $("#dialog").dialog({
11           autoOpen: false,
12           show: {
13             effect: "fade",
14             duration: 800
15           },
16           hide: {
17             effect: "explode",
18             duration: 800
19           }
20         });
21       });
22     </script>
23   </head>
24   <body>
25     <button id="opener">打开对话框</button>
26     <div id="dialog" title="欢迎光临"><p>Hello, jQuery UI!</p></div>
27     <script>
28       $("#opener").on("click", function(){
29         $("#dialog").dialog("open");
30       });
31     </script>
32   </body>
33 </html>
```

当用户单击"打开对话框"按钮时，会以淡入特效显示对话框，如图 16-3 所示；而当用户单击对话框的关闭按钮时，会以爆炸特效关闭对话框。在默认情况下，用户可以拖曳对话框或改变对话框的大小。

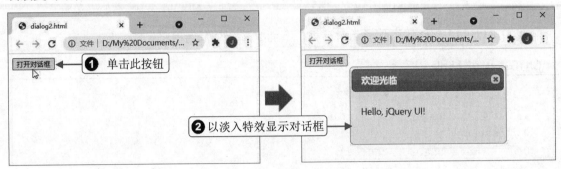

图 16-3

- 第 05 行：通过 CDN 引用 jQuery UI 核心 CSS 文件 jquery-ui.css，这次是引用一个名为 sunny 的主题。仔细观察可以发现，对话框的配色和上一节的范例不同，你也可以试着更换成其他主题，例如 ui-lightness、ui-darkness、smoothness、start、redmond、overcast、flick 等。
- 第 09~21 行：当 HTML 文件的 DOM 加载完成时，就令 id 属性为"dialog"的元素调用 .dialog() 方法，同时设置 3 个选项，其中第 11 行将 autoOpen 选项的值设置为 false，表示不自动打开对话框；第 12~15 行使用 show 选项设置显示对话框时采取淡入特效、运行时间为 800 毫秒；而第 16~19 行使用 hide 选项设置隐藏对话框时采取爆炸特效、运行时间为 800 毫秒。
- 第 26 行：在 HTML 文件中定义 Dialog 组件的内容，此范例程序插入了一个 id 属性为"dialog"的 <div> 区块，其 title 属性的值将作为对话框的标题栏文字，而 <div> 区块的内容则作为对话框的内容。
- 第 28~30 行：为按钮的 click 事件设置事件处理程序，令它调用 Dialog 组件的 open() 方法打开对话框。

除了 autoOpen、show、hide 等选项外，Dialog 组件还有其他选项，常见的如下：

- buttons：设置对话框的按钮。
- closeOnEscape：默认值为 true，表示允许用户按 Esc 键关闭对话框。
- closeText：设置关闭按钮的文字。
- draggable：默认值为 true，表示允许用户拖曳对话框。
- height：默认值为"auto"，表示根据内容自动决定对话框的高度。
- modal：默认值为 false，表示当对话框打开时，不允许操作网页。
- position：默认值为 {my: "center", at: "center", of: window}，表示对话框的中央对齐窗口的中央。
- resizable：默认值为 true，表示允许用户改变对话框的大小。
- title：默认值为 null，表示以来源元素的 title 属性值作为对话框的标题栏文字。
- width：默认值为 300，表示对话框的宽度为 300 像素。

除了 open() 方法外，Dialog 组件还有其他方法，常见的如下：

- close()：关闭对话框，例如 $(".selector").dialog("close");。
- isOpen()：返回布尔值，true 表示对话框是打开的，false 表示对话框是关闭的，例如 var isOpen = $(".selector").dialog("isOpen");。

- moveToTop()：将对话框移到最上层，例如$(".selector"). dialog("moveToTop");。

此外，Dialog 组件还提供了 beforeClose、close、create、drag、dragStart、dragStop、focus、open、resize、resizeStart、resizeStop 等事件，更详细的说明可以通过网址 https://api.jqueryui.com /dialog/查看。

16-4　Datepicker 组件（日期选择器）

我们可以使用 Datepicker 组件显示日期选择器。下面来看一个范例程序，重点在于第 15 行使用<input>元素定义 Datepicker 组件的内容，而第 10 行调用.datepicker()方法显示日期选择器。

\<\Ch16\date1.html>

```
01 <!DOCTYPE html>
02 <html>
03   <head>
04     <meta charset="utf-8">
05     <link rel="stylesheet" href="https://code.jquery.com/ui/1.12.1/
themes/base/jquery-ui.css">
06     <script src="https://code.jquery.com/jquery-3.5.1.min.js"></script>
07     <script src="https://code.jquery.com/ui/1.12.1/jquery-ui.js"></script>
08     <script>
09       $(function(){
10         $("#datepicker").datepicker();
11       });
12     </script>
13   </head>
14   <body>
15     <p>请选择日期:<input type="text" id="datepicker"></p>
16   </body>
17 </html>
```

页面显示如图 16-4 所示。

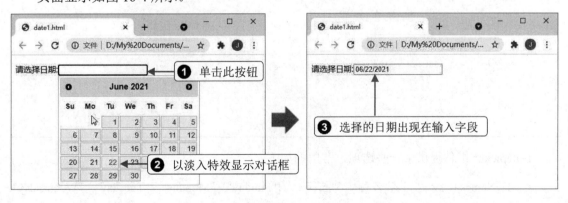

图 16-4

若纯粹是要显示日历而不是输入日期，则可以使用\<div\>或\<span\>元素取代\<\Ch16\date1.html\>的\<input\>元素。下面来看一个范例程序，其中第 11 行将 numberOfMonths 选项设置为 2，表示显示两个月份，第 12 行将 showWeek 选项设置为 true，表示显示周数。

\<\Ch16\date2.html\>

```
01 <!DOCTYPE html>
02 <html>
03   <head>
04     <meta charset="utf-8">
05     <link rel="stylesheet" href="https://code.jquery.com/ui/1.12.1/
themes/base/jquery-ui.css">
06     <script src="https://code.jquery.com/jquery-3.5.1.min.js"></script>
07     <script src="https://code.jquery.com/ui/1.12.1/jquery-ui.js">
</script>
08     <script>
09       $(function(){
10         $("#datepicker").datepicker({
11           numberOfMonths: 2,
12           showWeek: true
13         });
14       });
15     </script>
16   </head>
17   <body>
18     <div id="datepicker"></div>
19   </body>
20 </html>
```

页面显示如图 16-5 所示。

图 16-5

Datepicker 组件提供了一些选项，常用的如下：

◆ dayNames：设置日期名称，默认值为["Sunday", "Monday", "Tuesday", "Wednesday", "Thursday", "Friday", "Saturday"]。

◆ dayNamesMin：设置最小化的日期名称，默认值为["Su", "Mo", "Tu", "We", "Th", "Fr", "Sa"]。

- dayNamesShort：设置日期名称的缩写,默认值为["Sun", "Mon", "Tue", "Wed", "Thu", "Fri", "Sat"]。
- dateFormat：设置日期格式,默认值为"mm/dd/yy",例如$(".selector").datepicker({dateFormat: "yy-mm-dd"});是将日期格式设置为"yy-mm-dd"。
- changeMonth：设置是否显示月份下拉式菜单供选择月份,默认值为 false,表示不显示。
- changeYear：设置是否显示年份下拉式菜单供选择年份,默认值为 false,表示不显示,例如图 16-6 是将 changeMonth 和 changeYear 两个选项设置为 true 的浏览结果。
- firstDay：设置一周的第一天,默认值为 0,表示星期日,而 1 表示星期一,以此类推,例如$(".selector").datepicker({firstDay: 1});是设置为星期一。
- defaultDate：设置默认的日期,例如$(".selector").datepicker({defaultDate: +7});是设置为从今天起加 7 天,而$(".selector").datepicker({default Date: "12/25/2022"});是设置为 2022 年 12 月 25 日。
- showButtonPanel：设置是否在日期选择器下方显示 Today 和 Done 按钮,默认值为 false,表示不显示。Today 按钮链接至今天对应的日期,Done 按钮可以关闭日期选择器,若要变更这两个按钮的文字,则可以使用 currentText 和 closeText 选项,例如图 16-7 是将 showButtonPanel 选项设置为 true 的浏览结果。
- showOtherMonths：设置是否在当前月份的头尾显示前一个和下一个月份的日期,默认值为 false,例如图 16-8 是将 showOtherMonths 选项设置为 true 的浏览结果。

图 16-6

图 16-7

图 16-8

- showWeek：设置是否显示周数,默认值为 false,表示不显示。
- numberOfMonths：设置一次显示几个月份,默认值为 1。
- maxDate：设置最大可选择日期,默认值为 null,表示没有限制,例如 $(".selector").datepicker ({maxDate: "+1m +1w"});表示设置为从今天起的一个月又一周内。
- minDate：设置最小可选择日期,默认值为 null,表示没有限制。
- showAnim：设置显示日期选择器时采取的特效,默认值为"show",也可设置为"slideDown"、"fadeIn"、"blind"、"bounce"、"clip"、"drop"、"fold"、"slide"等。
- duration：设置上述特效的执行速度,默认值为"normal"(正常),也可设置为"slow"(慢)或"fast"(快)。

Datepicker 组件也提供了一些方法,常见的如下：

- getDate()：返回当前选择的日期,null 表示没有选择日期,例如 var currentDate = $(".selector"). datepicker("getDate");。

- setDate(date)：设置当前选择的日期，若要清除日期，则可以将参数设置为 null，例如 $(".selector").datepicker("setDate", "12/25/2022");是设置为 2022 年 12 月 25 日。
- isDisabled()：返回布尔值，true 表示日期选择器是禁用的，false 表示日期选择器是启用的，例如 var X = $(".selector"). datepicker("isDisabled");。
- hide()：关闭日期选择器，例如$(".selector").datepicker("hide");。
- show()：打开日期选择器，例如$(".selector").datepicker("show");。

16-5　Button 组件（按钮）

我们可以使用 Button 组件显示按钮、submit 输入字段与超链接。下面来看一个范例程序，重点在于第 15~17 行使用<button>、<input>、<a>等元素定义 Button 组件的内容，而第 10 行调用.button()方法，以改进的外观显示这些元素。

<\Ch16\button.html>

```
01 <!DOCTYPE html>
02 <html>
03   <head>
04     <meta charset="utf-8">
05     <link rel="stylesheet" href="https://code.jquery.com/ui/1.12.1/themes/
base/jquery-ui.css">
06     <script src="https://code.jquery.com/jquery-3.5.1.min.js"></script>
07     <script src="https://code.jquery.com/ui/1.12.1/jquery-ui.js"></script>
08     <script>
09       $(function(){
10         $("button, input[type=submit], a").button();
11       });
12     </script>
13   </head>
14   <body>
15     <button>button 按钮</button>
16     <input type="submit" value="submit 输入字段">
17     <a href="#">超链接</a>
18   </body>
19 </html>
```

页面显示如图 16-9 所示。

图 16-9

Button 组件提供了一些选项，常用的如下：

- ◆ disabled：默认值为 false，表示启用，而$(".selector").button({disabled: true});是将按钮禁用。
- ◆ label：默认值为 null，表示以来源元素的内容作为按钮的文字。
- ◆ showLabel：默认值为 true，表示显示按钮的文字，例如$(".selector").button({showLabel: false});是设置为不显示按钮的文字。
- ◆ icon：设置按钮的图标，默认值为 null（无），例如$(".selector"). button({icon: {icon: "ui-icon-circle-triangle-e"}});是将按钮的图标设置为 ⬤，更多 jQuery UI 内建的图标可以通过网址 http://api. jqueryui. com/theming/icons/查看。
- ◆ iconPosition：设置图标的位置，默认值为"beginning"，也就是按钮的左侧，也可设置为"end"（右侧）、"top"（上方）、"bottom"（下方），例如$(".selector").button({iconPosition: {iconPositon: "end"}});是设置为按钮的右侧。

Button 组件也提供了一些方法，常用的如下：

- ◆ disable()：将按钮禁用，例如$(".selector").button("disable");。
- ◆ enable()：启用按钮，例如$(".selector").button("enable");。

此外，Button 组件还提供了 create 事件，有关更详细的说明可以通过网址 https://api.jqueryui.com/ button/查看。

16-6　Checkboxradio 组件

我们可以使用 Checkboxradio 组件显示复选框与单选按钮，下面来看一个范例程序。

<\Ch16\checkboxradio.html>

```
01 <!DOCTYPE html>
02 <html>
03   <head>
04     <meta charset="utf-8">
05     <link rel="stylesheet" href="https://code.jquery.com/ui/1.12.1/
themes/base/jquery-ui.css">
06     <script src="https://code.jquery.com/jquery-3.5.1.min.js"></script>
07     <script src="https://code.jquery.com/ui/1.12.1/jquery-ui.js"></script>
08     <script>
09       $(function(){
10         $("input").checkboxradio();
11       });
12     </script>
13   </head>
14   <body>
15     <legend>请选择您的兴趣（可复选）：</legend>
16     <label for="checkbox1">音乐</label>
```

```
17    <input type="checkbox" name="hobby" id="checkbox1" value="音乐">
18    <label for="checkbox2">旅行</label>
19    <input type="checkbox" name="hobby" id="checkbox2" value="旅行">
20    <label for="checkbox3">绘画</label>
21    <input type="checkbox" name="hobby" id="checkbox3" value="绘画">
22
23    <legend>请选择您的最高学历：</legend>
24    <label for="radio1">硕士或以上</label>
25    <input type="radio" name="school" id="radio1" value="硕士或以上">
26    <label for="radio2">学士</label>
27    <input type="radio" name="school" id="radio2" value="学士">
28    <label for="radio3">高中、职高或以下</label>
29    <input type="radio" name="school" id="radio3" value="高中、职高或以下">
30  </body>
31 </html>
```

这个范例程序的重点在于第 16~21 行、第 24~29 行分别定义了一组复选框和单选按钮作为 Checkboxradio 组件的内容，而第 10 行调用.checkboxradio()方法，以改进的外观显示复选框和单选按钮。

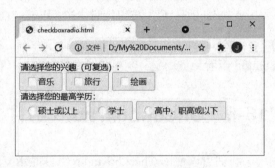

图 16-10

浏览结果如图 16-10 所示。请注意，我们可以进一步获取用户选择的项目，举例来说，假设用选择的最高学历为第二个项目，则 $("[name='school']:checked").val()会返回"学士"。

Checkboxradio 组件提供了一些选项，常见的如下：

- disabled：默认值为 false，表示启用，例如$(".selector").checkboxradio({disabled: true});是将复选框或单选按钮禁用。
- label：默认值为 null，表示以<label>元素的内容作为复选框或单选按钮的文字。

Checkboxradio 组件也提供了一些方法，常用的如下：

- disable()：将复选框或单选按钮禁用，例如$(".selector").checkboxradio("disable");。
- enable()：启用复选框或单选按钮，例如$(".selector").checkboxradio("enable");。

16-7 Selectmenu 组件（下拉式菜单）

我们可以使用 Selectmenu 组件显示下拉式菜单。下面来看一个范例程序，重点在于第 16~22 行使用<select>、<option>等元素定义 Selectmenu 组件的内容，而第 10 行调用.checkboxradio() 方法，以改进的外观显示下拉式菜单。

<\Ch16\selectmenu.html>

```
01 <!DOCTYPE html>
02 <html>
03   <head>
04     <meta charset="utf-8">
05     <link rel="stylesheet" href="https://code.jquery.com/ui/1.12.1/
themes/base/jquery-ui.css">
06     <script src="https://code.jquery.com/jquery-3.5.1.min.js"></script>
07     <script src="https://code.jquery.com/ui/1.12.1/jquery-ui.js"></script>
08     <script>
09       $(function(){
10         $("#singer").selectmenu();
11       });
12     </script>
13   </head>
14   <body>
15     <label for="singer">请选择您喜欢的歌手或乐团：</label>
16     <select name="singer" id="singer">
17       <option value="1">五月天
18       <option value="2">蔡依林
19       <option value="3" selected="selected">苏打绿
20       <option value="4">张惠妹
21       <option value="5">周杰伦
22     </select>
23   </body>
24 </html>
```

浏览结果如图 16-11 所示。注意，我们可以进一步获取用户选择的项目，举例来说，假设用户选择第一个项目，则$("#singer").val()会返回 1，而$("#singer option:selected").text()会返回"五月天"。

Selectmenu 组件提供了一些选项，常见的如下：

* disabled：默认值为 false，表示启用，例如 $(".selector").selectmenu({ disabled: true});是将下拉式菜单禁用。

* width：设置下拉式菜单的宽度，以像素为单位，例如 $(".selector").selectmenu({width: 200});是把宽度设置为 200 像素。

图 16-11

Selectmenu 组件也提供了一些方法，常见的如下：

* disable()：将下拉式菜单禁用，例如$(".selector").selectmenu("disable");。

* enable()：启用下拉式菜单，例如$(".selector").selectmenu("enable");。

◆ open()：打开下拉式菜单，例如$(".selector").selectmenu("open");。

◆ close()：关闭下拉式菜单，例如$(".selector").selectmenu("close");。

此外，Selectmenu 组件还提供了 change、close、create、focus、open、select 等事件，进一步的说明可以通过网址 https://api.jqueryui.com/selectmenu/查看。

16-8　Progress 组件（进度条）

我们可以使用 Progress 组件显示进度条。下面来看一个范例程序，重点在于第 17 行使用<div>元素定义 Progress 组件的内容，而第 10 行调用.progressbar()方法显示进度条，第 11 行则使用 value 选项将进度条的值设置为 50。

<\Ch16\progress1.html>

```
01 <!DOCTYPE html>
02 <html>
03  <head>
04   <meta charset="utf-8">
05   <link rel="stylesheet" href="https://code.jquery.com/ui/1.12.1/
themes/sunny/jquery-ui.css">
06   <script src="https://code.jquery.com/jquery-3.5.1.min.js"></script>
07   <script src="https://code.jquery.com/ui/1.12.1/jquery-ui.js">
</script>
08   <script>
09    $(function(){
10     $("#progressbar").progressbar({
11      value: 50
12     });
13    });
14   </script>
15  </head>
16  <body>
17   <div id="progressbar"></div>
18  </body>
19 </html>
```

页面显示如图 16-12 所示。

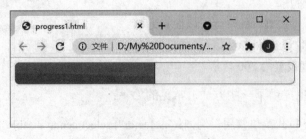

图 16-12

Progress 组件提供了一些选项，常见的如下：

- ◆ max：设置进度条的最大值，默认值为 100，例如$(".selector").progressbar({max: 1000});是设置进度条的最大值为 1000。
- ◆ value：设置进度条的值，默认值为 0，若设置为 false，则表示创建一个未定的进度条。

Progress 组件也提供了一些方法，常见的如下：

- ◆ disable()：将进度条禁用，例如$(".selector").progress("disable");。
- ◆ enable()：启用进度条，例如$(".selector").progress("enable");。
- ◆ value()：获取或设置进度条的值，例如 var progressSo Far = $ (".selector").progressbar("value");是获取进度条的值，而$(".selector").progressbar("value", 30);是将进度条的值设置为 30。

此外，Progress 组件还提供了 change、complete、create 等事件，进一步的说明可以通过网址 https://api.jqueryui.com/progressbar/查看。

在前面的范例程序中，进度条是静态的，无法反映一个工作或任务的执行进度。我们来看另一个范例程序，进度条一开始会显示"Loading... " 3 秒，接着利用 change 事件每隔 0.1 秒更新一次百分比数字（每次递增 2%），最后利用 complete 事件在进度条的值到达最大值时显示"Complete! "，浏览结果如图 16-13 所示。

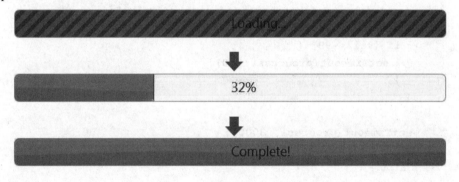

图 16-13

<\Ch16\progress2.html>

```
01 <!DOCTYPE html>
02 <html>
03   <head>
04     <meta charset="utf-8">
05     <link rel="stylesheet" href="https://code.jquery.com/ui/1.12.1/
themes/sunny/jquery-ui.css">
06     <script src="https://code.jquery.com/jquery-3.5.1.min.js"></script>
07     <script src="https://code.jquery.com/ui/1.12.1/jquery-ui.js"></script>
08     <style>
09       #progressbar {
10         position: relative
11       }
12       #progresslabel {
13         position: absolute;
```

```
14          left: 50%;
15          top: 5px
16        }
17    </style>
18    <script>
19      $(function(){
20        var progressbar = $("#progressbar");
21        var progresslabel = $("#progresslabel");
22
23        progressbar.progressbar({
24          value: false,
25          change: function(){
26            progresslabel.text(progressbar.progressbar("value") + "%");
27          },
28          complete: function(){
29            progresslabel.text("Complete!");
30          }
31        });
32
33        function progress(){
34          var val = progressbar.progressbar("value");
35          progressbar.progressbar("value", val + 2);
36          if (val < 99) {
37            setTimeout(progress, 100);
38          }
39        }
40
41        setTimeout(progress, 3000);
42      });
43    </script>
44  </head>
45  <body>
46    <div id="progressbar">
47    <span id="progresslabel">Loading...</span>
48    </div>
49  </body>
50  </html>
```

- 第 09~11 行：设置进度条的 CSS 样式，采取相对定位。

- 第 12~16 行：设置进度条文字的 CSS 样式，采取绝对定位，左边位移为 50%，上边界为 5 像素。

- 第23~31行：第24行将value选项设置为false，表示创建一个未定的进度条，第25~27行利用 change事件在进度条的值改变时显示该值与百分比符号，而第28~30行利用complete事件在进度条的值到达最大值时显示"Complete!"。

- 第 33~39 行：声明 process()函数，用来每隔 0.1 秒调用自己一次，以更新进度条的百分比数字（每次递增 2%），直到该值大于 99%。

- ◆ 第 41 行：调用 JavaScript 内部函数 setTimeout() 在 3 秒后执行 process()函数。
- ◆ 第 46~48 行：第 46、48 行的<div>元素用来表示进度条，而第 47 行的<span>元素用来表示进度条的文字，一开始为"Loading..."。

16-9　Menu 组件（菜单）

我们可以使用 Menu 组件显示菜单。下面来看一个范例程序。

<\Ch16\menu1.html>

```
01 <!DOCTYPE html>
02 <html>
03   <head>
04     <meta charset="utf-8">
05     <link rel="stylesheet" href="https://code.jquery.com/ui/1.12.1/themes/sunny/jquery-ui.css">
06     <script src="https://code.jquery.com/jquery-3.5.1.min.js"></script>
07     <script src="https://code.jquery.com/ui/1.12.1/jquery-ui.js"></script>
08     <script>
09       $(function(){
10         $("#menu").menu();
11       });
12     </script>
13   <style>
14       .ui-menu {width: 200px}
15     </style>
16   </head>
17   <body>
18     <ul id="menu">
19    <li><div>团体旅游</div>
20      <ul>
21        <li><div>国内旅游</div>
22          <ul>
23            <li><div>漫游康西草原</div></li>
24            <li><div>香山赏红叶</div></li>
25          <li><div>爬八达岭长城</div></li>
26          </ul>
27        </li>
28        <li><div>国外旅游</div></li>
29      </ul>
30    </li>
31     </ul>
```

```
32    </body>
33  </html>
```

这个范例程序的重点在于第 18~31 行使用<ul>、<li>、<div>等元素定义了一组分层菜单作为 Menu 组件的内容，而第 10 行调用.menu()方法，以改进的外观显示菜单，第 14 行则利用 jQuery UI 内建的.ui-menu 类将菜单的宽度设置为 200 像素，浏览结果如图 16-14 所示。

图 16-14

Menu 组件提供了一些选项，常见的如下：

◆ classes：设置 Menu 组件的类，默认值为{}，例如$(".selector").menu({classes: {"ui-menu": "highlight"}});是在.ui-menu 类中加入"highlight"选项，令用户将指针移到菜单的项目时，该项目会反白显示。

◆ disabled：默认值为 false，表示启用，例如$(".selector").menu({disabled: true});是将菜单禁用。

◆ position：设置子菜单的位置，默认值为{my: "left top", at: "right top"}，表示子菜单的左上角会对齐上层菜单的右上角，my 选项用来设置要从子菜单的哪个位置开始对齐，而 at 表示要对齐上层菜单的哪个位置，例如$("#menu").menu({position: {my: "left top", at: "right-5 top+5"}});的浏览结果如图 16-15 所示。

◆ icons：设置子菜单的图标，默认值为{submenu: "ui-icon-carat-1-e"}，也就是如图 16-15 所示的向右箭头 ，而$("#menu").menu({icons: {submenu: "ui-icon-circle-triangle-e"}});是将子菜单的图标设置为 ，浏览结果如图 16-16 所示，更多 jQuery UI 内建的图标可以通过网址 https:// api.jqueryui.com/theming/icons/查看。

图 16-15

图 16-16

Menu 组件也提供了一些方法，常见的如下：

◆ collapse()：关闭当前展开的子菜单，例如("selector").menu("collapse");。

◆ expand()：展开当前项目的子菜单，例如$(".selector").menu("expand");。

◆ select()：选取当前项目，会关闭所有子菜单并触发 Menu 组件的 select 事件，例如 $(".selector") .menu("select");。

此外，Menu 组件还提供了 blur、create、focus、select 等事件，进一步的说明可以通过网址 https://api.jqueryui.com/menu/查看。

下面来看一个范例程序，该范例程序和<\Ch16\menu1.html>的差别在于第 23、24 行将"漫游康西草原""香山赏红叶"设置为超链接，第 25 行将"爬八达岭长城"设置为禁用状态，而第 28 行在"国外旅游"前面加上图标，如图 16-17 所示。

图 16-17

<\Ch16\menu2.html>

```
01  <!DOCTYPE html>
02  <html>
03   <head>
04    <meta charset="utf-8">
05    <link rel="stylesheet" href="https://code.jquery.com/ui/1.12.1/
themes/sunny/jquery-ui.css">
06    <script src="https://code.jquery.com/jquery-3.5.1.min.js"></script>
07    <script src="https://code.jquery.com/ui/1.12.1/jquery-ui.js"></script>
08    <script>
09      $(function(){
10        $("#menu").menu();
11      });
12    </script>
13   <style>
14      .ui-menu {width: 200px}
15    </style>
16   </head>
17   <body>
18    <ul id="menu">
19    <li><div>团体旅游</div>
20     <ul>
21       <li><div>国内旅游</div>
22         <ul>
23           <li><div><a href="1.html">漫游康西草原</a></div></li>
24           <li><div><a href="2.html">香山赏红叶</a></div></li>
25         <li class="ui-state-disabled"><div>爬八达岭长城</div></li>
26         </ul>
27       </li>
28     <li><div><span class="ui-icon ui-icon-gear"></span>国外旅游</div></li>
29     </ul>
30    </li>
```

```
31    </ul>
32   </body>
33  </html>
```

16-10   Tabs 组件（标签页）

我们可以使用 Tabs 组件显示标签页。下面来看一个范例程序，重点在于第 15~28 行使用 <div>、<ul>、<li>等元素定义 Tabs 组件的内容，而第 10 行调用.tabs()方法显示标签页。

<\Ch16\tabs.html>

```
01 <!DOCTYPE html>
02 <html>
03  <head>
04   <meta charset="utf-8">
05   <link rel="stylesheet" href="https://code.jquery.com/ui/1.12.1/
themes/base/jquery-ui.css">
06   <script src="https://code.jquery.com/jquery-3.5.1.min.js"></script>
07   <script src="https://code.jquery.com/ui/1.12.1/jquery-ui.js">
</script>
08   <script>
09     $(function(){
10       $("#tabs").tabs();
11     });
12   </script>
13  </head>
14  <body>
15   <div id="tabs">
16    <ul>
17     <li><a href="#tabs1">唐诗</a></li>
18     <li><a href="#tabs2">宋词</a></li>
19    </ul>
20    <div id="tabs1">
21      <p>唐诗泛指创作于唐朝或以唐朝风格创作的诗。唐诗有数种选本，
22       例如蘅塘退士编选的《唐诗三百首》、清朝康熙年间的《全唐诗》。</p>
23    </div>
24    <div id="tabs2">
25      <p>词是一种诗歌艺术形式，中国古诗体的一种，又称曲子词、诗余、
26       长短句、乐府，始于唐朝，在宋朝达到巅峰。</p>
27    </div>
28   </div>
29  </body>
30 </html>
```

页面显示如图 16-18 和图 16-19 所示。

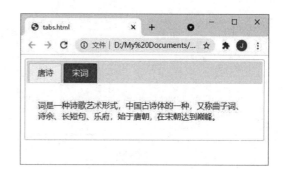

图 16-18 　　　　　　　　　　　　　　　　　　　图 16-19

Tabs 组件提供了一些选项，常见的如下：

◆ collapsible：设置标签页的内容是否可折叠，默认值为 false，例如$(".selector").tabs({collapsible: true});是设置为可折叠。

◆ event：设置切换标签页的事件，默认值为"click"，例如$(".selector").tabs({event: "mouseover"});是设置当鼠标指针移到标签页的名称时就切换到该页。

◆ heightStyle：设置标签页的高度格式，默认值为"content"，表示高度以该页的内容为准，也可设置为"auto"、"fill"，表示以内容最多的页为准和以标签页的父元素为准，例如$(".selector"). tabs({heightStyle: "fill"});。

Tabs 组件也提供了一些方法，常见的如下：

◆ disable()、disable(i)：将所有标签页或第 i+1 个标签页禁用，例如$(".selector").tabs("disable", 1);是禁用第 2 个标签页。

◆ enable()、enable(i)：启用所有标签页或第 i+1 个标签页，例如$(".selector").tabs("enable", 1);是启用第 2 个标签页。

此外，Tabs 组件还提供了 activate、beforeActivate、beforeLoad、create、load 等事件，进一步的说明可以通过网址 https://api.jqueryui.com/tabs/查看。

第 17 章

Ajax 与 JSON

17-1 认识动态网页技术

在因特网风行的早期，网页只是静态的图文组合，用户可以在网页上浏览资料，但无法做进一步的查询、发表文章或进行电子商务、实时通信、在线游戏、会员管理等活动，而这显然不能满足人们日趋多元化的需求。

为此，开始有不少人提出动态网页的解决方案，动态网页指的是客户端和服务器可以交互，也就是服务器可以实时处理客户端的要求，然后将结果响应给客户端。动态网页通常是由"浏览器端 Script"和"服务器端 Script"两种技术来完成的，接下来将详细说明。

17-1-1 浏览器端 Script

浏览器端 Script 指的是嵌入在 HTML 源代码内的小程序，通常是用 JavaScript 编写而成的，由浏览器负责执行。

图 17-1 所示是 Web 服务器处理浏览器端 Script 的过程，当浏览器向 Web 服务器要求开启包含浏览器端 Script 的 HTML 网页时（扩展名为.htm 或.html），Web 服务器会从磁盘上读取该网页，然后传送给浏览器并关闭连接，不做任何运算，而浏览器一收到该网页，就会执行里面的浏览器端 Script 并将结果解析成画面。

下面是一个包含浏览器端 Script 的网页（扩展名为.html 或.htm），<script>元素里面的程序代码就是以 JavaScript 编写的浏览器端 Script，你可以拿它和下一节将要介绍的服务器端 Script 进行对照。

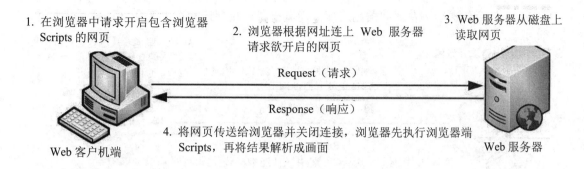

1. 在浏览器中请求开启包含浏览器 Scripts 的网页

2. 浏览器根据网址连上 Web 服务器请求欲开启的网页

3. Web 服务器从磁盘上读取网页

Request（请求）

Response（响应）

4. 将网页传送给浏览器并关闭连接，浏览器先执行浏览器端 Scripts，再将结果解析成画面

Web 客户机端　　　　　　　　　　　　　　　　　　　　　　　　Web 服务器

图 17-1

<\Ch17\hello.html>

```html
<!DOCTYPE html>
<html>
  <head>
    <meta charset="utf-8">
    <title>动态网页</title>
    <script>
      alert("Hello, world!");   ——— JavaScript 程序代码区块
    </script>
  </head>
  <body>
    <h1>欢迎光临！</h1>
  </body>
</html>
```

页面显示如图 17-2 所示。

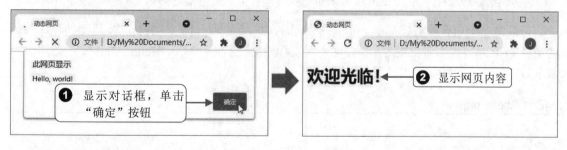

图 17-2

17-1-2　服务器端 Script

服务器端 Script 也是一段嵌入在 HTML 源代码内的小程序，但和浏览器端 Script 不同的是，它由 Web 服务器负责执行。

图 17-3 所示是 Web 服务器处理服务器端 Script 的过程，当浏览器向 Web 服务器要求开启包含服务器端 Script 的网页时（扩展名为.cgi、.asp、.aspx、.php、.jsp 等），Web 服务器会从磁盘上读取该网页，先执行里面的服务器端 Script，将结果转换成 HTML 网页（扩展名为.htm

或.html），然后传送给浏览器并关闭连接，而浏览器一收到该网页，就会将其解析成画面。

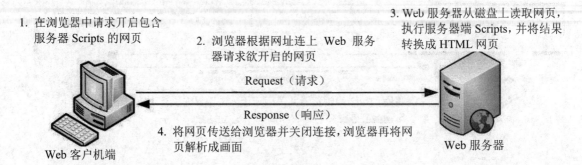

图 17-3

常见的服务器端 Script 有以下几种：

♦ CGI（Common Gateway Interface，通用网关接口）：CGI 是在服务器端程序之间传送信息的标准接口，而 CGI 程序则是符合 CGI 标准接口的 Script，通常是由 Perl、Python 或 C 语言编写的（扩展名为.cgi）。

♦ ASP（Active Server Pages）/ASP.NET：ASP 程序是在 Microsoft IIS Web 服务器执行的 Script，通常是由 VBScript 或 JavaScript 编写的（扩展名为.asp），而新一代的 ASP.NET 程序则改由功能较强大的 C#、Visual Basic、C++、JScript.NET 等 .NET 兼容语言编写（扩展名为.aspx）。

♦ PHP（PHP:Hypertext Preprocessor，超文本预处理器）：PHP 程序是在 Apache Web 服务器执行的 Script，由 PHP 语言编写（扩展名为.php），是开放源代码的，具有免费、稳定、快速、跨平台、面向对象等优点。

♦ JSP（Java Server Pages）：JSP 是 Sun 公司提出的动态网页技术，可以在 HTML 原始文件中嵌入 Java 程序并由 Web 服务器负责执行（扩展名为.jsp）。

下面是一个包含服务器端 Script 的网页程序（扩展名为.php），<?php...?>里面的程序代码就是以 PHP 编写的服务器端 Script。这个网页程序会在页面上显示"Hello, world!"，如图 17-4 所示。

<\Ch17\hello.php>

```
<!DOCTYPE html>
<html>
  <head>
    <meta charset="utf-8">
    <title>动态网页</title>
  </head>
  <body>
    <?php
    echo("Hello, world!");        PHP 程序代码区块
    ?>
  </body>
</html>
```

图 17-4

![注意]

这个网页程序必须在支持 PHP 的 Web 服务器上执行，此范例程序是在架设 Apache Web 服务器且安装 PHP 模块的本地计算机上执行的，你也可以将网页上传到自己的网站空间进行测试。有关 PHP 的语法与应用，有兴趣的读者可以参阅 PHP 7 和 MySQL 网站开发相关的资料或书籍。

17-2　认识 Ajax

Ajax 是 Asynchronous JavaScript And XML 的简写，Ajax 具有异步、使用 JavaScript 与 XML 等技术的特性。虽然 Ajax 的概念早在 Microsoft 公司于 1999 年推出 IE 5 时就已经存在，但并不是很受重视，直到近年来被大量应用于 Google Maps、Gmail 等 Google 网页，才迅速蹿红，例如在操作 Google Maps 时，浏览器会使用 JavaScript 在后台向服务器提出要求，取得更新的地图，而不会重载整个网页，使操作更平顺；又例如在线游戏与社群网站使用 Ajax 技术在后台获取更新的数据，以减少操作延迟及重载整个网页的情况。

为了让读者了解导入 Ajax 技术的动态网页和传统的动态网页有何不同，我们先来说明传统的动态网页如何运行，其运行方式如图 17-5 所示，当浏览者变更下拉式菜单中选取的项目、单击按钮或做出任何与 Web 服务器交互的操作时，就会产生 Http Request，将整个网页内容传送到 Web 服务器，即使这次的操作只需要一个字段的数据，浏览器仍会将所有字段的数据都传送到 Web 服务器，Web 服务器在收到数据后，就会执行设置的操作，然后以 Http Response 的方式将执行结果全部送回浏览器（包括完全没有变动过的数据、图片、JavaScript 等）。

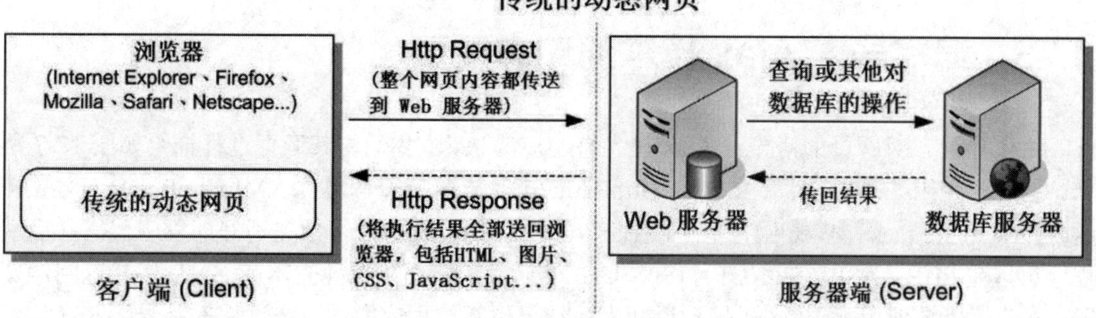

传统的动态网页

浏览器
(Internet Explorer、Firefox、Mozilla、Safari、Netscape...)

传统的动态网页

客户端 (Client)

Http Request
(整个网页内容都传送到 Web 服务器)

Http Response
(将执行结果全部送回浏览器，包括HTML、图片、CSS、JavaScript...)

查询或其他对数据库的操作

传回结果

Web 服务器　　数据库服务器

服务器端 (Server)

图 17-5

浏览器在收到数据时，便会将整个网页内容重新显示，所以浏览者通常会看到网页闪一下，当网络太慢或网页内容太大时，浏览者看到的可能不是闪一下，而是画面停格，完全无法与网页交互，相当浪费时间。

相反，导入 Ajax 技术的动态网页运行方式如图 17-6 所示，当浏览者变更下拉式菜单中选取的项目、单击按钮或做出任何与 Web 服务器交互的操作时，浏览器端便会使用 JavaScript 通过 XMLHttpRequest 对象送出异步的 Http Request，此时只会将需要的字段数据传送到 Web 服务器（不是全部数据），然后执行设置的操作，并以 Http Response 的方式将执行结果送回浏览器（不包括完全没有变动过的数据、图片、JavaScript 等），浏览器在收到数据后，可以使用 JavaScript 通过 DHTML 或 DOM 模式来更新特定字段。

图 17-6

由于整个过程均使用异步技术，无论是将数据传送到服务器还是接收服务器传回的执行结果并更新特定字段等操作，都是在后台运行的，因此浏览者不会看到网页闪一下，画面也不会停格，浏览者在这个过程中仍能进行其他操作。

由前面的讨论可知，Ajax 是客户端的技术，它让浏览器能够与 Web 服务器进行异步沟通，服务器端的程序写法不会因为导入 Ajax 技术而有太大差异。事实上，Ajax 功能已经被实现为 JavaScript 解释器（Interpreter）原生的部分，导入 Ajax 技术的动态网页将享有以下效益：

- 异步沟通无须将整个网页内容传送到 Web 服务器，能够节省网络带宽。
- 由于只传送部分数据，因此能够减轻 Web 服务器的负荷。
- 不会像传统的动态网页产生短暂空白或闪动的情况。

17-3 编写导入 Ajax 技术的动态网页

为了让读者对网页如何导入 Ajax 技术有初步的认识，我们将其运行过程描绘如图 17-7 所示。首先，使用 JavaScript 建立 XMLHttpRequest 对象；接着，通过 XMLHttpRequest 对象传送异步 Http Request，Web 服务器一收到 Http Request，就会执行预先写好的程序代码（后端程序可以是 PHP、ASP/ASP.NET、JSP、CGI 等），再将结果以纯文本或 XML 格式返回浏览器；最后，仍是使用 JavaScript 根据返回来的结果更新网页内容，整个过程都是异步并在后台运行的，而且浏览器的所有操作均是通过 JavaScript 来完成的。

图 17-7

1. 建立 XMLHttpRequest 对象

在不同浏览器建立 XMLHttpRequest 对象的 JavaScript 语法不尽相同,主要分为以下 3 种:

◆ Internet Explorer 5 浏览器

```
var XHR = new ActiveXObject("Microsoft.XMLHTTP");
```

◆ Internet Explorer 6+ 浏览器

```
var XHR = new ActiveXObject("Msxml2.XMLHTTP");
```

◆ 其他非 Internet Explorer 浏览器

```
var XHR = new XMLHttpRequest();
```

由于我们无法事先得知浏览器的种类,于是针对前述的 JavaScript 语法编写如下的跨浏览器 Ajax 函数,可以在目前主流的浏览器建立 XMLHttpRequest 对象。

<\Ch17\utility.js>

```
function createXMLHttpRequest()
{
 try                       //其他非 IE 的浏览器
 {
  var XHR = new XMLHttpRequest();
 }
 catch(e1)
 {
  try                     //IE 6+浏览器
  {
   var XHR = new ActiveXObject("Msxml2.XMLHTTP");
  }
  catch(e2)
  {
   try                    //IE 5 浏览器
   {
    var XHR = new ActiveXObject("Microsoft.XMLHTTP");
   }
   catch(e3)              //不支持 Ajax
```

```
        {
            XHR = false;
        }
    }
}
return XHR;
}
```

日后若网页需要建立 XMLHttpRequest 对象，则可以载入 utility.js 文件，然后调用 createXMLHttpRequest()函数即可，如下：

```
var XHR = createXMLHttpRequest();
```

2. 传送 Http Request

成功建立 XMLHttpRequest 对象后，我们必须进行以下设置才能传送异步 Http Request：

（1）调用 XMLHttpRequest 对象的 open()方法来设置要向 Web 服务器请求什么资源（文本文件、网页等），其语法如下：

```
open(method, URL, async)
```

参数 method 用来设置建立 HTTP 连接的方式，例如 GET、POST、HEAD，参数 URL 为欲请求的文件地址，参数 async 用来设置是否使用异步调用，默认值为 true。例如下面的第一条程序代码用于建立一个 XMLHttpRequest 对象，而第二条程序语句用于通过该对象向 Web 服务器以 GET 方式异步请求 poetry.txt 文件：

```
var XHR = createXMLHttpRequest();
XHR.open("GET", "poetry.txt", true);
```

（2）在 Web 服务器收到数据，进行处理并返回结果后，XMLHttpRequest 对象的 readyState 属性会变更，进而触发 onreadystatechange 事件，因此，我们可以用 onreadystatechange 事件处理程序接收 Http Response，例如下面的程序语句表示当发生 onreadystatechange 事件时，就执行 handleStateChange()函数来获取 Web 服务器返回的结果：

```
XHR.onreadystatechange = handleStateChange;
```

（3）调用 XMLHttpRequest 对象的 send()方法，来送出 Http Request，其语法如下，参数 content 是欲传送给 Web 服务器的参数，例如"UserName=Jerry &PageNo=1"。当以 GET 方式传送 Request 时，由于不需要传送参数，故参数 content 为 null，而当以 POST 方式传送 Request 时，则可以设置要传送的参数：

```
send(content)
```

综合前面的讨论，可以整理如下：

```
var XHR = createXMLHttpRequest();
XHR.open("GET", "poetry.txt", true);
XHR.onreadystatechange = handleStateChange;
```

```
XHR.send(null);
function handleStateChange() {
   //编写程序代码来获取 Web 服务器返回的结果
}
```

3. 接收 Http Response 并更新网页内容

由于我们只能通过 XMLHttpRequest 对象的 onreadystatechange 事件了解 Http Request 的执行状态，因此接收 Http Response 的程序代码是写在 onreadystatechange 事件处理程序中的，也就是前面范例程序所设置的 handleStateChange()函数。

XMLHttpRequest 对象的 readyState 属性会记录当前处于哪个阶段，返回值为 0~4 的数字，其中 4 代表 Http Request 执行完毕，不过，Http Request 执行完毕并不等于执行成功，因为有可能发生设置的资源不存在或执行错误，所以还得判断 XMLHttpRequest 对象的 status 属性，只有当 status 属性返回 200 时，才代表执行成功，此时 statusText 属性会返回"OK"，若设置的资源不存在，则 status 属性会返回 404，而 statusText 属性会返回"Object Not Found"。

当 Web 服务器返回的数据为文字时，我们可以通过 XMLHttpRequest 对象的 responseText 属性获取执行结果；当 Web 服务器返回的数据为 XML 文件时，我们可以通过 XMLHttpRequest 对象的 responseXML 属性获取执行结果。

此外，XMLHttpRequest 对象还提供了以下方法：

- getAllResponseHeaders()：获取所有响应标头信息。
- getResponseHeader(string Name)：获取参数 Name 所指定的响应标头信息。
- abort()：停止 HTTP Request。

下面来看一个范例程序。当浏览者单击"显示诗句"按钮时，就会读取服务器端的 poetry.txt 文本文件，然后将文件内容显示在按钮下面，如图 17-8 所示。

为了进行比较，我们先采用传统的 PHP 写法，由于这个网页尚未导入 Ajax 技术，所以在单击"显示诗句"按钮时，整个网页会重载而快速闪一下，然后在按钮下面显示诗句。由于 PHP 的语法不在本书的讨论范围内，读者简略看看即可。

<\Ch17\program1.php>

```
<!DOCTYPE html>
<html>
  <head>
   <meta charset="utf-8">
  </head>
  <body>
   <form method="post" action="<?php echo $_SERVER['PHP_SELF']; ?>">
    <input type="submit" value="显示诗句"><br><br>
    <?php if (!isset($_POST["Send"])) { ?>
    <input type="hidden" name="Send" value="TRUE">
    <?php }
      else echo file_get_contents("poetry.txt");
```

```
    ?>
   </form>
  </body>
</html>
```

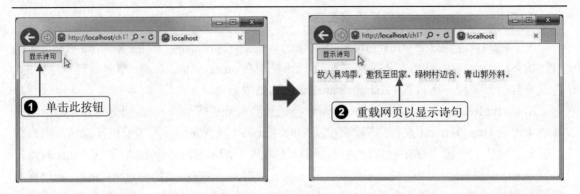

图 17-8

至于下面的网页程序则是改成使用 Ajax 技术，注意网页程序的扩展名为.html，因为没有使用到 PHP 这种服务器端技术。同样，这个网页必须在 Web 服务器上执行，此范例程序是在架设 Apache Web 服务器且安装 PHP 模块的本地计算机上执行，也可以将网页程序上传到自己的网站空间进行测试。

<\Ch17\program2.php>

```
01 <!DOCTYPE html>
02 <html>
03  <head>
04   <meta charset="utf-8">
05   <script src="utility.js" type="text/javascript"></script>
06   <script>
07    var XHR = null;
08
09    function startRequest() {
10     XHR = createXMLHttpRequest();
11     XHR.open("GET", "poetry.txt", true);
12     XHR.onreadystatechange = handleStateChange;
13     XHR.send(null);
14    }
15
16    function handleStateChange() {
17     if (XHR.readyState == 4) {
18      if (XHR.status == 200)
19       document.getElementById("span1").innerHTML = XHR.responseText;
20      else
21       window.alert("文件打开错误！");
22     }
23    }
```

```
24        </script>
25    </head>
26    <body>
27      <form id="form1">
28        <input id="button1" type="button" value="显示诗句" onclick=
"startRequest()">
29        <br><br> <span id="span1"></span>
30      </form>
31    </body>
32 </html>
```

这个网页程序的执行结果如图 17-9 所示，和前面的<\Ch17\program1.php> 相同，但不会重新加载网页，只会在按钮下面显示诗句。

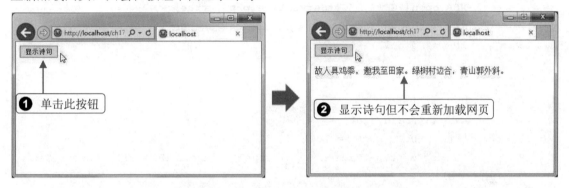

图 17-9

- ◆ 第 05 行：加载 utility.js 文件，方便创建 XMLHttpRequest 对象。
- ◆ 第 06~24 行：这是客户端的 JavaScript 脚本，用来进行异步传输。
- ◆ 第 07 行：声明一个名为 XHR 的全局变量，用来代表即将创建的 XMLHttpRequest 对象。
- ◆ 第 09~14 行：声明 startRequest()函数，这个函数会在浏览者单击"显示诗句"按钮时执行，第 10 行创建 XMLHttpRequest 对象，第 11 行设置以 GET 方式向服务器请求 poetry.txt 文本文件，第 12 行设置在 XMLHttpRequest 对象的 readyState 属性变更时执行 handleStateChange()函数，第 13 行送出异步请求。
- ◆ 第 16~22 行：声明 handleStateChange()函数，它会在 XMLHttpRequest 对象的 readyState 属性变更时执行，故会重复触发多次，第 17 行的 if 条件表达式用来判断 XMLHttpRequest 对象的 readyState 属性是否返回 4，是的话，表示异步传输完成，就执行第 18~21 行，而第 18 行的 if 条件表达式用来判断 XMLHttpRequest 对象的 status 属性是否返回 200，是的话，就执行第 19 行，返回值将显示<span>元素的内容，否的话，就执行第 21 行，显示错误信息。

事实上，JavaScript 也可以在客户端直接调用服务器端的程序。下面来看一个范例程序，调用服务器端的 PHP 程序（GetServerTime.php）显示格林尼治标准时间。

<\Ch17\program3.php>

```
01 <!DOCTYPE html>
02 <html>
03  <head>
04   <meta charset="utf-8">
05   <script type="text/javascript" src="utility.js"></script>
06   <script>
07    var XHR = null;
08
09    function startRequest() {            调用服务器端的PHP程序
10     XHR = createXMLHttpRequest();
11     XHR.open("GET", "GetServerTime.php", true);
12     XHR.onreadystatechange = handleStateChange;
13     XHR.send(null);
14    }
15
16    function handleStateChange() {
17     if (XHR.readyState == 4) {
18      if (XHR.status == 200)
19       document.getElementById("span1").innerHTML = XHR.responseText;
20      else
21       window.alert("无法显示时间!");
22     }
23    }
24   </script>
25  </head>
26  <body>
27   <form id="form1">
28    <input id="button1" type="button" value="显示时间" onclick=
"startRequest()">
29    <br><br><span id="span1"></span>
30   </form>
31  </body>
32 </html>
```

执行结果如图 17-10 所示，当用户单击"显示时间"按钮时，就会执行服务器端的 PHP
程序，然后将时间显示在按钮下面，但不会重新加载网页。

这个网页程序文件的扩展名为.html，表示没有使用到 PHP 这种服务器端技术，而且程序
代码和前面的<\Ch17\program2.html>几乎相同，主要差别在于第 11 行改以 GET 方式向服务器
请求 PHP 程序（GetServerTime.php）：

```
11    XHR.open("GET", "GetServerTime.php", true);
```

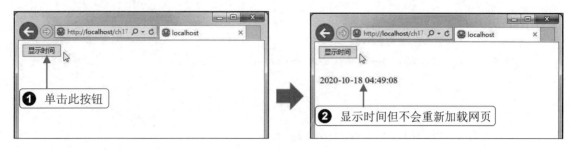

图 17-10

至于 PHP 程序（GetServerTime.php）的内容则相当简单，就是调用 gmdate()函数显示格林尼治标准时间。

> **注　意**
>
> 想要在网页上使用 Ajax 技术，除了自行编写上述的 JavaScript 外，还有一些现成的套件可以使用，例如 XAJAX、SAJAX、JPSPAN（ScriptServer）、AJASON、flxAJAX、AjaxAC 等，读者可以到 Sourceforge（https://sourceforge.net/）查看与下载。

17-4　使用 Ajax 技术进行跨网域存取

在前一节的范例程序中，我们使用 Ajax 技术向相同网域的服务器提出请求，以获取信息或数据。事实上，浏览器对 JavaScript 通常会有一些安全性限制，基于"同源策略"（Same Origin Policy），Ajax 无法跨网域运行，若要突破此限制，则可以通过 JSONP（JSON with Padding）技术，或者存取遵循 CORS（Cross-Origin Resource Sharing，跨域资源共享）规范的网站，其中以 JSONP 较为常见。

17-4-1　JSON 格式

JSON（JavaScript Object Notation）格式是 JavaScript Programming Language, Standard ECMA-262 3rd Edition 的子集合，用于以对象描述数据，对象的前后以大括号（{}）括起来，里面包含键/值对（Key/Value Pairs），键与值的中间以冒号（:）隔开，而每个键/值对的中间以逗号（,）隔开，形式如下：

```
{
  name1 : value1,
  name2 : value2,
  ...
}
```

若有多个对象，则以中括号（[]）将这些对象括起来，将其视为对象数组，而对象与对象的中间以逗号（,）隔开，形式如下：

```
[
  {
    name11 : value11, name12 : value12,
    ...
  },
  {
    name21 : value21, name22 : value22,
    ...
  }
]}
```

JSON 格式的数据文件是一个扩展名为.json 的纯文本文件。下面是一个例子，注意键与值都要使用双引号（""）引起来：

```
[
  {
    "SiteName" : "临川",
    "UVI" : "1",
    "County" : "抚州市"
  },
  {
    "SiteName" : "青山湖",
    "UVI" : "1",
    "County" : "南昌市"
  }
]
```

17-4-2 $.ajax()方法

我们可以调用 jQuery 提供的$.ajax()方法创建 Ajax 请求，这个方法除了能对指定的 URL 发出 Ajax 请求外，也可以设置在 Ajax 请求成功、失败或完成时要执行的函数，其语法如下：

```
$.ajax(url [, settings ])
```

◆ url：设置要对哪个 URL 发出 Ajax 请求。

◆ settings：设置 Ajax 请求的键/值对，里面的设置值相当多，常见的有 url、data、type、dataType、success、error、complete 等，没有设置的部分则采取默认值。

下面是$.ajax()方法的一些调用范例。

```
$.ajax({
  // 设置要对哪个 URL 发出 Ajax 请求
  url: "page1.php",
  // 设置要传送的数据（会被转换成查询字符串）
  data: {name: "John", location: "Shanghai"},
  // 设置是 GET 或 POST 请求
  type: "GET",
  // 设置返回的数据类型，例如 JOSN
```

```
dataType: "json",
// 设置当 Ajax 请求成功时要执行的函数
success: onSuccess,
// 设置当 Ajax 要求失败时要执行的函数
error: onError,
// 设置当 Ajax 请求完成时要执行的函数（在成功或失败函数执行完毕后）
complete: onComplete
});
```

注意，若从服务器获取的数据类型和 dataType 设置值不同，则将导致程序执行失败。当发出 Ajax 请求时，需要确认所要获取的数据类型和 Content-type header 的数据类型，以 JSON 格式的数据为例，其 Content-type header 为 application/json。

下面来示范如何调用 $.ajax() 方法从数据开放平台获取"空气质量预报数据"。下面的范例程序在单击"更新空气质量预报"按钮时，就会从服务器获取"空气质量预报数据"，如图 17-11 所示。由于使用了 Ajax 技术，因此每次单击"更新空气质量预报"按钮都只会从服务器取得预报数据，而不会重新加载网页。注意：该范例程序中读取开放 JSON 数据的网站应该填入实际网址，才能正确显示所需的预报数据，读者需根据自己的实际情况修改此范例程序。

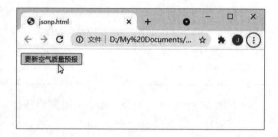

图 17-11

<\Ch17\jsop.html>

```
01  <!DOCTYPE html>
02  <html>
03   <head>
04    <meta charset="utf-8">
05    <script src="https://code.jquery.com/jquery-3.5.1.min.js"></script>
06    <script>
07     $(function(){
08      var dataUrl = "此处填入实际的网址 URL";
09      $("#forecast").on("click", function(){
10       $.ajax({
11       url : dataUrl,           //设置数据的网址
12       dataType : "jsonp",      //设置数据的格式
13      success : onSuccess       //设置当 Ajax 请求成功时所要执行的函数
14       });
15      });
16     });
17
18     function onSuccess(data){
19      $("#airQ").empty();
20      //创建表格的第一行
```

```
21        var firstRow = $("<tr><th>地区</th><th>预报内容</th></tr>");
22        $("#airQ").append(firstRow);
23        //将获取的数据一一创建为表格的每一行
24        $.each(data, function(i){
25          var row = $("<tr></tr>");
26          var td1 = $("<td></td>").text(this.Area).appendTo(row);
27          var td2 = $("<td></td>").text(this.Content).appendTo(row);
28          $("#airQ").append(row);
29        });
30      }
31    </script>
32  </head>
33  <body>
34    <button id="forecast">更新空气质量预报</button><br><br>
35    <table id="airQ" rules="rows"></table>
36  </body>
37 </html>
```

- 第 08 行：声明变量 dataUrl 用来存放欲获取数据的网址，此范例程序为"空气品质预报数据"，注意网址要写在同一行，不要分开。
- 第 09~15 行：为"更新空气质量预报"按钮的 click 事件定义处理程序，其中第 10~14 行调用$.ajax()方法对第 08 行的网址发出 Ajax 请求，返回的数据类型设置为 jsonp，即跨网域的 JSON 格式，并设置当 Ajax 请求成功时就执行 onSuccess()函数。
- 第 18~30 行：声明 onSuccess()函数。
- 第 19 行：调用.empty()方法清空表格的数据，但仍保留表格元素。
- 第 21、22 行：创建第一行的内容并加到表格中。
- 第 24~29 行：调用.each()方法将返回的 JSON 数据逐一创建为一行并加到表格中，服务器返回的 JSON 数据就包在 data 里面，而第 26、27 行分别获取"Area"和"Content"两个键的值，然后设置为单元格的内容，再调用.appendTo()方法将单元格加到参数所指定的行。

注 意

此范例程序调用了.append()和.appendTo()两个类似的方法，.append(content)方法用来将参数所指定的元素加到符合的元素的后面，所以第 22 行和第 28 行将参数所指定的行加到 id 属性为"airQ"的元素中，也就是将行加入表格；而.appendTo(target)方法用来将符合的元素加到参数所指定的元素的后面，所以第 26、27 行将单元格加到参数所指定的行。

.each()方法用来对对象或数组进行重复运算，15-2-2 节介绍过。

由于开放数据的网址或内容可能会更新，因此在测试此范例程序之前，建议先使用浏览器到具体的数据开放平台确认其网址与数据的键/值对。此外，也可以试着换成其他 JSON 格式的数据。

第 **18** 章

响应式网页设计

18-1 开发适用于不同设备的网页

随着无线网络与移动通信的蓬勃发展，移动上网的比例已经大幅超越 PC 上网，这意味着传统以 PC 为主要考虑对象的网页设计思维必须要改变，因为移动浏览器虽然能够显示大部分的 PC 网页，但是经常会遇到下面几种情况：

- 移动设备的屏幕较小，用户往往得通过频繁地拉近、拉远、滚动才能阅读网页内的信息，相当不方便。
- 移动设备的执行速度较慢、上网带宽较小，若网页包含太大的图片或视频，则可能因耗时过久而无法顺利显示。
- 移动设备的操作方式以触控为主，不再是传统的鼠标或键盘，因此 PC 网页到了移动设备上可能会变得不好操作，例如网页尺寸较大、超链接层次较多、按钮太小不易触控或没有触控反馈效果，以至于用户重复点按。
- 移动设备不支持 Flash 动画，但相对的，移动浏览器对于 HTML 5 与 CSS 3 的支持程度比 PC 浏览器更好。

为此，越来越多的人希望开发适用于不同设备的网页，常见的做法有两种，分别是"针对不同的设备开发不同的网站"和"响应式网页设计"。

18-1-1 针对不同的设备开发不同的网站

为了顺应移动上网的趋势，有些网站会针对 PC 开发一个版本的网站，称为"PC 网站"，同时针对移动设备开发另一个版本的网站，称为"移动网站"，两者的网址不同，网页内容也不尽相同，当用户链接到网站时，会根据上网设备自动转址到 PC 网站或移动网站。

举例来说，图 18-1 所示是新浪的 PC 网站（https://www.sina.com.cn/），图 18-2 所示是新浪的移动网站（https://sina.cn/），对于新浪这种信息浏览类型的网站来说，其移动网站除了注重执行性能外，信息的分类与网页动线的设计更为重要，这样才能给移动设备的用户带来直观流畅的操作体验。

图 18-1   图 18-2

这种做法的主要优点是可以针对不同设备量身定制最适合的网站，不必因为要适用于不同设备而有所妥协，例如可以保留 PC 网页所使用的一些动画或功能，或者可以发挥移动设备的特点，同时网页的程序代码比较简洁。

虽然有着上述优点，而且也不乏大型的商业网站采取这种做法，但是这会面临下列问题：

- 开发与维护成本随着网站规模递增。当网站规模越来越大时，只是针对 PC、平板电脑、智能手机等不同设备开发专用的网站就是很沉重的工作，一旦数据需要更新，还得逐个更新这些网站，不仅耗费时间与人力，经年累月下来也容易导致数据不同步。

- 不同设备的网站有各自的网址。以前面的新浪网站为例，其 PC 网站的网址为 https://www.sina.com.cn/，而其移动网站的网址为 https://sina.cn/，多个网址可能不利于搜索引擎为网站创建索引，进而影响网站的自然排序名次；或者，当自动转址程序无法正确判断用户的上网设备时，可能会开启不适合该设备的网站。

18-1-2　响应式网页设计

响应式网页设计（Responsive Web Design，RWD）指的是一种网页设计方式，目的是根据用户的浏览器环境（例如宽度或移动设备的方向等）自动调整网页的版面布局，以提供最佳的显示结果，换句话说，只要设计单个版本的网页，就能完整显示在 PC、平板电脑、智能手机等设备上。

以 Bootstrap 网站（https://getbootstrap.com/）为例，它会随着浏览器的宽度自动调整版面布局，当宽度够大时，会显示如图 18-3 所示的页面，随着宽度缩小，就会按比例缩小，如图 18-4 所示，最后变成单栏版面，如图 18-5 所示，这就是响应式网页设计的基本精神，不仅网页的内容只有一种，网页的网址也只有一个。

图 18-3

图 18-4

图 18-5

1. 响应式网页设计的优点

◆ 网页内容只有一种。由于响应式网页是同一份 HTML 文件，通过 CSS 的技巧，根据浏览器的宽度自动调整版面布局，因此，一旦数据需要更新，只要更新同一份 HTML 文件即可，这样就不用担心费时费力和数据不同步的问题。

◆ 网址只有一个。由于响应式网页的网址只有一个，因此不会影响网站被搜索引擎找到的自然排序名次，也不会发生自动转址程序误判上网设备的情况，从而达到一网一址（One Web One URL）的目标。

◆ 技术门槛较低。响应式网页只要通过 HTML 和 CSS 就能够实现，不像自动转址程序必须使用 JavaScript 或 PHP 来编写。

2. 响应式网页设计的缺点

◆ 旧版的浏览器不支持。响应式网页需要使用 HTML 5 的部分功能与 CSS 3 的媒体查询功能，旧版的浏览器可能不支持。

◆ 开发时间较长。由于响应式网页要同时兼顾不同的设备，因此需要花费较多时间在不同设备上进行仿真操作与测试。

◆ 无法充分发挥设备的特点。为了适用于不同设备，响应式网页的功能必须有所妥协，例如一些在 PC 上广泛使用的动画或功能可能无法在移动设备上执行而必须放弃不用，无法针对移动设备的触控、屏幕可旋转、照相功能等特点开发专属的操作界面。

3. 响应式网页设计的主要技术

响应式网页设计主要会使用到下面 3 种技术：

◆ 媒体查询（Media Query）。通过 CSS 3 新增的媒体查询功能针对媒体类型量身定制样式表，例如根据浏览器的宽度自动调整版面布局。

◆ 流动图片（Fluid Image）。流动图片指的是在设置图片或对象等元素的大小时，根据其容器的大小比例进行缩放，而不要设置绝对的大小值，如此一来，当屏幕的大小改变时，元素的大小也会自动按比例缩放，以同时适用于 PC 和移动设备。

◆ 流动网格（Fluid Grid）。流动网格包含网格设计（Grid Design）与液态版面布局（Liquid Layout），前者指的是利用固定的格子分割版面来设计布局，将内容排列整齐，而后者指的是根据浏览器的宽度自由缩放网页上的元素。

提示

随着响应式网页设计逐渐成为主流，许多网站开始导入"多栏式版面"，移动网页通常采用如图 18-6 所示的单栏样式，而 PC 网页因为宽度较大，可以采取如图 18-7 所示的两栏样式或如图 18-8 所示的三栏样式。

图 18-6   图 18-7

图 18-8

注意

移动优先（Mobile First）指的是在设计网站时应该主要考虑优化移动设备体验，其他设备次之，但这并不是说要从移动网站开始设计，而是在设计网站的过程中优先考虑网页在移动设备上的操作性与可读性，不能将传统的 PC 网页直接移植到移动设备，毕竟 PC 和移动设备的特点不同。

事实上，在开发响应式网页时，优先考虑如何设计移动网页是效率较高的做法，毕竟手机的限制比较多，因而先想好要在移动网页放置哪些必要的内容，再来思考 PC 网页可以加上哪些选择性的内容并逐步加强功能。

![注意 (续)]

目前已经有不少网站的设计导入了移动优先的概念，以如图 18-9 所示的微软网站（https://www.microsoft.com/zh-cn）为例，无论是 PC、平板电脑还是手机的用户都可以通过单个网址浏览网站，网页会根据浏览器的宽度自动调整字段的数量与顺序，如图 18-10 所示。

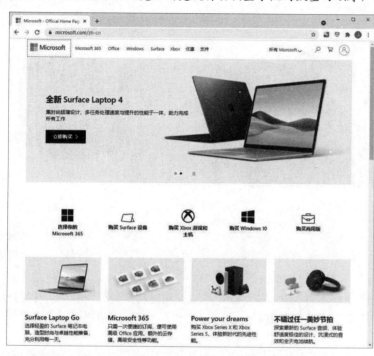

图 18-9

图 18-10

18-2　响应式网页设计原则

虽然响应式网页和传统的 PC 网页所使用的技术差不多，不外乎是 HTML、CSS、JavaScript 或 PHP、ASP.NET 等服务器端 Script。不过，诚如在前面提到的，移动设备具有屏幕较小、执行速度较慢、上网带宽较小、以触控操作为主、不支持 Flash 动画等特点，因此在设计响应式网页时需要注意下面几个事项：

◆ 确认网站的主题、品牌或产品的形象，用户界面以简明扼要为原则，简单明确的内容比强大齐全的功能更重要。以苹果公司的网站为例，维持了苹果公司一贯的极简风格，只使用文字与图片来构成界面，没有多余的装饰，突显出产品的设计美学与独特性，而且网页上只放置基本内容与功能，让用户一眼就能看出主题，如图 18-11 和图 18-12 所示。

◆ 网站的架构不要太多层，举例来说，传统的 PC 网页通常包含首页、分类首页、各个分类的内容网页 3 层体系结构，而响应式网页则建议改成首页、各个内容网页两层架构，以免浏览者迷路了。

图 18-11   图 18-12

- 网页的文件越小越好，尽量少使用动画、视频、大图片或 JavaScript 程序代码，以免下载时间太久，或超过运行时间限制而被强制关闭，建议使用 CSS 来设置背景、透明度、动画、阴影、框线、颜色、文字等效果。

- 按钮要醒目容易触碰，最好还有视觉反馈，在一触碰按钮时就产生颜色变化，让用户知道已经成功点击了按钮，而且在加载网页时可以加上说明或图案，让用户知道正在加载，以免重复触碰按钮。

- 提供设计良好的导航栏或导航按钮，方便用户查看进一步的内容，也可导入"多栏排版"的概念。以下图的无印良品网站为例，会根据浏览器的宽度自动调整版面布局，当宽度够大时，会显示 4 栏版面，随着宽度缩小，会变成两栏版面，最后变成单栏版面，如图 18-13～图 18-15 所示。

图 18-13

图 18-14

图 18-15

18-3 响应式网页设计实例

本节将通过范例程序示范响应式网页设计，里面有 480px 和 768px 两个断点，网页的最大宽度为 960px。

图 18-16 和图 18-17 为小尺寸设备的浏览结果，当浏览器的宽度小于等于 480px 时（手机版），主要内容会显示单栏；图 18-18 所示为中尺寸设备的浏览结果，当浏览器的宽度介于 481px~768px 时（平板电脑），主要内容会显示两栏。

图 18-16

图 18-17

图 18-18

图 18-19 所示为大尺寸设备的浏览结果，当浏览器的宽度大于等于 769px 时（PC 版），主要内容会显示 3 栏；图 18-20 也为大尺寸设备的浏览结果，当浏览器的宽度大于 960px 时，网页内容会维持 960px，两侧显示空白。

图 18-19　　　　　　　　　　　　　　　　　　　　　　图 18-20

18-3-1　编写 HTML 文件

我们将这个范例的 HTML 程序代码列出来，包含页首、导航栏、主要内容与页尾 4 部分，其中主要内容有 6 张照片。这个范例程序的代码虽然有点长，但很容易理解，代码如下：

<\Ch18\myphotos.html>

```
01 <!DOCTYPE html>
02 <html>
03   <head>
04     <meta charset="utf-8">
05     <meta http-equiv="X-UA-Compatible" content="IE=edge">
06     <meta name="viewport" content="width=device-width, initial-scale=1">
07     <title>MyPhotos</title>
08     <link rel="stylesheet" type="text/css" href="myphotos.css">
09   </head>
10   <body>
11     <!-- 页首 -->
12     <header>
13       <h1 id="title1">MyPhotos</h1>
14     </header>
15
16     <!—导航栏 -->
```

```
17    <nav>
18     <ul>
19      <li><a href="photos.html">照片</a></li>
20      <li><a href="videos.html">视频</a></li>
21      <li><a href="users.html">用户</a></li>
22     </ul>
23    </nav>
24
25    <!-- 主要内容 -->
26    <main>
27     <h2 id="title2">MyPhotos 照片</h2>
28     <!-- 第一张照片 -->
29     <div class="photo">
30      <!-- 照片文件 -->
31      <div class="photo-source">
32       <img src="photo1.jpg" class="img-photo">
33      </div>
34      <!-- 照片信息 -->
35      <div class="photo-info">
36       <h3>摄影师：Og Mpango</h3>
37       <p><a class="a-detail" href="photo1.html">详细资料&raquo;</a>
</p>
38      </div>
39     </div>
40
41     <!-- 第二张照片 -->
42     <div class="photo">
43      <!-- 照片文件 -->
44      <div class="photo-source">
45       <img src="photo2.jpg" class="img-photo">
46      </div>
47      <!-- 照片信息 -->
48      <div class="photo-info">
49       <h3>摄影师：David Dibert</h3>
50       <p><a class="a-detail" href="photo2.html">详细资料&raquo;</a>
</p>
51      </div>
52     </div>
53
54     <!-- 第三张照片 -->
55     <div class="photo">
56      <!-- 照片文件 -->
57      <div class="photo-source">
58       <img src="photo3.jpg" class="img-photo">
59      </div>
60      <!-- 照片信息 -->
61      <div class="photo-info">
```

```
62        <h3>摄影师：Tom Swinnen</h3>
63        <p><a class="a-detail" href="photo3.html">详细资料&raquo;</a> </p>
64      </div>
65    </div>
66
67    <!-- 第四张照片 -->
68    <div class="photo">
69      <!-- 照片文件 -->
70      <div class="photo-source">
71        <img src="photo4.jpg" class="img-photo">
72      </div>
73      <!-- 照片信息 -->
74      <div class="photo-info">
75        <h3>摄影师：Scott Webb</h3>
76        <p><a class="a-detail" href="photo4.html">详细资料&raquo;</a>
</p>
77      </div>
78    </div>
79
80    <!-- 第五张照片 -->
81    <div class="photo">
82      <!-- 照片文件 -->
83      <div class="photo-source">
84        <img src="photo5.jpg" class="img-photo">
85      </div>
86      <!-- 照片信息 -->
87      <div class="photo-info">
88        <h3>摄影师：Kristina</h3>
89        <p><a class="a-detail" href="photo5.html">详细资料&raquo;</a>
</p>
90      </div>
91    </div>
92
93    <!-- 第六张照片 -->
94    <div class="photo">
95      <!-- 照片文件 -->
96      <div class="photo-source">
97        <img src="photo6.jpg" class="img-photo">
98      </div>
99      <!-- 照片信息 -->
100     <div class="photo-info">
101       <h3>摄影师：Ylanite</h3>
102       <p><a class="a-detail" href="photo6.html">详细资料&raquo;</a>
</p>
103     </div>
104   </div>
105 </main>
```

```
106
107    <!-- 页尾 -->
108    <footer>
109     <hr>
110     <a class="a-about" href="about.html">MyPhotos</a>.
111     <a class="a-about" href="service.html">服务条款</a>.
112     <a class="a-about" href="privacy.html">隐私权政策</a>
113     <a class="a-back"  href="#">Back to top</a>
114    </footer>
115   </body>
116 </html>
```

- 第 05 行：http-equiv="X-UA-Compatible"表示要以 Internet Explorer 浏览器兼容模式来显示网页，而 content="IE=edge"表示要使用 Edge 浏览器模式来显示网页。
- 第 06 行：这行程序语句很重要，主要用来设置可视区域（Viewport），作为浏览器显示画面时的缩放基准。

  第 width=device-width 表示将可视区域的宽度设置为设备屏幕的逻辑分辨率，也就是实际分辨率除以设备像素比，而 initial-scale=1 表示将网页读取完毕时的初始缩放比设置为 1:1，如此一来，当用户通过手机浏览网页时，就能正确显示画面。
- 第 08 行：使用<link>元素链接样式表文件 myphotos.css。
- 第 12~14 行：此为页首，里面有网站名称，用户可以视实际需要进行调整，例如加上电子邮件输入字段、登录按钮等。
- 第 17~23 行：此为导航栏，包含"照片""视频"和"用户" 3 个项目，会链接到 photos.html、videos.html 和 users.html 网页。
- 第 26~105 行：此为主要内容，里面有 6 张照片，包含照片文件与照片信息两部分，其中"详细资料"超链接会链接到 photo1.html ~ photo6.html 网页。
- 第 108~114 行：此为页尾，包含"MyPhotos""服务条款""隐私权政策"和"Back to top" 4 个超链接，前三者会链接到 about.html、service.html 和 privacy.html 网页，后者用来返回网页上方。

此外，稍微记一下 HTML 元素的 id 属性或 class 属性，因为在设置样式时会用到。

18-3-2　编写 CSS 样式

1. 手机版与共享样式

在使用 HTML 将网页的内容定义完毕后，接下来要使用 CSS 设计网页的外观，我们先编写手机版与共享样式，等测试无误后，再来编写平板电脑版样式和 PC 版样式。

在设置好手机版与共享样式后，网页会以单栏的形式显示主要内容的 6 张照片（包含照片文件与照片信息），浏览结果如图 18-21 所示。

我们将手机版与共享样式列出来，程序代码虽然有点长，但是很容易理解，代码如下：

图 18-21

<\Ch18\myphotos.css>

```
01 /*手机与共享样式*/
02 body {
03   width: 100%;
04   max-width: 960px;
05   margin: 0 auto;
06   padding: 0px;
07   font-family: 微软雅黑;
08 }
09
10 header {
11   display: block;
12   width: 96%;
13   margin: 0 auto;
14   height: 50px;
15   color: white;
16   background-color: indigo;
17 }
```

设置网页主体的宽度、最大宽度、边界、留白与字体

设置页首的显示层级、宽度、边界、高度、前景颜色与背景颜色

```
18
19  main {
20    display: block;
21    width: 96%;                      设置主要内容的显示层级、宽度与边界
22    margin: 0 auto;
23  }
24
25  footer {
26    display: block;
27    width: 96%;
28    margin: 0 auto;                  设置页尾的显示层级、宽度、边界与高度
29    height: 75px;
30  }
31
32  nav {
33    display: block;
34    width: 96%;
35    margin: 0 auto;                  设置导航栏的显示层级、宽度、边界与高度
36    height: 50px;
37  }
38
39  nav > ul {
40    padding: 0px;                    设置项目列表的留白（去除留白）
41  }
42
43  nav > ul > li {
44    position: relative;
45    float: left;
46    width: 60px;                     设置项目的定位方式、图旁配字、宽
47    margin: 0px 1px;                 度、边界、留白、列表样式（不显示
48    padding: 10px;                   项目符号）、框线与框线圆角
49    list-style: none;
50    border: 1px solid #eaeaea;
51    border-radius: 5px;
52  }
53
54  nav > ul > li > a {
55    display: block;
56    text-align: center;              设置项目超链接的显示层级、文字对齐、
57    text-decoration: none;           文字装饰线条（无）与前景颜色
58    color: black;
59  }
60
```

```
61  hr {
62    border: 0px;
63    height: 0px;
64    border-top: 1px solid rgba(0,0,0,0.1);
65    border-bottom: 1px solid rgba(255,255,255,0.1);
66    margin: 20px 0px;
67  }
68
69  #title1 {
70    margin: 10px;
71  }
72
73  #title2 {
74    text-align: center;
75    margin-top: 50px;
76  }
77
78  .photo {
79    width: 98%;
80    margin: 0 1%;
81  }
82
83  .photo-source {
84    width: 100%;
85  }
86
87  .photo-info {
88    width: 100%;
89    height: 100px;
90    text-align: left;
91  }
92
93  .img-photo {
94    max-width: 100%;
95    height: auto;
96  }
97
98  .a-detail {
99    display: block;
100   text-decoration: none;
101   color: #0066ff;
102   font-weight: bold;
103 }
104
```

设置水平线的框线、高度、上框线、下框线与边界

设置网站名称的边界

设置页标题的文字对齐与上边界

设置每一组照片的宽度与留白

设置照片的宽度

设置照片信息的宽度、高度与文字对齐

设置照片的最大宽度（原图的100%）与高度

设置"详细资料"超链接的显示层级、文字装饰线条（无）、前景颜色与粗体

```
105  .a-back {
106    position: relative;
107    float: right;
108    text-decoration: none;
109    color: #0066ff;
110    font-family: "Arial";
111  }
112
113  .a-about {
114    text-decoration: none;
115    color: #000000;
116    margin: 10px 0px;
117  }
118
119  /*平板电脑样式(481px ~ 768px)*/
120  @media screen and (min-width: 481px){
121    /* 在此编写平板电脑版样式（稍后会介绍）*/
122  }
123
124  /*PC 版样式（≥769px)*/
125  @media screen and (min-width: 769px) {
126    /* 在此编写 PC 版样式（稍后会介绍）*/
127  }
```

设置 Back to top 超链接的定位方式、图旁配字、文字装饰线条（无）、前景颜色与字体

设置页尾中前 3 个超链接的文字装饰线条（无）、前景颜色与边界

平板电脑版样式

PC 版样式

- 第 03～05 行：第 03 行将网页主体的宽度设置为浏览器宽度的 100%；第 04 行将网页主体的最大宽度设置为 960px，一旦可视区域超过 960px，网页内容会维持在 960px，两侧显示空白；第 05 行通过 margin: 0 auto 将网页主体居中放置，后面会使用相同的技巧将区块居中放置。

- 第 12、13 行、第 21、22 行、第 27、28 行、第 34、35 行：将页首、主要内容、页尾、导航栏的宽度设置为容器宽度（即网页主体）的 96%，剩下的 4%会平均分配给左右边界，让这些区块居中放置。

- 第 39~41 行：去除项目列表的留白，如此一来，项目就不会缩排。

- 第 43~52 行：先将项目设置为相对定位、靠左图旁配字，让所有项目排成一行靠左对齐，然后设置项目的宽度、边界、留白、列表样式（不显示项目符号）、框线与框线圆角，让它们看起来就像 3 个按钮。

- 第 78~81 行：将每一组照片的宽度设置为容器宽度（即主要内容）的 98%，剩下的 2%会平均分配给左右边界，让每一组照片居中放置。

- 第 83~85 行：将照片的宽度设置为容器宽度（即每一组照片）的 100%，里面有一张照片。

- 第 87~91 行：将照片信息的宽度设置为容器宽度（即每一组照片）的 100%，里面有摄影师和"详细资料"超链接。

- 第 93~96 行：将图片设置为响应式图片，其中 max-width: 100%表示图片的宽度会随着容器的宽度进行缩放，但最大宽度不得超过图片的原始大小。

- 第 105~111 行：先将 Back to top 超链接设置为相对定位、靠右图旁配字，让它靠右对齐，然后设置超链接的文字装饰线条（无）、前景颜色与字体。
- 第 120~122 行：这是平板电脑版样式（481px~768px），稍后会介绍。
- 第 124~126 行：这是 PC 版样式（≥769px），稍后会介绍。

![注意]

本例所使用的 6 张照片取材自免费图库（Pexels），感谢摄影师 Og Mpango、David Dibert、Tom Swinnen、Scott Webb、Kristina Paukshtite 和 Ylanite Koppens。Pexels 提供了许多免费照片和视频，同时加入了搜索、分类及标签等功能，让用户能够更快速、精准地找到想要的素材，无须注册就能下载，而且采取 CC0（Creative Commons Zero）授权，允许使用者加以复制、编辑与修改。

2. 平板电脑版样式

在设置好手机版与共享样式后，接下来设置平板电脑版样式，网页会以两栏的形式显示主要内容的 6 张照片，浏览结果如图 18-22 所示。

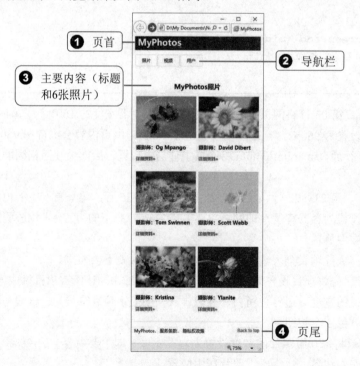

图 18-22

我们将平板电脑版样式列出来，相关的讲解如下：

- 第 120 行：使用媒体查询功能设置当可视区域的宽度大于等于 481px 时，就套用此处的样式。
- 第 121~125 行：设置每一组照片的样式，第 122 行将每一组照片的宽度设置为容器宽度的 48%，第 123 行设置靠左图旁配字，第 124 行将每一组照片的左右边界设置为 1%。

根据此设置，第一、二组照片会排成一行，宽度各为 48%，加上第一、二组照片的左右边界各为 1%，总共 48% ＋ 1% ＋ 1% ＋ 48% ＋ 1% ＋ 1% ＝ 100%，剩下的第三、四组照片和第五、六组照片以此类推。

◆ 第 127~129 行：设置页尾的样式，由于我们将每一组照片设置为靠左图旁配字，因此第 128 行解除靠左图旁配字。

<\Ch18\myphotos.css>

```
117 …
118
119 /* 平板电脑版样式 (481px~768px)*/
120 @media screen and (min-width: 481px){
121     .photo {
122       width: 48%;
123       float: left;
124       margin: 0 1%;
125     }
126
127 footer {
128     clear: left;
129 }
130 }
131
132 /*PC 版样式 (≥ 769px)*/
133 @media screen and (min-width: 769px) {
134  /* 在此编写 PC 版样式（稍后会介绍）*/
135 }
```

3. PC 版样式

在设置好平板电脑版样式后，接下来设置 PC 版样式，网页会以 3 栏的形式显示主要内容的 6 张照片，浏览结果如图 18-23 所示。

我们将 PC 版样式列出来，相关的讲解如下：

◆ 第 133 行：使用媒体查询功能设置当可视区域的宽度大于等于 769px 时，就套用此处的样式。

◆ 第 134~138 行：设置每一组照片的样式，第 135 行将每一组照片的宽度设置为容器宽度的 31.333%，第 136 行设置靠左图旁配字，第 137 行将每一组照片的左右边界设置为 1%。
根据此设置，第一、二、三组照片会排成一行，宽度各为 31.333%，加上第一、二、三组照片的左右边界各为 1%，总共（31.333% ＋ 1% ＋ 1%）× 3 ≈ 100%，剩下的第四、五、六组照片以此类推。

◆ 第 140~142 行：设置页尾的样式，由于我们将每一组照片设置为靠左图旁配字，因此第 141 行解除靠左图旁配字。

图 18-23

<\Ch18\myphotos.css>

```
130 …
131
132 /*PC 版样式（≥ 769px）*/
133 @media screen and (min-width: 769px) {
134   .photo {
135     width: 31.333%;
136     float: left;
137     margin: 0 1%;
138   }
139
140   footer {
141     clear: left;
142   }
143 }
```